U0317853

一学就会

魔法书

（第3版）

中老年人的网上幸福生活

（第2版）

九州书源

向 萍 赵 云 编著

清华大学出版社

北京

内 容 简 介

《中老年人的网上幸福生活（第2版）》一书讲述了中老年人学习电脑上网的相关知识，主要内容包括上网的基础知识、QQ和邮件的使用、轻松享受网上免费影音、玩转网上在线游戏、网上读书阅报、在博客论坛中畅所欲言、网上查询各种信息、网上求医与保健、网上轻松购物与理财等。

本书深入浅出，以爷爷对电脑上网一窍不通到能熟练掌握使用电脑上网的方法为线索，引导初学者学习。本书选择的实例都是经常用到的，以帮助读者掌握相关知识；每章后面附有针对性较强的练习题，以检验读者对本章知识点的掌握程度，达到巩固所学知识的目的。

本书及光盘还有如下特点及资源：情景式教学、互动教学演示、模拟操作练习、丰富的实例、大量学习技巧、素材源文件、电子书阅读、大量拓展资源等。

本书定位于有意学习电脑上网的初学者，既适合作为中老年上班人员、老年退休人员学习电脑上网的参考书，也可以作为结交和认识更多朋友以及查找保健、养生技巧的工具书。

图书在版编目（CIP）数据

中老年人的网上幸福生活/九州书源编著. —2版. —北京：清华大学出版社，2013
（一学就会魔法书）

ISBN 978-7-302-31543-8

I. ①中… II. ①九… III. ①互联网络-中老年读物 IV. ①TP393.4-49

中国版本图书馆CIP数据核字（2013）第030562号

责任编辑：赵洛育
封面设计：刘洪利
版式设计：文森时代
责任校对：王　云
责任印制：王静怡

出版发行：清华大学出版社
网　　址：http://www.tup.com.cn，http://www.wqbook.com
地　　址：北京清华大学学研大厦A座　**邮　　编：**100084
社 总 机：010-62770175　**邮　　购：**010-62786544
投稿与读者服务：010-62776969，c-service@tup.tsinghua.edu.cn
质 量 反 馈：010-62772015，zhiliang@tup.tsinghua.edu.cn
印 刷 者：清华大学印刷厂
装 订 者：北京市密云县京文制本装订厂
经　　销：全国新华书店
开　　本：185mm×260mm　**印　张：**16.25　**字　　数：**301千字
（附光盘1张）
版　　次：2005年8月第1版　2013年10月第2版　**印　　次：**2013年10月第1次印刷
印　　数：10501～15700
定　　价：39.80元

产品编号：046239-01

再致亲爱的读者

——一学就会魔法书（第3版）序

首先感谢您对“一学就会魔法书”的支持与厚爱!

“一学就会魔法书”（第1版）自2005年8月出版以来，曾在全国各大书店畅销一时，2009年7月“一学就会魔法书”（第2版）出版，备受市场瞩目。截止目前，先后有百余万读者通过这套书学习了电脑相关技能，被全国各地550多家电脑培训机构、机关、社区、企业、学校选作培训教材，累计销售近150万册。其中丛书第1版本5种荣获2006年度“全行业优秀畅销品种”，丛书第2版1种荣获第2届“全国大学出版社优秀畅销书”，丛书第1版、第2版荣获清华大学出版社优秀畅销系列书，连续8年在市场上表现良好。

许多热心读者反映，通过“一学就会魔法书”学会了电脑操作，为自己的工作与生活带来了乐趣。有的读者希望增加一些新的品种；有的读者反映一些知识落后了，希望能出新的版本。为了满足广大读者的需求，我们对“一学就会魔法书”（第2版）进行了大幅度更新，包括内容、版式、封面和光盘运行环境的更新与优化，同时还增加了很多新的、流行的品种，使内容更加贴近读者，与时俱进。

“一学就会魔法书”（第3版）继承了第2版的优点：“轻松活泼”“起点低，入门快，实例多”和“情景式学习”等，光盘则“可快慢调节、可模拟操作练习、包含素材源文件”，还有大量学习技巧和拓展视频等。

一、丛书内容特点

本丛书内容有以下特点：

（一）情景式教学，让电脑学习轻松愉快

本丛书为读者设置了一个轻松、活泼的学习情境，书中以“小魔女”的学习历程为线索，循着她学习的脚步，解决日常电脑应用的常见知识，同时还有“魔法师”深入浅出讲解各个知识点，并及时提出常见问题、学习技巧、学习建议等。情景式学习，寓教于乐，让学习轻松、充满乐趣。

（二）动态教学，操作流程一目了然

为了让读者更为直观地看到操作的动态过程，本丛书在讲解时尽量采用图示方式，并用醒目的序号标示操作顺序，且在关键处用简单的文字描述，在有联系的图与图之间用箭头连接起来，将电脑上的操作过程动态地体现在纸上，让读者在看书的同时感觉就像在电脑上操作一样直观。

（三）解疑释惑让学习畅通无阻，动手练习让学习由被动变主动

“魔力测试”让您可以随时动手，“常见问题解答”帮您清除学习路上的“拦路虎”，“过关练习”让您能强化操作技能，这些都是为了让读者主动学习而精心设计的。

二、光盘内容及其特点

本丛书中穿插的“小魔女”的各种疑问就是读者常见的问题，而“魔法师”的回答则让读者豁然开朗。这种一问一答的互动模式让学习畅通无阻。

本丛书的光盘是一套专业级交互式多媒体光盘，采用全程语音讲解、情景式教学、详细的图文对照方式，通过全方位的结合引导读者由浅至深，一步一步地完成各个知识点的学习。

（一）同步、互动多媒体教学演示，手把手教您

多媒体演示中，提出各式各样的问题，引出了各个知识点的学习任务；安排了一个知识渊博的“魔法师”耐心、详细地解答问题；另外还安排了一个调皮的“小精灵”，总是在不经意间让您了解一些学习的窍门。

（二）多媒体模拟操作练习，边看边练

通过“新手练习”按钮，用户可以边学边练；通过“交互”按钮，用户可以进行模拟操作，巩固学到的知识。

（三）素材、源文件等学习辅助资料

模仿是最快的学习方式，为了便于读者直接模仿书中内容进行操作，本书光盘提供所有实例的素材和源文件，读者可直接调用，非常方便。

（四）常见问题与学习技巧

光盘中给出了百余个与本书内容相关的各类实用技巧和常见问题，为读者

扫清学习障碍，提高学习效率。

（五）深入拓展学习资源

为了便于读者后续深入学习，开拓视野，本光盘赠送了较为深入的“视频教程”。

（六）电子阅读

为了方便读者在电脑上学习，光盘中配备了电子书，读者可直接在电脑或者部分手机上学习。

九州书源

前 言

随着社会的发展和进步，电脑已经是非常普及的一种工具。对于中老年朋友来说，电脑可以帮助他们开阔眼界、结交朋友、充实晚年生活。本书从中老年朋友的兴趣和生活需求出发，用浅显易懂的讲解方式，介绍了电脑上网中最基本和最需要掌握的内容，包括电脑上网的基础知识，使用电脑娱乐、聊天、理财和购物等知识。配合各章中的典型实例和过关练习，让中老年朋友可以在最短时间内以最快捷的方式掌握最实用的知识。

本书内容

本书从中老年人使用电脑上网的角度出发，以循序渐进的方式进行讲解，可分为以下5个部分。

章　节	内　容	目　的
第1部分（第1章）	电脑的基础操作，浏览器的使用，网络资源的应用	快速掌握电脑和使用电脑上网的一些基础操作
第2部分（第2~5章）	QQ和邮件的使用，网上听歌、看视频、读书看报，玩游戏等操作	结交朋友，增进与好友之间的关系，增加一些娱乐方式，使晚年生活更丰富
第3部分（第6~9章）	在博客和各种论坛中畅所欲言，从网上查询各种信息	了解各种与生活息息相关的知识，使中老年人快速了解自己的身体情况及平时需要注意的饮食问题等
第4部分（第10~11章）	网上轻松购物与理财	了解网上购物与理财的流程和方法，实现轻松理财
第5部分（第12章）	电脑的安全防护与维护	对电脑进行日常的维护，了解电脑病毒的基础知识，掌握预防病毒的方法

本书适合的读者对象

本书适合以下读者:

（1）会简单操作电脑并对上网感兴趣的中老年朋友。

（2）希望通过网络结交和认识更多朋友的中老年朋友。

（3）希望通过网络查找社会信息和保健养生知识的中老年朋友。

（4）会网上聊天，想学习更多网上知识的中老年朋友。

如何阅读本书

本书每章按“内容导读+学习要点+本章内容+本章小结+过关练习”的结构进行讲述。

- 内容导读：通过“爷爷”和“小魔女”的对话引出本章内容，活泼生动的语言让人读来兴趣盎然，同时了解学习本章的原因和重要性。
- 学习要点：以简练的语言列出本章要点，使读者对本章将要讲解的内容一目了然。
- 本章内容：将实例贯穿于知识点中讲解，将知识点和实例融为一体，以图示方式进行讲解，并通过典型实例强化巩固知识点。
- 本章小结：由“爷爷”提出在学习和应用本章相关知识时遇到的疑难问题，“小魔女”给出具体回答，并传授几招给“爷爷”，帮中老年朋友解惑的同时，还能扩展所学的知识。
- 过关练习：列举一些上机操作题，以提高读者的实际动手能力。

本书的创作团队

本书由九州书源组织编写，由向萍、赵云主笔，其他参与本书编写、资料整理、多媒体开发及程序调试的人员有从威、简超、宋玉霞、张娟、羊清忠、贺丽娟、宋晓均、刘凡馨、常开忠、曾福全、向利、付琦、杨明宇、陈晓颖、陆小平、张良军、徐云江、廖宵、杨颖、李伟、赵华君、张永雄、余洪、唐青、范晶晶、牟俊、陈良、张笑、穆仁龙、黄沄、刘斌、骆源、夏帮贵、王君、朱非、杨学林、何周、卢炜等，在此对大家的辛勤工作表示衷心的感谢！

若您在阅读本书过程中遇到困难或疑问，可以给我们写信，我们的E-mail是book@jzbooks.com。我们还专门为本书开通了一个网站，以解答您的疑难问题，网址是http://www.jzbooks.com。另外，也可以申请加入九州书源QQ群：122144955，进行交流与答疑。

编　者

目 录

Chapter 1

第1章

开启神奇的网络之门——上网基础知识

爷　爷：小魔女，我整天看着摆放在家里的电脑，“心痒痒”的。

小魔女：你可以用电脑上网呀！这样我们还可以聊天呢！

爷　爷：我就只用过一些简单的家用电器，哪用过电脑呀！

小魔女：呵呵，爷爷，其实电脑的使用很简单的，就和您平常使用电器差不多。

爷　爷：真的吗?那我得找个师傅赶快教我。

学习要点：

- 从零开始做准备
- 轻松实现网页浏览
- 开始浏览网上信息
- 搜索网络资源
- 下载网络资源

1.1 从零开始做准备

爷　爷：小魔女，我都这把年纪了，使用电脑上网能做些什么呢？

小魔女：爷爷，您上网能做的事情可多了，如浏览新闻、查找和下载资料、在线和亲朋好友聊天、玩游戏和购物等。

爷　爷：那简直太好了，这样一个人在家也不会觉得无聊和孤独了。

小魔女：爷爷，要学会使用电脑上网就必须先掌握电脑的基本操作。

爷　爷：哦，原来是这样，快给我介绍介绍吧！

小魔女：那我先给您讲讲上网能干什么，再给您介绍电脑的基础知识吧！

1.1.1 中老年人上网能做什么

网络中蕴藏着海量的信息，其内容包罗万象，如新闻、文学、体育、养生和娱乐等，您可以畅游其间，充分享受网络带来的便利和快捷，为自己的中老年生活增添无限的乐趣。

1. 网上百事通——浏览新闻

连接网络后，可在各大网站浏览新闻，在第一时间知晓天下事。网络上新闻的信息量和更新速度是电视和报刊所无法比拟的，而且网络信息的范围也非常广泛，无论是本土新闻、国内新闻，还是国际新闻，只要一进入相应的网站就能进行浏览。如图1-1所示为在新华网浏览新闻。

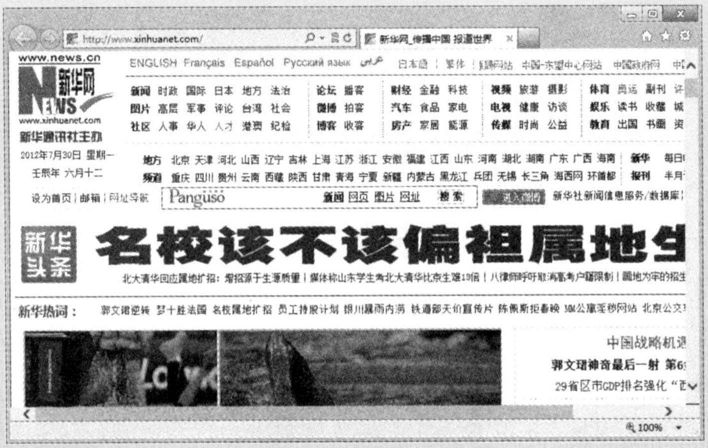

图1-1　浏览新闻

2. 去粗取精——查找和下载资料

网络中提供了丰富的资源和服务，可以轻松查找音乐、图片、影视以及中老年朋友比较关心的保健信息、健康食谱等实用资料，不仅如此，还可以将网络中一些重要的信息或经常使用的资料下载到电脑中，方便下次使用。如图1-2所示为在网上查找的图片和影视信息。

图1-2　查找的图片和影视信息

3. 网络交流无极限——在线聊天

在网络中，您可以不受地域限制地与亲朋好友聊天，还可以与五湖四海的陌生人畅聊沟通。如图1-3所示就是使用比较常用的通信软件——腾讯QQ和朋友聊天。

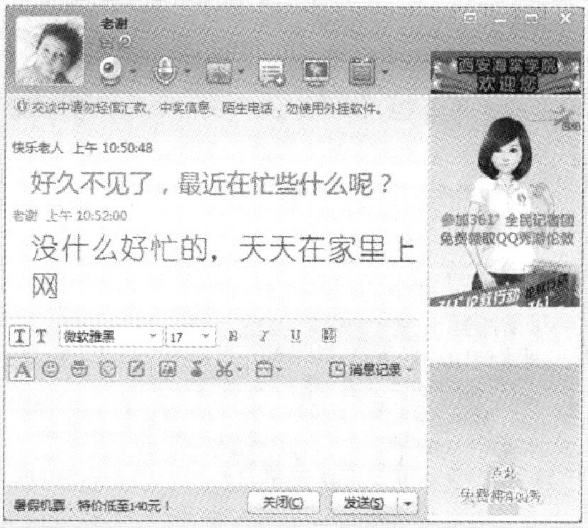

图1-3　与好友聊天

爷爷，除了可使用通信软件进行交流外，还可使用邮箱发送邮件进行交流。

4. 决胜千里——网上游戏

每个人都有自己的爱好，如下棋、打麻将和斗地主等。网络可以让您不受空间限制地与网友同场竞技，真正体验“运筹帷幄之中，决胜千里之外”的感觉。如图1-4所示为和网友在网上下象棋。

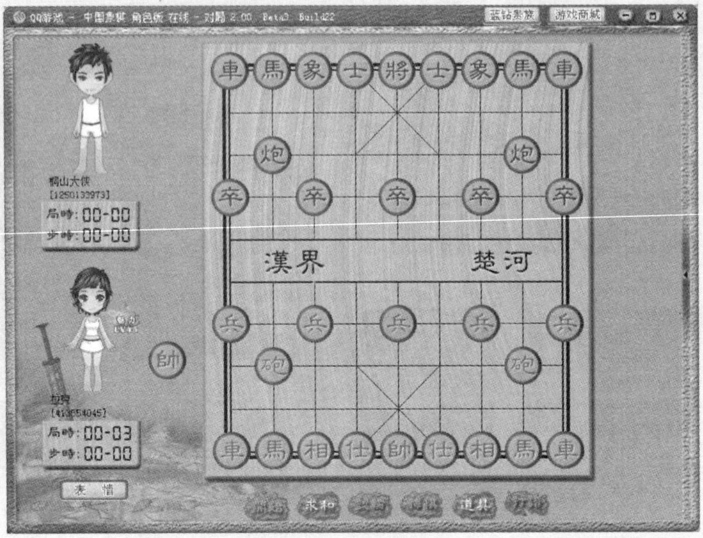

图1-4 下象棋

5. 网上视听——听歌、看书、看电影

除了查找资料外，网络中还提供了丰富多彩的视听服务，如在网上聆听音乐，欣赏中外名曲；游览网上书城，阅读古今名著。除此之外，您还可以观赏在线电影、相声和评书等。如图1-5所示为在网上阅读名著《水浒传》。

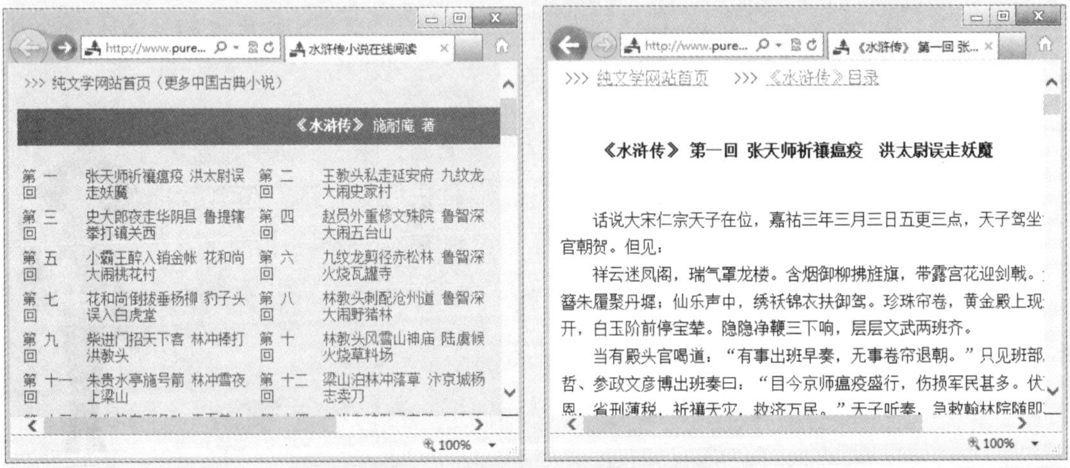

图1-5 阅读《水浒传》

6. 网上生活——旅游、购物与预订

网络提供了许多与人们生活息息相关的服务，使人们足不出户就能在网上商城购买需要的商品，查询旅游景点的地理气候、风土人情，提前预订当地旅馆的住宿及出行车票等各种信息。如图1-6所示为网上商城。

图1-6　网上商城

1.1.2 启动和关闭电脑

电脑是上网的工具，要想上网就必须先正常启动电脑，在上网完毕之后还需要将电脑正常关闭。启动和关闭电脑与日常生活中使用家电的方法类似，下面将分别讲解启动和关闭电脑的方法。

1. 启动电脑

启动电脑的方法很简单，就如同打开家里的其他电器一样，只需要按下相应的开关即可。下面介绍启动电脑的正确方法，其具体操作如下：

步骤 01 当显示器的电源接通，并正确连接主机后，按下显示器的电源按钮即可开启显示器，接着再按下主机的电源按钮，这时电脑将自动启动。

步骤 02 在启动过程中，系统进行自检，初始化硬件设备。如果系统运行正常，则无须进行其他任何操作。

步骤 03 自检完成后，将打开Windows 8操作系统登录界面，在其中显示了用户账户名称，如果您对该用户账户设置了密码，就需要在文本框中输入相应的密码，如图1-7所示。

步骤 04 若没有设置账户密码，直接单击按钮进入“开始”屏幕，然后单击相应的图标即可进入相应的应用程序。这里单击“桌面”图标，如图1-8所示，即可进入电脑桌面。

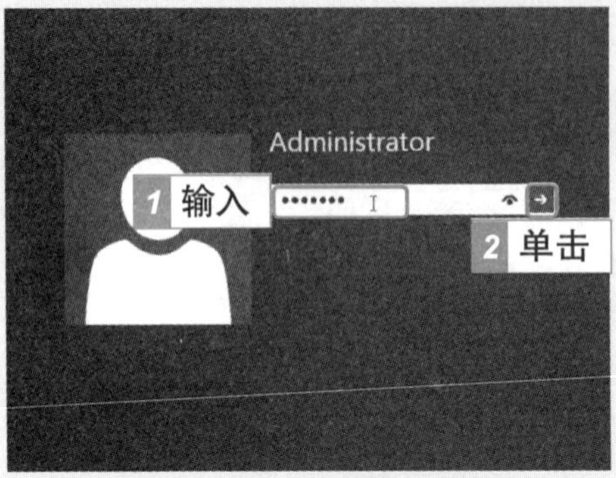

图1-7　登录界面

图1-8　单击“桌面”图标

魔法档案——Windows 8和Windows 7的区别

启动Windows 7后，直接进入的是电脑桌面，而启动Windows 8后，首先进入的是“开始”屏幕，它相当于Windows 7中的“开始”菜单，其功能和作用基本相同。

2. 关闭电脑

当不需要使用电脑时，就需要将电脑关闭。关闭电脑与关闭家用电器有所不同，不能直接按下主机箱电源按钮。正确关闭电脑的方法为：将鼠标光标移动到电脑屏幕右下角或右上角，在屏幕右侧将显示一个工具栏，然后将鼠标光标移至工具栏，单击其中的“设置”按钮，在打开的设置面板下方单击“电源”按钮，再在弹出的列表框中选择“关机”选项即可正确关闭电脑，如图1-9所示。

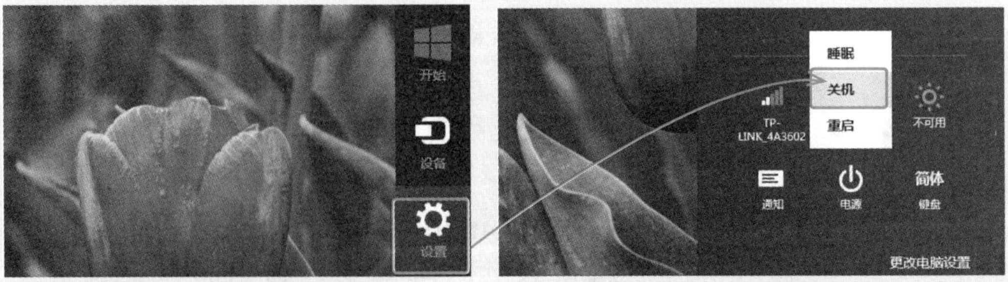

图1-9　关闭电脑

1.1.3 鼠标和键盘的使用

鼠标和键盘是电脑不可缺少的输入设备，通过它们可对电脑进行操作，因此鼠标与键盘的使用是初学电脑的中老年朋友必须掌握的操作之一。下面对鼠标和键盘的使用分别进行讲解。

1. 使用鼠标操作电脑

电脑的大部分操作都需要使用鼠标来完成，正确操作鼠标的方法是：食指和中指分别放在鼠标的左键和右键上，拇指与无名指及小指轻轻握住鼠标，手掌心贴住鼠标后部，手腕自然垂放在桌面上，如图1-10所示。

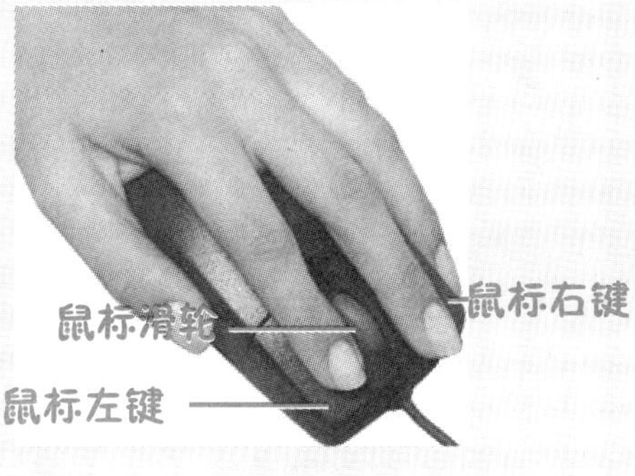

图1-10 正确操作鼠标

> **魔法档案——鼠标的组成**
>
> 电脑的大部分操作都需要使用鼠标来完成，鼠标由鼠标左键、鼠标右键和鼠标滚轮3部分组成。

如果您想轻松操作电脑，就必须要掌握鼠标的基本操作，鼠标的基本操作包括单击、双击、右击、拖动和滚动等，下面将分别进行介绍。

- **单击鼠标左键**：单击鼠标左键简称"单击"，先移动鼠标光标，将鼠标光标定位到某个对象上，用食指快速按下鼠标左键后释放即可。在上网时，用户单击超链接即可打开网页，如图1-11所示。

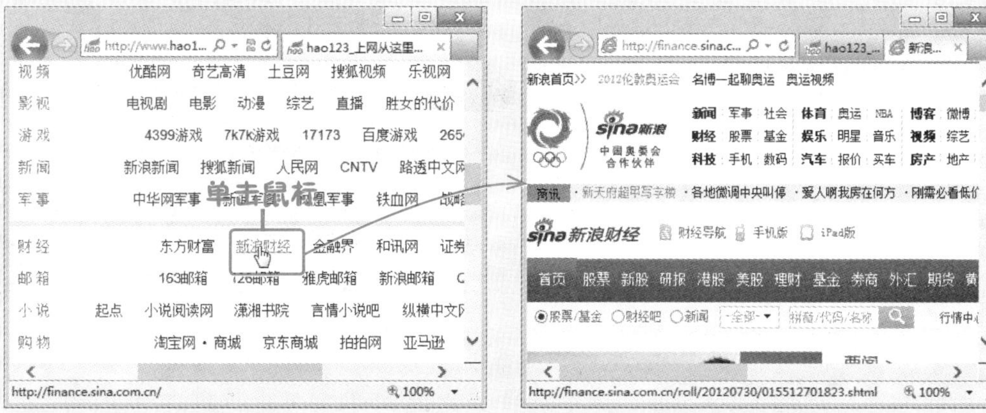

图1-11 单击"新浪财经"超链接打开的网页

- **单击鼠标右键**：单击鼠标右键简称“右击”，将鼠标光标移动到某个对象上，用食指按下鼠标右键后释放，此时会弹出一个相应的快捷菜单，选择菜单中的命令可快速执行相应的操作，如图1-12所示。
- **双击鼠标左键**：连续单击鼠标左键两次简称“双击”，将鼠标光标移动到某个对象上，用食指快速、连续地按两次鼠标左键，可快速打开该对象。
- **拖动鼠标**：拖动鼠标是指将鼠标光标移动到某个对象上，按住鼠标左键不放移动鼠标光标，将对象从屏幕的原位置拖动到目标位置后释放鼠标左键。在上网时，拖动鼠标一般用于选择网页中的文字、图片等对象，如图1-13所示。

图1-12　右击鼠标

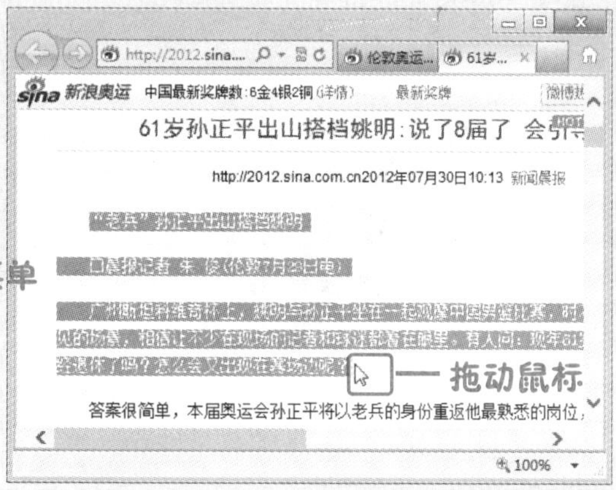

图1-13　拖动鼠标

- **滚动滚轮**：将食指放在鼠标滚轮上，在打开的窗口右侧会出现一个滚动条，如果窗口中的内容未显示完，此时滚动鼠标滚轮可以上下浏览未显示完的内容，如图1-14所示。

图1-14　滚动鼠标浏览内容

晋级秘诀——使用鼠标滚轮

如果打开的网页或窗口中的内容没有完全显示，此时可以按下鼠标滚轮，则鼠标光标呈⊕状态，上下左右移动鼠标，当鼠标光标变为▲或▼或▶或◀形状后，网页或窗口中的内容将自动进行滚动。

2. 使用键盘操作电脑

键盘是操作电脑和上网过程中使用非常频繁的设备之一，主要用于输入文字。当您在上网聊天的过程中想要输入文字进行交流或给朋友发邮件时都需要使用到键盘。键盘主要由功能键区、主键盘区、编辑控制区、小键盘区和状态指示灯区5个区域组成，如图1-15所示。

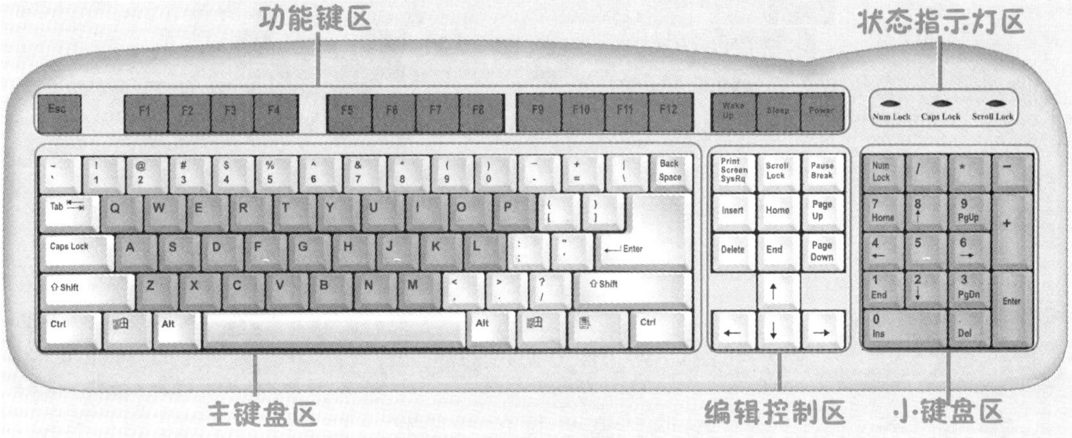

图1-15 电脑键盘

下面分别介绍电脑键盘各组成区域的作用。

- 功能键区：功能键区位于键盘的上方，排成一行，共有16个键，分别是【Esc】键，用于取消已执行的命令或退出某个正在运行的程序；【F1】~【F12】键，在不同的程序中，各个键的功能有所不同；【Wake Up】键，可以让电脑从休眠状态恢复到正常状态；【Sleep】键，可以使电脑进入休眠状态，【Power】键，用于关闭电脑。
- 主键盘区：主键盘区是键盘上最大也是最重要的区域，包括字符键和控制键，字符键又包括数字键、符号键和字母键，按下相应的键输入相应的字母、数字或符号。
- 编辑控制区：编辑控制区位于主键盘区右侧，该区中的按键较少，主要用于在文档编辑过程中控制鼠标光标的位置以及输入状态。该区域使用最频繁的就是4个方向键。
- 小键盘区：小键盘区位于键盘的右侧，主要用于快速输入数字。
- 状态指示灯区：状态指示灯区位于键盘右上方，主要用来显示键盘的某些工作状态。该区域包括“Num Lock”、“Caps Lock”和“Scroll Lock”3个指示灯，其中“Num Lock”表示小键盘的开启状态，“Caps Lock”表示大小写字母输入状态，按下Scroll Lock键后，在Excel等按上、下键流动时，会锁定光标而滚动页面；如果释放该键，则按上、下键时会滚动光标。

只要您牢记了键盘上各个键位的分布，然后以正确的击键姿势用手指敲击相应的键盘键位，即可输入正确的文字或命令。如图1-16所示为各手指敲击键盘的正确分工图。

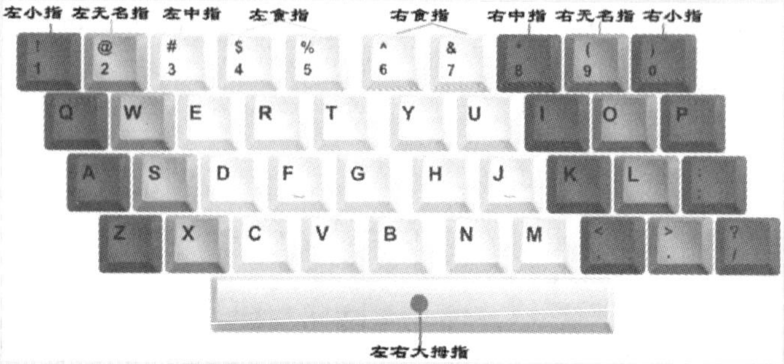

图1-16　手指键位分工

1.2　轻松实现网页浏览

爷　爷：小魔女，电脑的基本操作我已经会了，现在可以教我怎么上网了吧！

小魔女：爷爷，不要着急，要想上网，还需要将电脑连入网络。

爷　爷：哦，这个我好像听过，是不是常说的什么宽带上网呀！

小魔女：嗯，除了要申请宽带上网外，还需要认识和使用上网的必备工具——IE浏览器。

爷　爷：那你快给我讲解吧！我已经迫不及待地想要上网了。

1.2.1　将电脑连入网络

要想上网享受精彩纷呈的网络生活，仅有电脑是不行的，还需要将电脑连入网络。目前最常用是通过ADSL宽带接入。接入ADSL需要到相关部门办理并获取宽带账号，然后工作人员会对电脑的宽带连接进行设置。设置好后，就可连接宽带上网了。下面介绍连接宽带上网的方法，其具体操作如下：

步骤 01　双击桌面上的“宽带连接”快捷图标，在电脑屏幕右侧弹出一个快捷菜单，选择“宽带连接”选项，如图1-17所示。

步骤 02　在打开的“网络身份验证”面板中输入用户名和密码，单击确定按钮即可连接网络，如图1-18所示。

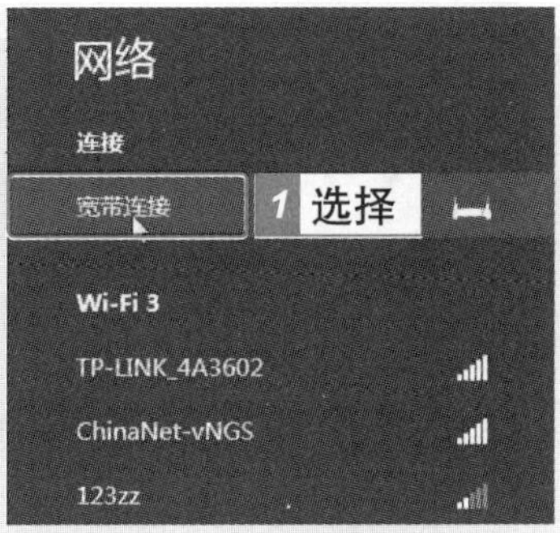

图1-17　选择“宽带连接”选项

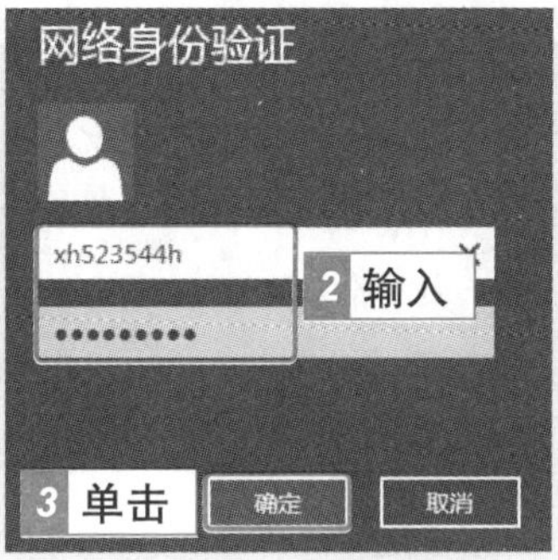

图1-18　连接网络

晋级秘诀——在桌面创建“宽带连接”快捷图标

双击桌面上的“控制面板”图标，打开“所有控制面板项”窗口，单击“网络和共享中心”超链接，打开“网络和共享中心”窗口，单击“更改网络设置”超链接，打开“网络连接”窗口，选择“宽带连接”选项，单击鼠标右键，在弹出的快捷菜单中选择“创建快捷方式”命令，在打开的提示对话框中单击 是(Y) 按钮。

1.2.2　认识IE浏览器的工作界面

浏览器是开启网络的一把钥匙，在开始上网前，还需要了解IE浏览器的组成及相应的功能。Windows 8中使用的浏览器为IE10.0，启动IE浏览器后即可打开其工作界面，该工作界面主要由地址栏、选项卡栏、按钮栏、网页浏览区以及状态栏等部分组成，如图1-19所示。

图1-19　IE10.0浏览器的工作界面

下面分别介绍IE10.0浏览器工作界面各组成部分。

- **地址栏**：用于输入网站的网址。打开某个网页时显示当前网页的网址，单击其中的“前进”按钮或“后退”按钮可返回到或前进到某一步操作中。
- **选项卡栏**：IE10.0支持在同一个浏览器窗口中打开多个网页，每打开一个网页对应增加一个选项卡，选择相应的选项卡可在打开的网页之间进行切换。
- **按钮栏**：该栏中包含了3个按钮，单击按钮可快速打开设置的主页；单击按钮可查看收藏夹中的信息，也可查看IE浏览器的历史记录；单击按钮，在弹出的下拉列表框中可进行相应的操作。
- **网页浏览区**：网页浏览区位于状态栏的上方，是浏览网页的主要区域，用于显示当前网页的内容，包括文字、图片和视频等各种信息。
- **状态栏**：用于显示当前网页的相关信息，如打开某一网页时会显示打开网页的网址、进度等。

1.2.3 启动和退出IE浏览器

要想使用IE浏览器上网，首先需要启动IE浏览器。启动IE浏览器的方法非常简单，在电脑桌面底部任务栏上单击图标即可，如图1-20所示。

当不再需要使用IE浏览器上网时，直接退出IE浏览器就可以了，其方法是单击IE浏览器窗口右上角的“关闭”按钮，如图1-21所示。

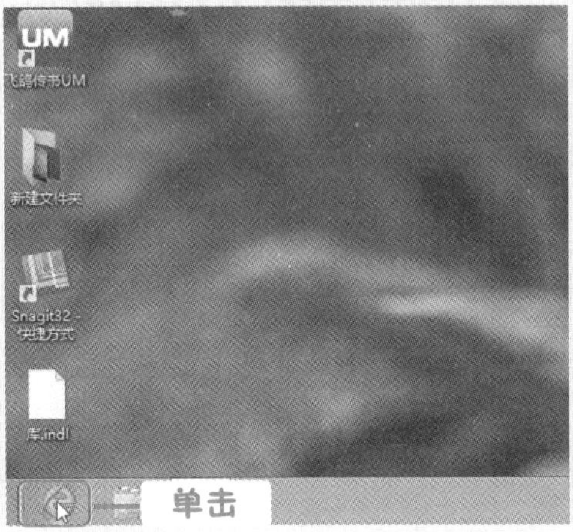

图1-20　单击IE浏览器图标

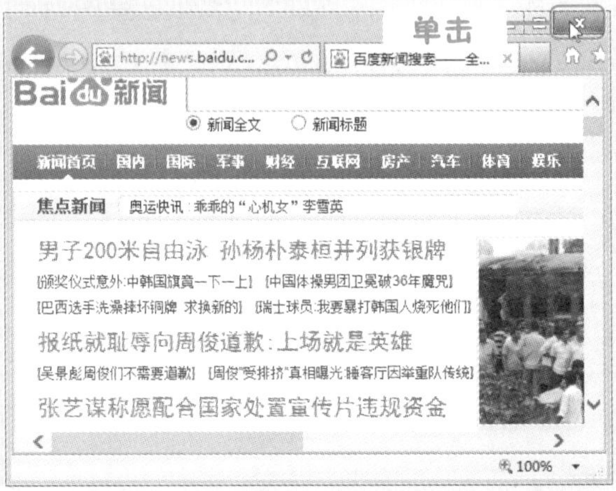

图1-21　单击“关闭”按钮

1.3 开始浏览网上信息

爷　爷：唉！做了这么多准备工作都还不能上网，早知道就不学了。

小魔女：爷爷，不要着急嘛！因为您之前没有使用过电脑，自然得多做一些准备啦，这样您才能在网络中游刃有余。

爷　爷：原来做这些准备工作是为上网做铺垫哟！

小魔女：是呀！现在准备工作已经做好了，下面我就带您一起去感受上网带来的乐趣。

1.3.1 浏览网页信息

启动IE浏览器后，要想浏览某个网页中的信息，首先需要打开相应的网页，然后才能对其中的信息进行浏览。下面将打开“东方财富网”，并浏览网页中的理财信息，其具体操作如下：

步骤 01 启动IE浏览器，在地址栏中输入东方财富网的网址“http://www.eastmoney.com”，单击→按钮，如图1-22所示。

步骤 02 打开东方财富网首页，单击“理财”超链接，如图1-23所示。

图1-22　输入网址

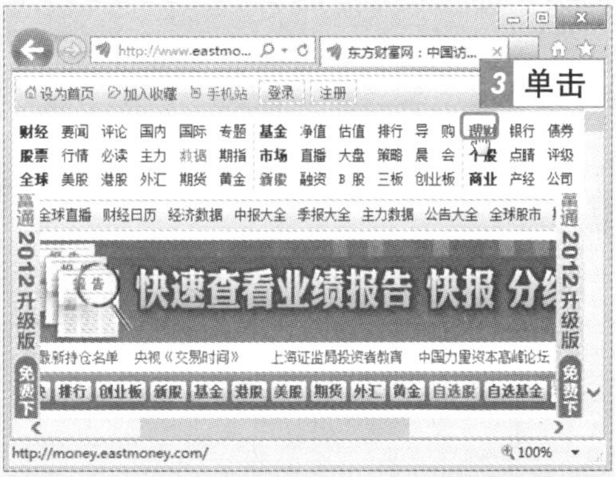

图1-23　单击“理财”超链接

步骤 03 打开“理财频道”网页，单击“理财导读”列表框中的第一条理财新闻的文本超链接，如图1-24所示。

步骤 04 在打开的网页中即可使用滚动条对该条新闻的正文信息进行浏览，如图1-25所示。

图1-24　单击文本超链接

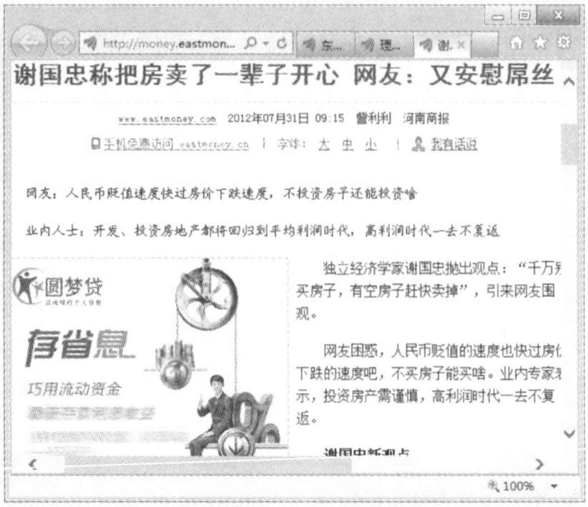

图1-25　浏览理财新闻

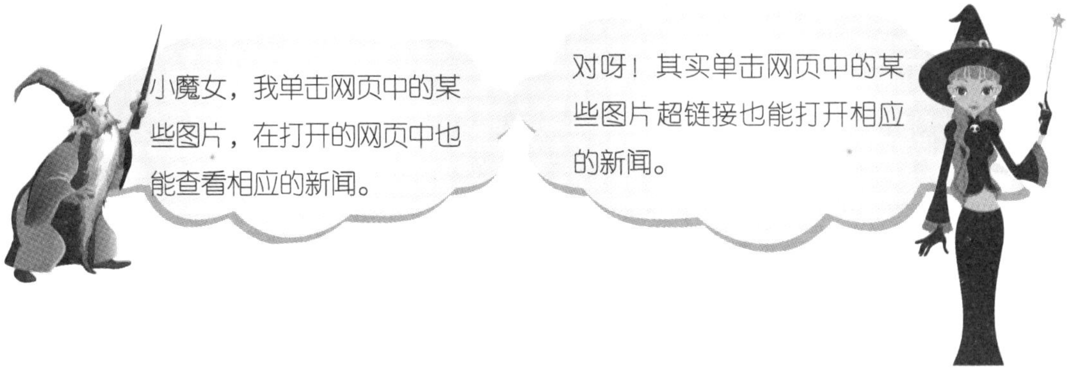

小魔女，我单击网页中的某些图片，在打开的网页中也能查看相应的新闻。
对呀！其实单击网页中的某些图片超链接也能打开相应的新闻。

1.3.2　保存网页信息

在浏览某个网页时，如果觉得网页中提供的信息自己很喜欢，可能以后会经常浏览该网页，这时可将整个网页保存在电脑中。将整个网页保存到电脑中后，会出现两个名称相同的文件，一个是文件夹，用于保存网页中的图片等信息，另一个是网页文件，双击它可打开保存的网页。下面将打开的关于老年人保健的网页保存在电脑中，其具体操作如下：

步骤 01　启动IE浏览器，在地址栏中输入“http://baojian.9939.com”，单击→按钮打开“久久健康网”网页，在“人群保健”栏中单击“老年人保健”超链接，如图1-26所示。

步骤 02　在打开的网页中显示了关于老年人保健的信息，单击“按钮栏”中的⚙按钮，在弹出的下拉列表框中选择【文件】/

【另存为】命令，如图1-27所示。

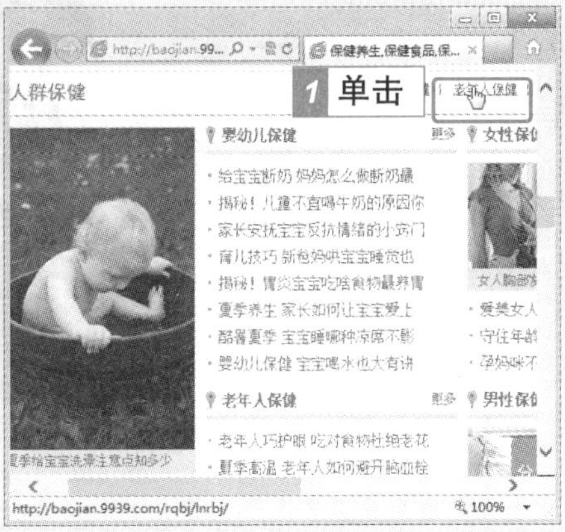

图1-26　单击文本超链接

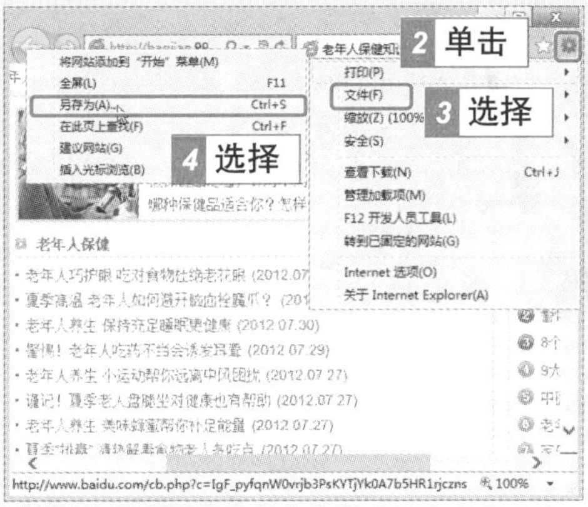

图1-27　选择命令

步骤 03 打开“保存网页”对话框，在“保存范围”下拉列表中选择网页保存的位置，这里选择“本地磁盘（F:）”，其他保持默认设置不变，单击保存(S)按钮，如图1-28所示。

步骤 04 在打开的“保存网页”对话框中可看到保存网页的进度，完成保存后即可在F盘中看到保存的文件，如图1-29所示。

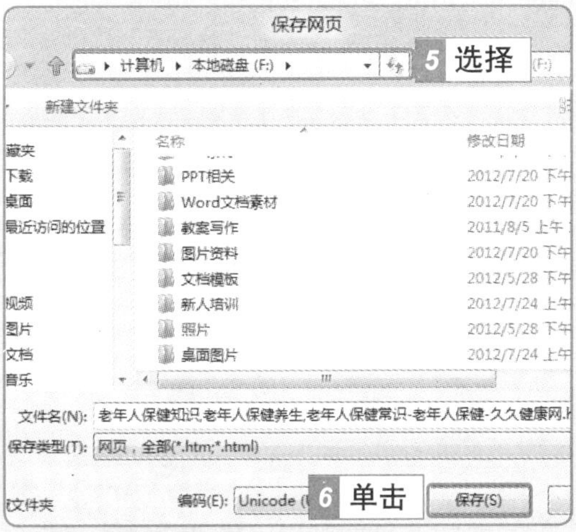

图1-28　保存网页

图1-29　查看保存的网页

魔法档案——保存网页包含的多个对象

保存网页是将整个网页中的图片、文字等信息以文件的形式保存到电脑中。

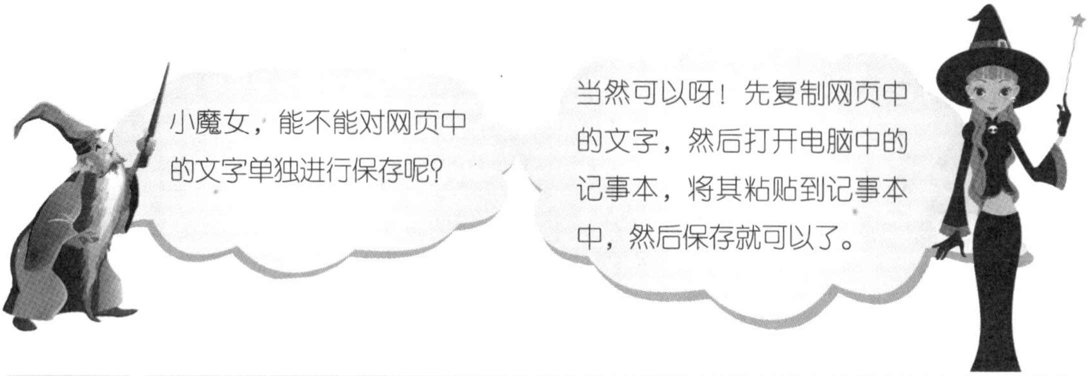

小魔女，能不能对网页中的文字单独进行保存呢？
当然可以呀！先复制网页中的文字，然后打开电脑中的记事本，将其粘贴到记事本中，然后保存就可以了。

1.3.3 收藏常用的网站

在上网时，若觉得某个网站中提供的信息对自己有很大的帮助，以后会经常浏览该网站，可以将该网站添加到收藏夹中，这样就不需要每次都通过在地址栏中输入网址来打开，这对于中老年朋友来说非常方便。下面将打开的优酷网添加到收藏夹中，其具体操作如下：

步骤 01 在打开的优酷网中单击☆按钮，在弹出的下拉列表中单击添加到收藏夹按钮，如图1-30所示。

步骤 02 打开“添加收藏”对话框，保持其默认设置不变，单击添加(A)按钮，如图1-31所示。

图1-30 单击“添加到收藏夹”按钮

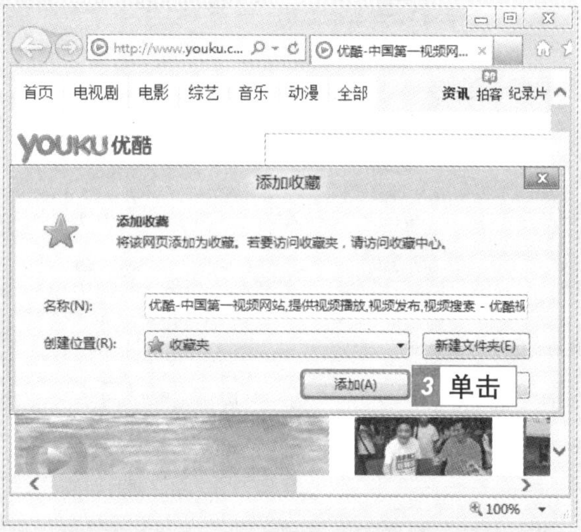

图1-31 “添加收藏”对话框

步骤 03 成功添加网页后，单击☆按钮，在弹出的下拉列表框中选择“收藏夹”选项卡，在其中可看到添加到收藏夹的优酷网，如图1-32所示。

图1-32　查看收藏的网站

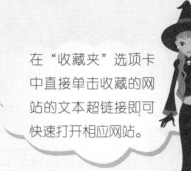

在“收藏夹”选项卡中直接单击收藏的网站的文本超链接即可快速打开相应网站。

1.4 搜索网络资源

小魔女：爷爷，你现在是不是感受到了上网的乐趣了？

爷　爷：嗯，我现在可以自由自在地上网浏览各个网站中的信息了，不过，很多同类网站中提供的信息基本都相同，而且我只能浏览它们提供的内容。

小魔女：爷爷，您也可以在网上查找自己需要的信息呀！

爷　爷：那怎么搜索呀！我没试过耶！

小魔女：没关系，有我这个使用电脑的高手，保证让您快速学会。

1.4.1 使用关键字搜索

关键字是指在查找内容中包含的一个或几个与内容联系紧密的字或词。使用关键字搜索是在搜索引擎网站中搜索资源最基本的方法，也是最常用的方法。下面使用百度搜索与“红楼梦”相关的网站，其具体操作如下：

步骤 01　在打开的IE浏览器地址栏中输入“http://www.baidu.com”网址，按【Enter】键打开百度首页。

步骤 02　在文本框中输入“红楼梦”，单击 百度一下 按钮，百度自动搜索与“红楼梦”3个字相关的内容并以超链接的形式显示。

步骤 03 在搜索结果中查找自己需要的内容，单击其中的超链接即可在新选项卡中打开相应的网页，这里单击第一个相关信息的文本超链接，如图1-33所示。

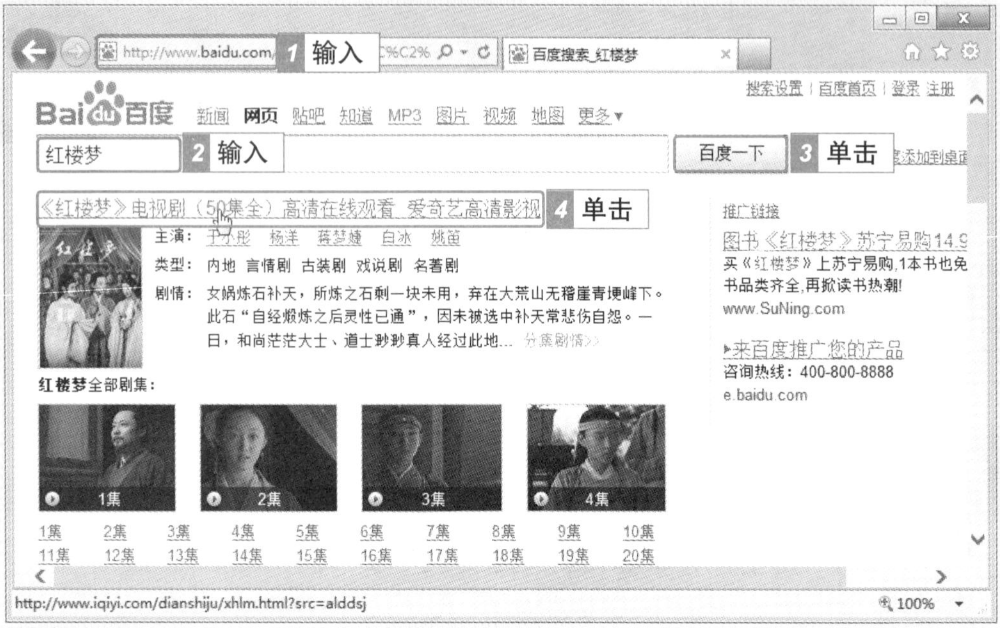

图1-33 搜索结果

步骤 04 在打开的网页中显示了《红楼梦》电视的集数，单击相应集数的文本或图片超链接，即可对相应的视频进行观看，如图1-34所示。

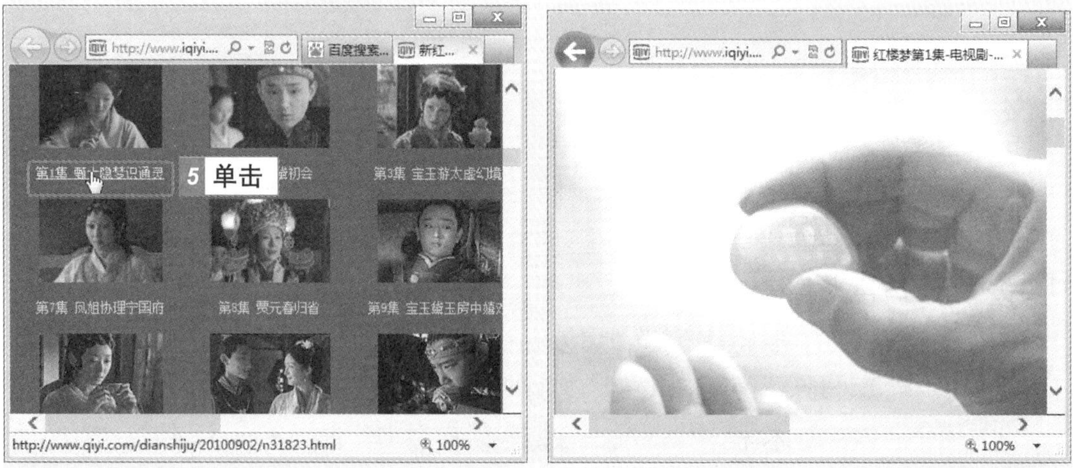

图1-34 观看视频

魔法档案——什么是搜索引擎

搜索引擎是指将网上的所有信息进行搜集、整理和归类等处理后，向用户提供网络信息检索服务的网站查询系统。常用的搜索引擎网站包括百度（http://www.baidu.com）、谷歌（http://www.google.com.hk）等。

1.4.2 使用分类搜索

如果您在搜索信息时不知道输入什么关键字，还可以在搜索引擎网站中通过分类进行搜索。分类搜索主要用于模糊搜集信息和资源。下面在百度搜索引擎网站中使用分类搜索搜索经典老歌，其具体操作如下：

步骤 01 打开百度搜索引擎网站，单击MP3超链接，在打开的网页中选择“音乐分类”选项卡，如图1-35所示。

步骤 02 在打开的页面中直接单击“经典老歌”超链接，如图1-36所示。

图1-35 选择“音乐分类”选项卡

图1-36 单击“经典老歌”超链接

步骤 03 在打开的页面中显示了搜索到的歌曲，如图1-37所示。

晋级秘诀——播放搜索到的歌曲

在搜索结果页面中，单击某首歌的歌曲名超链接或单击其后的“试听”超链接，在打开的页面中即可播放该首歌曲。

图1-37　搜索到的经典老歌

1.5　下载网络资源

爷　爷：小魔女，我想看原版的《红楼梦》，去了很多书店都没买到，你逛书店如果看到就帮我买一本吧！

小魔女：爷爷，我在网上看到过哟！您可以在网上进行搜索，然后进行阅读，如果您嫌网上看麻烦，还可以将其下载到电脑中进行阅读哟！

爷　爷：真的吗？那要如何才能将网上的《红楼梦》下载到电脑中？

小魔女：爷爷，要下载网上的资源，既可以直接通过IE浏览器进行下载，也可以通过迅雷、快车等软件进行下载。

爷　爷：小魔女，还等什么，快点教我吧！

1.5.1　直接下载网上资源

直接下载网上资源就是通过IE浏览器自带的下载功能将搜索的资源下载到电脑中，其操作非常简单。下面将搜索到的“红楼梦下载”相关信息下载到电脑中，其具体操作如下：

步骤 01　打开百度搜索引擎网站，在文本框中输入“红楼梦下载”关键字，单击百度一下按钮，在打开的搜索结果页面中单击第一个文本超链接，如图1-38所示。

步骤 02 在打开页面的“浏览此页的网友还喜欢”栏中单击“红楼梦（全集）.rar”超链接，如图1-39所示。

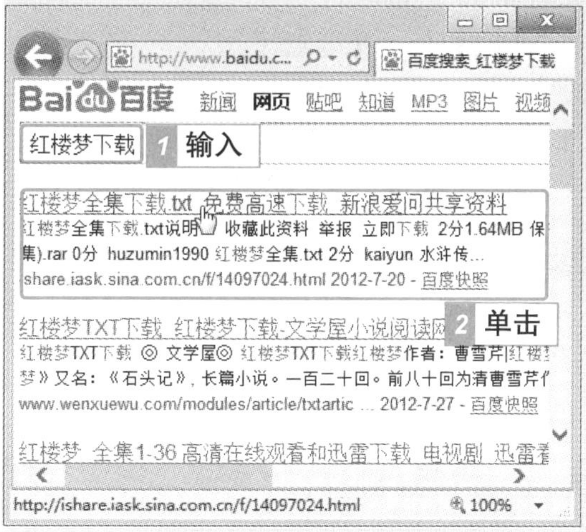

图1-38 单击超链接

图1-39 单击超链接

步骤 03 在打开的页面中单击 立即下载 按钮，在弹出的对话框中单击 保存(S) 按钮右侧的下拉按钮，在弹出的下拉菜单中选择“另存为”命令，如图1-40所示。

步骤 04 打开“另存为”对话框，在其中设置保存的位置，单击 保存(S) 按钮，如图1-41所示。

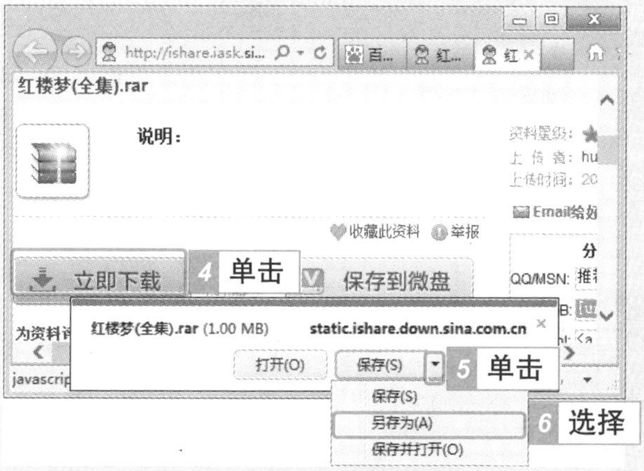

图1-40 选择“另存为”命令

图1-41 设置保存位置

步骤 05 开始下载文件，并显示文件下载的进度。下载完成后，单击浏览器中的 × 按钮即可。

1.5.2 使用下载工具下载网上资源

使用下载工具下载网上资源比较稳定，就算在下载过程中出现突然断网、断电等情况时，也不会有较大影响，再次联网后又可以接着下载，而且速度也比较快。下面使用迅雷下载工具下载酷我音乐盒软件，其具体操作如下：

步骤 01 启动IE浏览器，在地址栏中输入酷我音乐软件的下载网址“http://mbox.kuwo.cn”，然后按【Enter】键打开网页。

步骤 02 在“2012奥运版”按钮上单击鼠标右键，在弹出的快捷菜单中选择“使用迅雷下载”命令，如图1-42所示。

步骤 03 打开“新建任务”对话框，单击“浏览”按钮，在打开的对话框中设置保存的位置，单击 确定 按钮。

步骤 04 返回“新建任务”对话框，单击 立即下载 按钮，如图1-43所示。

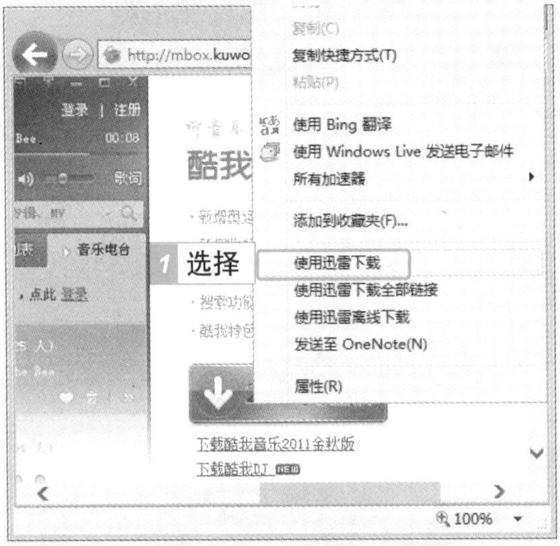

图1-42 选择命令

图1-43 “新建任务”对话框

步骤 05 打开“迅雷7”窗口进行下载，下载完成后，选择任务列表窗格中的“已完成”选项，在中间窗格中可看到刚下载的软件，保持其选择状态。

步骤 06 单击 打开 按钮右侧的 按钮，在弹出的下拉列表框中选择“打开文件存放目录”选项，如图1-44所示。

步骤 07 在打开的文件夹窗口中，即可查看到刚下载的软件“kuwo2012.exe”。

图1-44 选择打开选项

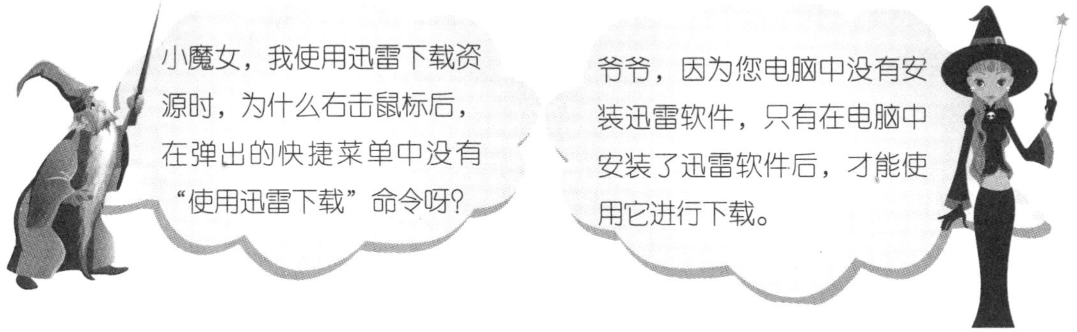

小魔女，我使用迅雷下载资源时，为什么右击鼠标后，在弹出的快捷菜单中没有“使用迅雷下载”命令呀？
爷爷，因为您电脑中没有安装迅雷软件，只有在电脑中安装了迅雷软件后，才能使用它进行下载。

1.5.3 解压网上下载的文件

网络中提供的资料大多数都是经过压缩后的文件。如果您下载的文件是压缩文件，在使用之前必须要使用安装在电脑中的解压软件进行解压后才能正常使用（安装软件的方法将在第2章给您讲解）。下面使用压缩软件WinRAR将下载的“红楼梦（全集）.rar”文件解压到电脑中，其具体操作如下：

步骤 01 在电脑中找到并选择需要解压的文件“红楼梦（全集）.rar”，单击鼠标右键，在弹出的快捷菜单中选择“解压到当前文件夹”命令，如图1-45所示。

步骤 02 WinRAR开始解压文件，并显示解压的进度。

步骤 03 解压完成之后，在当前文件夹中即可看到解压出来的“红楼梦（全集）”文件夹，双击该文件夹，在打开的窗口中即可看到解压后的文件，如图1-46所示。

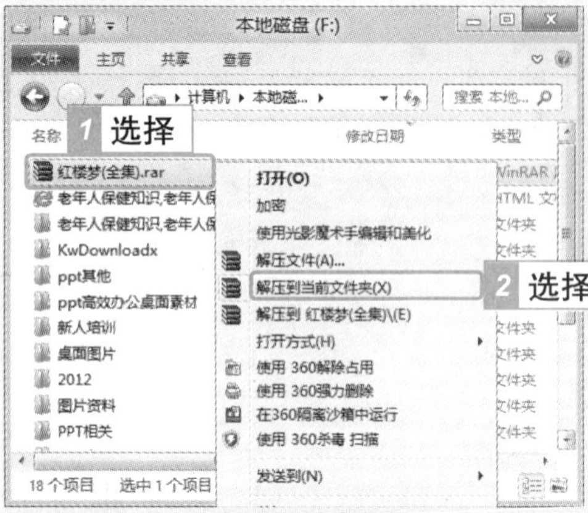

图1-45　选择命令

图1-46　查看解压后的文件

1.6　典型实例——搜索并保存网络资源

小魔女：爷爷，您觉得上网对你们老年人来说难不难？

爷　爷：只要掌握了相应的知识，操作起来也是非常简单的。

小魔女：那就好。爷爷，您不是说你最近没食欲吗？您可以在网上搜索一下吃什么可以改善。

爷　爷：对哟！如果查找的资料对我有用，还可以保存在电脑中，方便下次查看。

其具体操作如下：

步骤 01 启动IE浏览器，在地址栏中输入“http://www.baidu.com”，按【Enter】键打开百度网页，在文本框中输入关键字“老年人没食欲怎么办”，单击百度一下按钮，如图1-47所示。

步骤 02 在打开的搜索结果网页中单击需要查看的超链接，再在打开的网页中查看相应的内容。

步骤 03 在查看内容的过程中，按住鼠标左键拖动鼠标选择对自己有用的内容，然后单击鼠标右键，在弹出的快捷菜单中选择“复制”命令，如图1-48所示。

步骤 04 按【Windows】键切换到“开始”屏幕，在空白处单击鼠标右键，在打开的面板中单击“记事本”图标，启动记事本程序。

图1-47　单击文本超链接

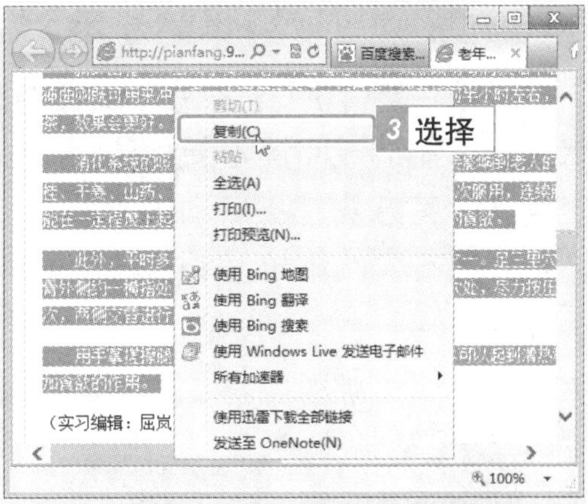

图1-48　复制网页中的文本

步骤 05 在打开的“记事本”窗口中单击鼠标右键，在弹出的快捷菜单中选择“粘贴”命令即可将复制的文本粘贴到记事本中，如图1-49所示。

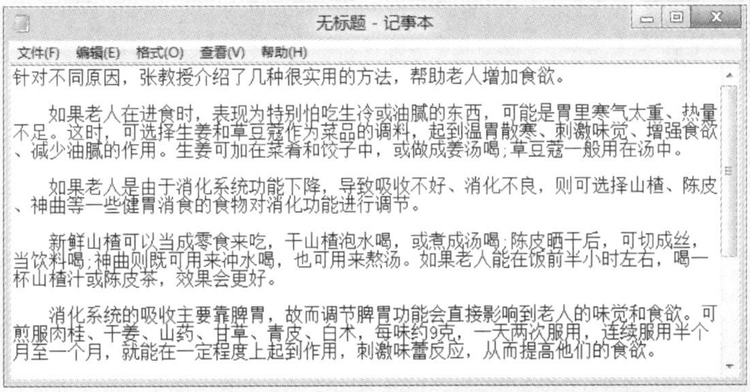

图1-49　粘贴复制的文本

步骤 06 选择【文件】/【保存】命令，在打开的对话框中对保存位置和名称进行设置，单击 保存(S) 按钮即可。

1.7　本章小结——浏览器的使用小技巧

小魔女：爷爷，现在您应该掌握了使用浏览器上网的基本方法了吧！

爷　爷：嗯，基本上没什么问题了。只是我觉得网页中的字体太小，对于我们视力不好的人来说浏览起来非常困难。

小魔女：没关系，下面我就教您几招浏览器的使用技巧，使浏览和搜索信息更顺畅。

第1招：改变网页的显示大小

对于中老年朋友来说，网页中默认文字的大小并不一定适合您的视力状况，可能造成阅读不便，这时可以通过改变网页的显示大小，使其更利于您浏览。其方法是：启动IE浏览器，在状态栏中单击“更改缩放级别”按钮 100% 右侧的下拉按钮，在弹出的下拉列表中选择适合的选项即可，如图1-50所示。

图1-50　改变网页的显示大小

第2招：将常用网页设置为主页

将第2招的内容更改为：浏览网页是上网的基础操作，对于经常浏览的网页，可以将其设置为主页，这样就可避免浏览时进行搜索的麻烦。将网页设置为主页的方法是：打开需要设置为主页的网页，在按钮栏中单击按钮，在弹出的下拉列表框中选择“Internet选项”，在打开对话框中单击 使用当前页(C) 按钮，再单击 确定 按钮，即可将当前网页设置为主页。

1.8　过关练习

（1）使用IE浏览器浏览搜狐网（http://www.sohu.com）中健康专题网页中自己感兴趣的内容，并将其添加到收藏夹中，熟悉IE浏览器的使用方法。

（2）在百度网页中搜索并阅读“三国演义”的相关信息。

（3）使用百度搜索引擎搜索自己喜欢的一首歌，然后将其下载到自己的电脑中。

Chapter 2

第2章

网上交流新时尚——无处不在的QQ和邮件

爷　爷：小魔女，上网除了可以搜索与下载资料外，还能做什么呢？

小魔女：上网能做的事情可多了，例如聊天、发邮件等。

爷　爷：上网能聊天？是不是和打电话一样呀！那是不是聊天费用很贵呀！

小魔女：爷爷，网上聊天不仅能和电话一样进行语音交流，在交流的同时还能进行视频哟！只要电脑连了网，聊天时不需要任何通信费用。

学习要点：

- 聊天交友的准备
- 使用QQ与好友聊天
- 中老年朋友聊天交友圈
- QQ好友管理
- 电子邮件的使用

2.1 聊天交友的准备

小魔女：爷爷，您使用的电脑虽然连了网，但是要在网上聊天还需要做一些准备。

爷　爷：还需要做准备呀！岂不是又要很久？

小魔女：爷爷，在网上聊天需要借助聊天软件工具——腾讯QQ，要安装在您的电脑中后才能使用。而且要想和朋友聊天，还需要QQ账号，就如同安装的电话要有电话号码一样。

爷　爷：小魔女，那还在等什么，我们快去准备吧！

小魔女：爷爷，不要着急，我先给您讲讲怎样安装QQ软件吧。

2.1.1 安装QQ软件工具

QQ是腾讯公司开发的一款即时通信工具，在使用QQ工具聊天之前，必须要将QQ下载并安装在电脑中后才能使用。前面已经讲解了下载网上资源的方法，QQ软件的下载与之相同。下面将讲解QQ的安装方法，其具体操作如下：

步骤 01 将QQ软件下载到电脑中后，打开存放QQ软件的文件夹，双击安装程序软件“QQ2012Beta2.exe”，如图2-1所示。

步骤 02 在打开的“用户账户控制”对话框中单击 是(Y) 按钮。

步骤 03 然后系统将检查QQ2012的安装环境，稍等一会儿，在打开的安装导向对话框中选中 ☑我已阅读并同意软件许可协议和青少年上网安全指引 复选框，单击 下一步(N) 按钮，如图2-2所示。

图2-1　双击运行程序

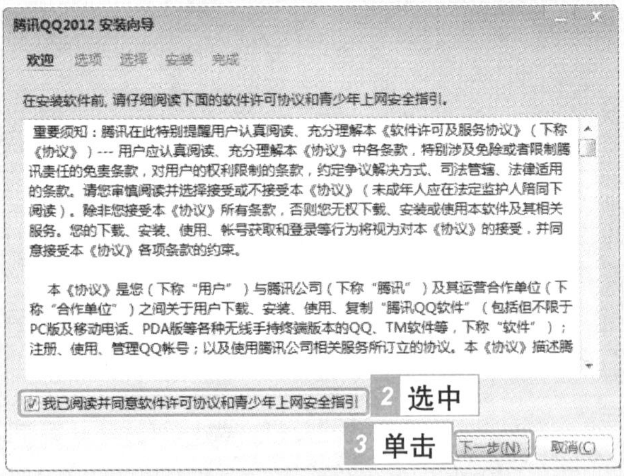

图2-2　打开安装导向对话框

步骤 04 打开"选项"对话框，根据需要选择安装的选项，这里选中"快捷方式选项"中栏的☑桌面和☑快速启动栏复选框，如图2-3所示。

步骤 05 单击"下一步"按钮，在打开的"选择"对话框中设置QQ程序的安装位置，其余保持默认设置不变，单击 安装(I) 按钮，系统将开始安装该软件，并显示安装的进度，如图2-4所示。

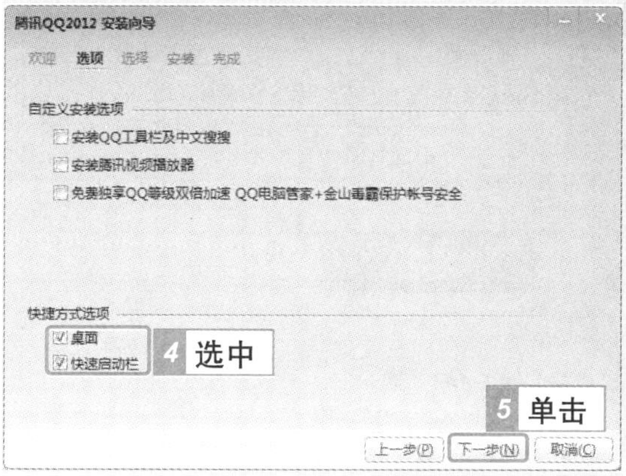

图2-3 设置安装选项

图2-4 正在安装程序

步骤 06 安装完成后，打开"完成"对话框，在"安装完成"栏中默认选中了所有的复选框，用户可以根据实际需要选中所需的复选框，单击 完成(F) 按钮即可。

2.1.2 申请QQ账号

QQ软件安装完成后，并不能马上登录QQ软件与朋友进行聊天，还需要先申请一个属于自己的QQ账号。下面讲解如何申请QQ账号，其具体操作如下：

步骤 01 双击桌面上的QQ图标，启动QQ聊天软件，在打开的QQ登录对话框中单击"注册账号"超链接，如图2-5所示。

图2-5 打开登录QQ对话框

步骤 02 打开QQ申请网页，然后根据提示填写昵称、密码、确认密码、性别、生日、所在地以及验证码等信息，填写完成后单击 立即注册 按钮，如图2-6所示。

步骤 03 在打开的获取QQ号码界面中，系统提示QQ号码已申请成功，并以红色数字显示出申请的QQ号码且提示记住QQ账号，如图2-7所示。

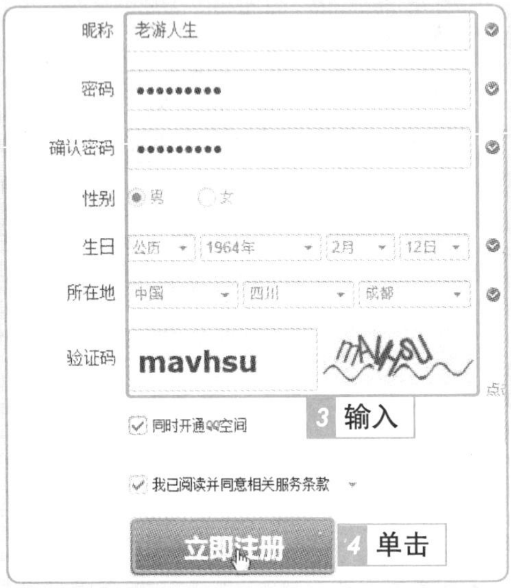

图2-6　填写用户信息

图2-7　申请成功

2.1.3　登录QQ添加好友

成功申请QQ账号后，就可使用申请的账号登录到QQ工作界面，然后添加QQ好友。下面登录QQ并添加好友，其具体操作如下：

步骤 01 双击桌面上的QQ快捷方式图标，打开QQ登录对话框，在其中输入QQ账号和密码，单击 登录 按钮。

步骤 02 成功登录到QQ工作界面后，单击底部的“查找”按钮，如图2-8所示。

步骤 03 打开“查找联系人”对话框，在“查找”文本框中输入对方的QQ账号，如输入“1944146338”，单击 查找 按钮。

步骤 04 稍等片刻，对话框下方的列表框中将显示查找的结果，然后单击“加为好友”按钮，在打开对话框中的“请输入验证信息”文本框中输入验证信息，单击 下一步 按钮，如

图2-9所示。

图2-8　单击“查找”按钮

图2-9　输入验证信息

步骤 05 在打开对话框的“备注姓名”文本框中输入名称，如“老向”，单击下一步按钮，如图2-10所示。

步骤 06 在打开的对话框中提示添加好友成功，单击完成按钮。

步骤 07 等对方收到发送的验证信息并通过验证后，在任务栏通知区域中的图标将变成不停闪烁的图标。

步骤 08 双击图标，打开如图2-11所示的对话框，其中可看到对方已经同意请求并添加您为好友，单击完成按钮即可。

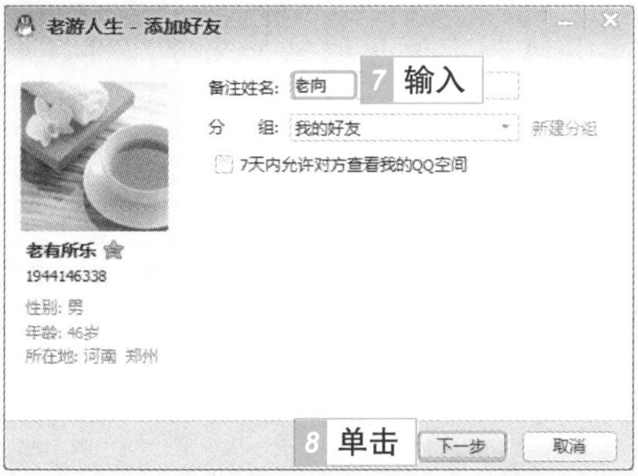

图2-10　输入备注名称

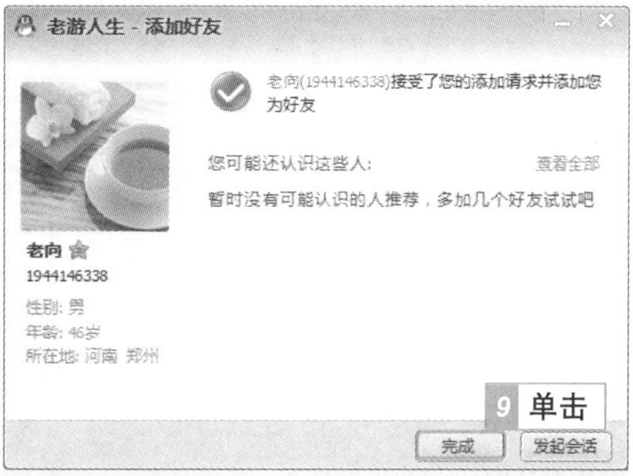

图2-11　成功添加好友

2.1.4　完善个人信息

在申请QQ时，若您填写的个人信息不完整，却又想让好友看到更多关于自己的信息，可将基本资料、QQ头像以及联系方式等信息填写完整。设置个人信息的方法非常简单，在QQ工作界面上单击左上角的QQ头像，在打开的“我的资料”对话框中进行相应设置即可。下面分别介绍完善个人信息的方法。

- **设置基本资料：** 在“我的资料”对话框中选择“基本资料”选项卡，在该选项卡中可以修改您的昵称、性别、年龄、个性签名、血型和故乡等资料，设置完成后的效果如图2-12所示。

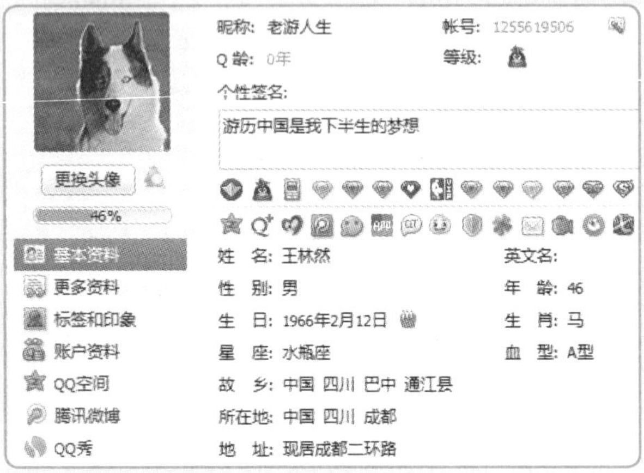

图2-12 完善个人信息

- **设置QQ头像：** 单击 更换头像 按钮，在打开的“更改头像”对话框中选择“系统头像”选项卡，在下方的列表框中选择所需的头像即可，如图2-13所示。

图2-13 设置QQ头像

晋级秘诀——自定义头像

在“更改头像”对话框中选择“自定义头像”选项卡，单击 本地照片 按钮，打开“打开”对话框，在“保存范围”下拉列表中选择上传为头像图片的保存位置，在列表框中选择所需的图片，单击 打开(O) 按钮即可将上传的图片设置为自己的QQ头像。

- **设置联系方式：**在“我的资料”对话框中选择“更多资料”选项卡，在打开的页面中可填写手机号码、邮箱、职业和个人说明等信息，如图2-14所示。

图2-14　设置联系方式

2.1.5　设置聊天字体格式

添加QQ好友后，就可以与好友进行聊天了。若默认输入文字的字体太小，不适合中老年人阅读，会给聊天带来不便，这时您可在聊天之前先对聊天输入的文字的字体格式进行设置，以便于信息的输入和阅读。下面设置聊天字体格式，其具体操作如下：

步骤 01　在QQ工作界面中双击需要聊天好友的头像，打开聊天窗口，单击“字体选择工具栏”按钮A。

步骤 02　在弹出的工具栏中单击“微软雅黑”列表框右侧的按钮，在弹出的下拉列表中选择“方正兰亭纤黑”选项（若没有这种字体，也可选择其他字体），如图2-15所示。

步骤 03　单击“9”列表框右侧的按钮，在弹出的下拉列表中选择“20”选项。

步骤 04　单击“颜色”按钮，在打开的“颜色”对话框基本栏中选择选项，单击“确定”按钮，如图2-16所示。

步骤 05　完成聊天信息字体格式的设置。

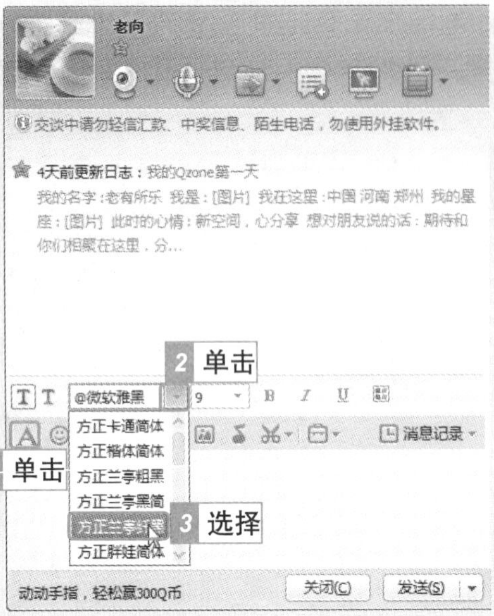

图2-15　选择字体

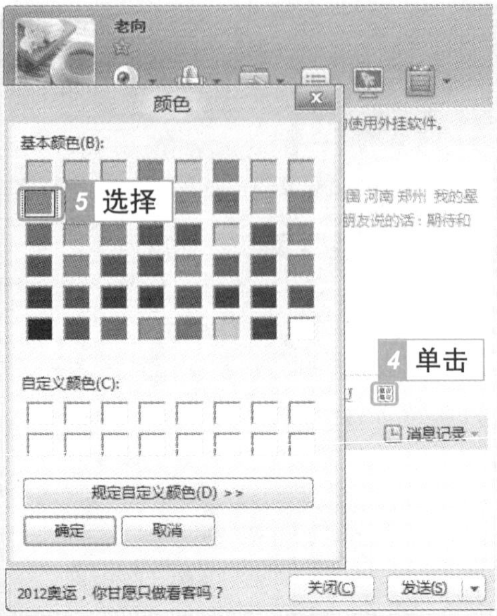

图2-16　选择字体颜色

2.2　使用QQ与好友聊天

小魔女：爷爷，现在与好友聊天前的准备工作都已经做好了，您可以与好友进行聊天了。

爷　爷：小魔女，我打字速度太慢了，会不会被他们嫌弃呀！

小魔女：爷爷，如果您觉得您的打字速度太慢，您可以与对方进行语音和视频聊天呀！这样就不用打字了。

爷　爷：哦，那可太好了。

小魔女：呵呵，使用QQ不仅可以聊天，还可以在聊天的同时与好友进行文件的传送。

爷　爷：真的吗？那小魔女，我们就快快行动吧！

2.2.1　与好友进行文字聊天

使用文字聊天是QQ中最常用的一种方式，只需将想要说的话编辑成文字发送给对方即可。下面使用QQ与好友进行文字聊天，其具体操作如下：

步骤 01 在打开的QQ界面中的QQ好友栏中双击需要进行聊天的对象“老向”的头像，打开聊天窗口。

步骤 02 在窗口下方的文本框中输入与老向聊天的内容，然后单击 发送(S) 按钮，如图2-17所示。

步骤 03 在聊天窗口上方的列表框中即可查看发送的信息。

步骤 04 当对方回复信息后，任务栏中的QQ图标会不停闪动，并且发出嘀嘀声，单击该图标，即可在打开的聊天窗口中看到对方回复的信息，如图2-18所示。

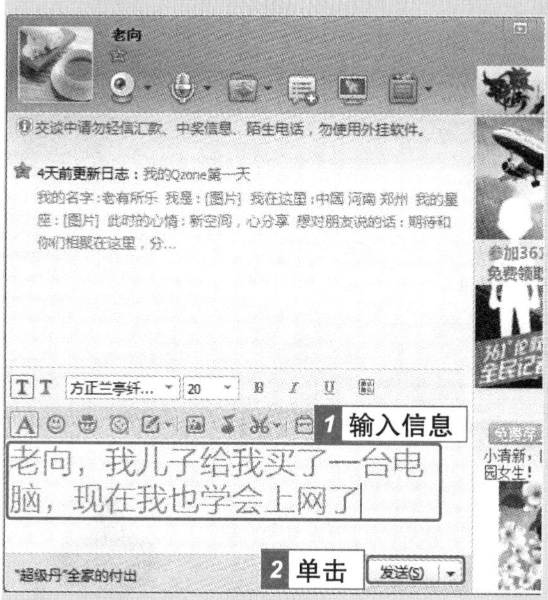

图2-17　输入聊天信息

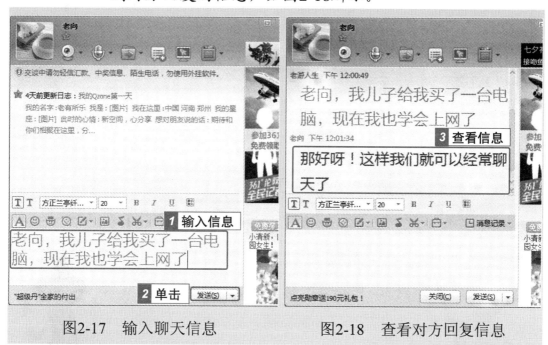

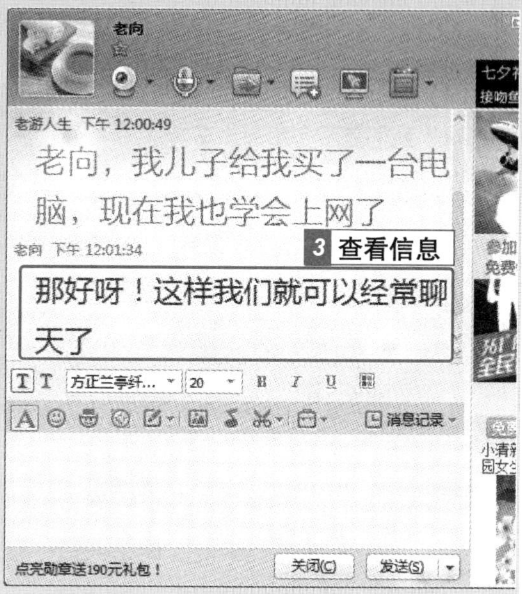

图2-18　查看对方回复信息

步骤 05 使用同样的方法可继续输入和发送文字聊天内容来进行聊天。

晋级秘诀——发送QQ表情

聊天时，在窗口中单击"选择表情"按钮，在弹出的列表框中可选择QQ自带的表情发送给对方。

2.2.2 与好友进行语音和视频聊天

若想听到好友的声音或看到好友，您可以与对方进行语音和视频聊天，这样不仅可以看到对方，还可以对话，非常方便。但要与亲朋好友进行语音和视频聊天的前提是双方电脑中必须安装摄像头和麦克风设备。

进行语音和视频聊天的方法是：打开聊天窗口，单击窗口上方的“开始语音对话”按钮或“开始视频对话”按钮，就可以向对方发起语音聊天或视频聊天的邀请，等待对方接受后，即可与好友进行语音和视频聊天。如图2-19所示为开始语音聊天的窗口，如图2-20所示为对方发出的视频请求窗口。

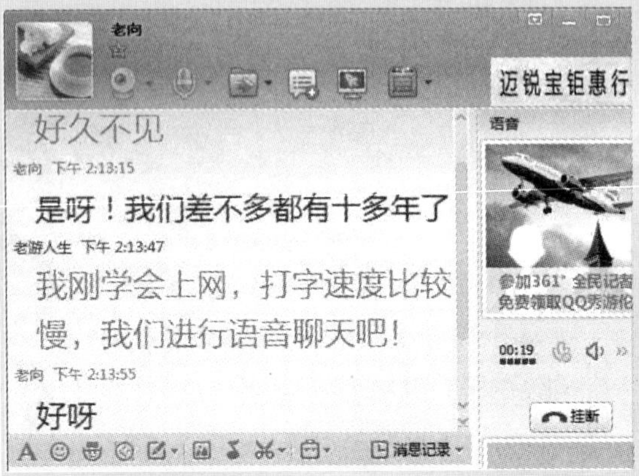

图2-19　语音聊天窗口

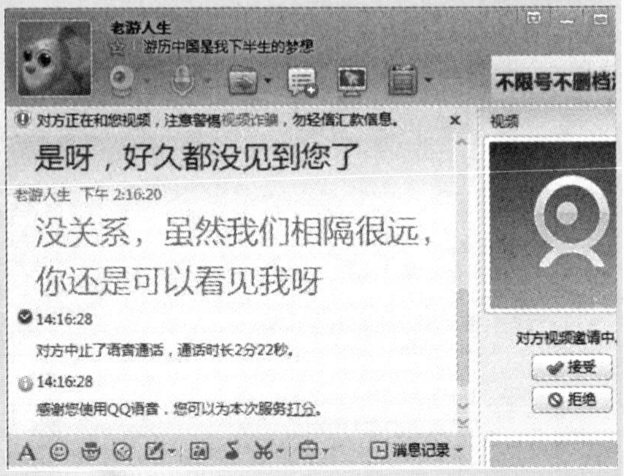

图2-20　视频聊天请求窗口

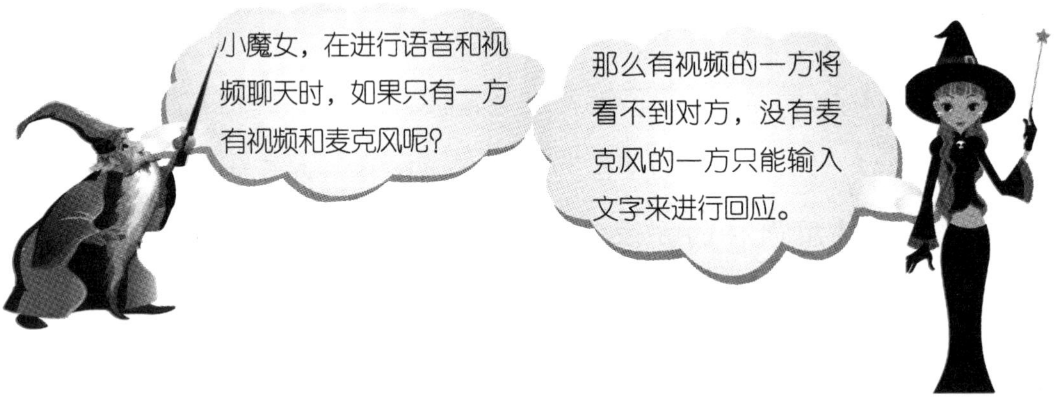

魔法档案——接受和拒绝请求

如果是对方请求与您进行语音聊天，QQ将自动打开聊天窗口，并在右下方显示提示信息询问您是否接受，单击“接受”或“拒绝”按钮可以接受或拒绝对方的请求。

2.2.3 发送和接收文件

QQ并不只是提供与好友进行聊天的功能，还提供了文件传输和接收的功能，使用它不仅可以将电脑中保存的照片、歌曲以及文章等传送给好友，与好友一起分享，还能接收好友传送给自己的照片、歌曲以及文章等。下面使用QQ的传输功能给好友传送照片并接收好友传来的文章，其具体操作如下：

步骤 01 在QQ界面中双击聊天好友的头像，打开聊天窗口与好友进行聊天，单击“传送文件”按钮右侧的按钮，在弹出的下拉列表中选择“发送文件”选项，如图2-21所示。

步骤 02 打开“打开”对话框，在“查找范围”下拉列表框中选择需要传送文件的位置，在下拉列表框中选择需要发送的照片，单击打开(O)按钮，如图2-22所示。

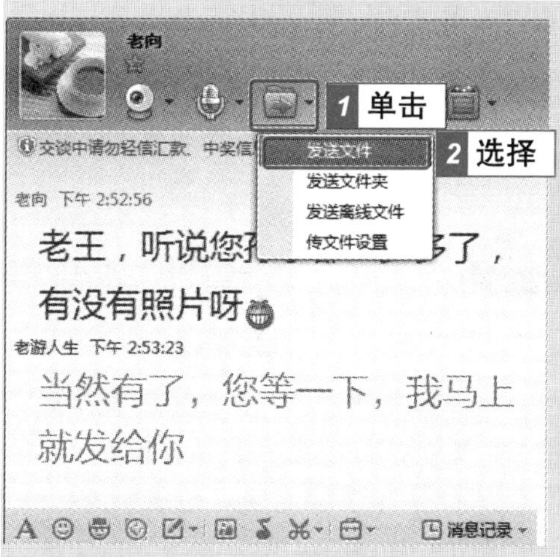

图2-21　选择“发送文件”选项

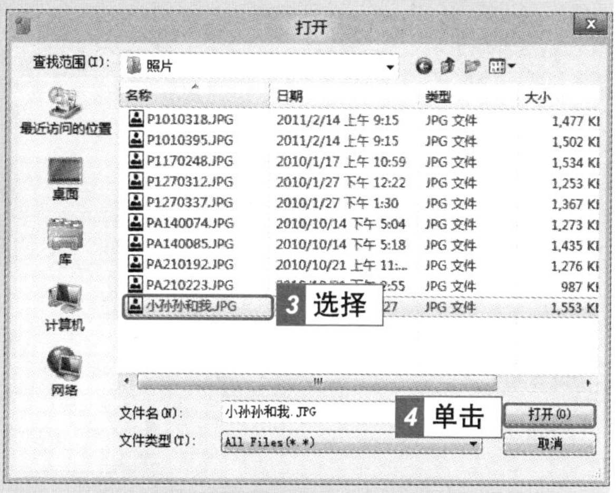

图2-22　选择发送的照片

步骤 03 系统自动弹出发送文件请求，需要等待好友同意和接收，如图2-23所示。

步骤 04 对方接收完成后，在聊天窗口中即可看到文件已发送成功的提示信息。

步骤 05 当好友向您发送文件时将自动弹出聊天窗口，单击“接收”超链接将把接收的文件保存在腾讯QQ默认的在电脑中的位置。

步骤 06 单击“另存为”超链接可以选择接收文件的保存位置；单击“拒绝”超链接将拒绝接收该文件。这里单击“另存为”超链接，如图2-24所示。

步骤 07 在“查找范围”下拉列表框中选择保存文件的位置，单击另存为按钮即可接收文件。

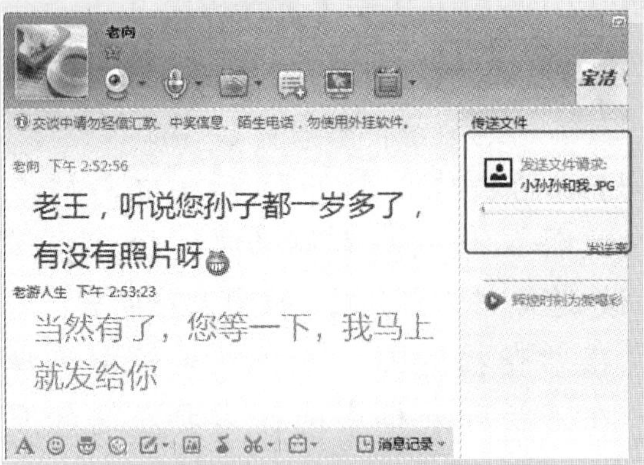

图2-23　发送文件

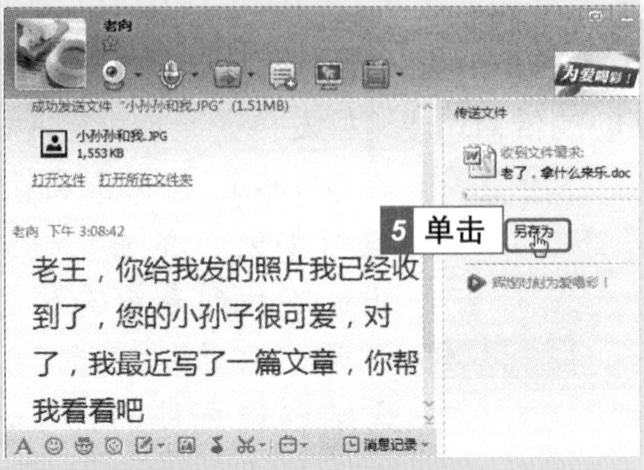

图2-24　接收文件

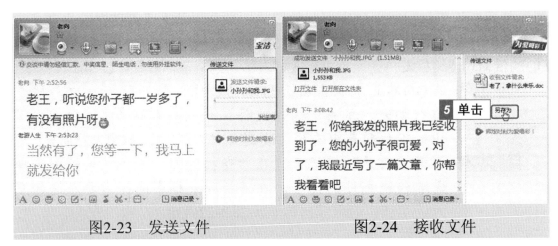

步骤 08 接收完成后，即可在聊天窗口中显示成功接收的提示信息，如图2-25所示。

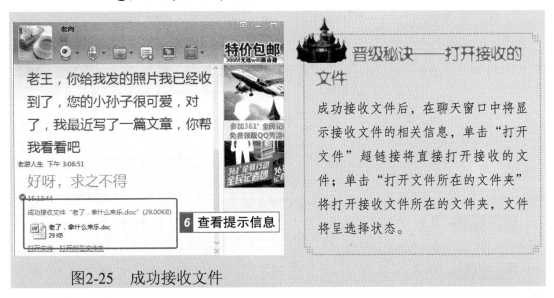

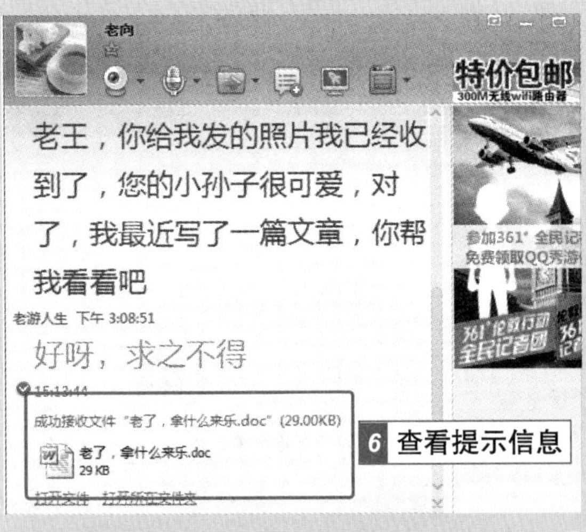

图2-25　成功接收文件

晋级秘诀——打开接收的文件

成功接收文件后，在聊天窗口中将显示接收文件的相关信息，单击“打开文件”超链接将直接打开接收的文件；单击“打开文件所在的文件夹”将打开接收文件所在的文件夹，文件将呈选择状态。

2.3　中老年朋友聊天交友圈

爷　爷：小魔女，我QQ上添加的人好少哟！而且我在线时，他们并不一定在线，有时想找个人聊天都找不到，好无聊哟！

小魔女：您可以申请加入中老年人的QQ群，成功添加后就会有很多人陪您聊天了。

爷　爷：真的有很多人可以陪我聊天吗？

小魔女：当然是真的，不骗您，我带您去试试就知道了。

2.3.1 加入QQ群

QQ群提供了与多人聊天的服务，要想与QQ群中的成员进行聊天，必须要先加入QQ群。加入QQ群的方法有精确查找和条件查找两种，下面分别进行讲解。

- **精确查找**：精确查找一般是在知道要加入的QQ群号码的情况下使用，和添加好友的方法类似。其方法是：在QQ工作界面中单击“查找”按钮，打开“查找联系人”对话框，选择“找群”选项卡，在文本框中输入QQ群号码，单击“加入群”按钮，在打开的对话框中输入验证信息，如图2-26所示，单击 发送 按钮，等待对方确认并同意后即可加入该群。

图2-26　输入验证信息

- **条件查找**：如果您不知道QQ群号码，可以按条件格式先搜索符合条件的QQ群，然后再进行添加。其方法是：在“找群”选项卡中单击 条件查找 按钮，在“查找关键字”文本框中输入“老年人”，单击 查找 按钮开始搜索，稍等片刻，在下方的列表框中将显示搜索的结果，将鼠标光标移动到搜索到的结果上单击“加入群”按钮，如图2-27所示。在打开的对话框中输入验证信息，单击 发送 按钮，等待对方确认并同意后即可加入该群。

图2-27　查找QQ群

2.3.2 与多人一起聊天

加入QQ群后，您就可在QQ群中与多人一起聊天了。在QQ群中与人聊天的方法是：在QQ工作界面中选择“群/讨论组”选项卡，在下方的列表框中将显示您添加群的名称，双击群头像，在打开的聊天窗口中就可以开始与多人一起聊天了，如图2-28所示。

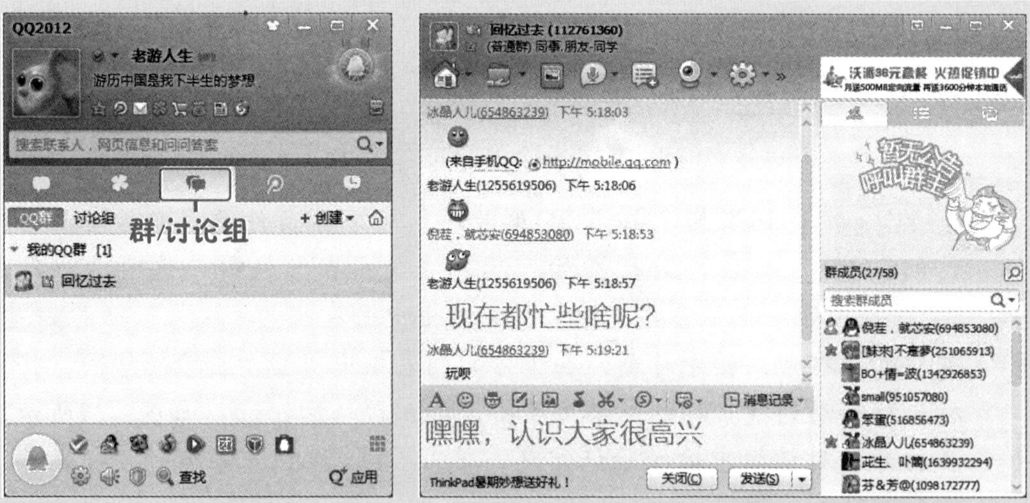

图2-28　在QQ群中与多人一起聊天

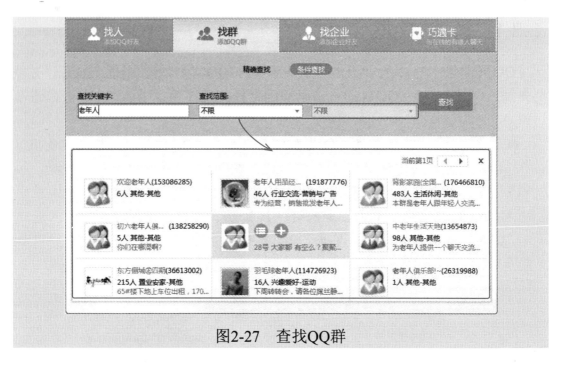

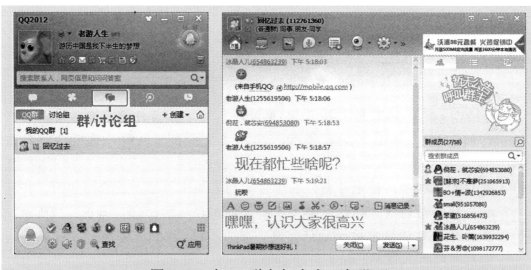

2.4 QQ好友管理

小魔女：爷爷，您的QQ添加的人连备注名都没有，聊天时您知道是谁吗？

爷 爷：嘿嘿！有些我也不知道，但聊天时又不好意思问。

小魔女：您可以查看他人的QQ资料呀！说不定能知道是谁呢！

爷 爷：管他呢，反正我又不知道如何查看，查看了又能怎么样，我还是不知道怎么修改备注名呀！

小魔女：爷爷，这样不便于你们交流，您需要对您的QQ好友进行管理，我现在就教您如何对自己的QQ好友进行管理。

爷 爷：小魔女，爷爷等的就是你这句话。

2.4.1 查看好友资料

添加QQ好友后，如果您不知道该好友的相关信息或对该好友不了解，这时您可以通过查看好友的个人资料来了解更多关于好友的信息。查看好友资料的方法是：在QQ工作界面选择需要查看的好友头像，单击鼠标右键，在弹出的快捷菜单中选择“查看资料”命令，在打开的对话框中将显示好友填写的个人资料，如图2-29所示。

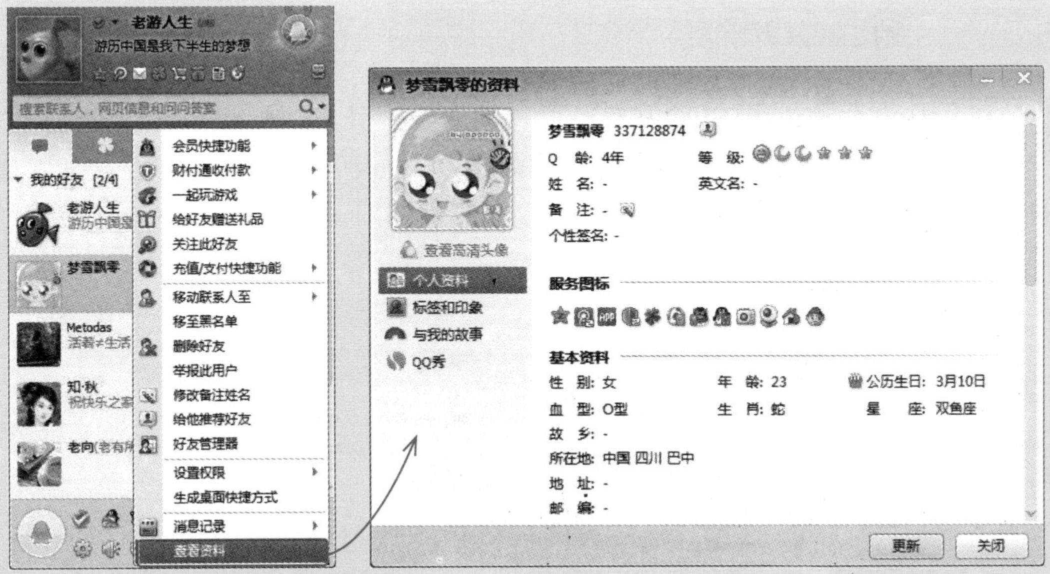

图2-29 查看好友资料

2.4.2 修改好友备注名称

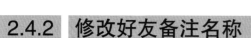

在添加QQ好友时，如果在备注名中没有填写好友的名称，那么在QQ工作界面中将显示好友的网名，这样时间久了就容易混淆。要想随时知道聊天的对象是谁，只需将对方的网名修改为好友的名称，这样就明白了。

修改好友备注名的方法是：选择需要修改备注名的好友，单击鼠标右键，在弹出的快捷菜单中选择“修改备注姓名”命令，在打开对话框中的“请输入备注姓名”文本框中输入好友的备注名称，单击 确定 按钮，QQ工作界面中该好友名称将显示更改后的名称，如图2-30所示。

图2-30　修改备注名称

2.4.3 删除QQ好友

对于从没有聊过天的QQ好友，可将其删除。其方法和修改备注名称的方法类似，在QQ工作界面中选择需要删除的QQ好友，单击鼠标右键，在弹出的快捷菜单中选择“删除好友”命令，在打开的对话框中单击 确定(O) 按钮即可，如图2-31所示。

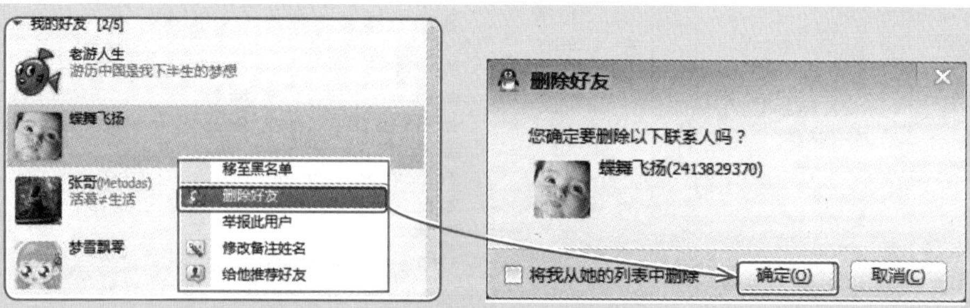

图2-31　删除好友

2.5　电子邮件的使用

爷　爷：小魔女，你婷表妹昨天和我聊QQ了，还给我发了照片呢！

小魔女：真的？那您以发邮件的方式发一份到我的邮箱吧！

爷　爷：什么是电子邮件，电子邮件有什么用呀？

小魔女：电子邮件也称E-mail，是一种通过网络实现传送和接收信息的现代化通信工具，不仅可以传送文本，还可以传送图像、声音和视频等多种类型的文件。

爷　爷：这么方便，那我可要快点学会。

小魔女：没问题，这样您也就可以快点把婷表妹的照片发给我了。

2.5.1　申请邮箱

电子邮箱是用于管理、接收、发送和存储电子邮件的场所，它类似于邮局的普通邮箱。要想收发电子邮件，还需要先申请一个属于自己的电子邮箱地址。下面在新浪网中申请一个电子邮箱，其具体操作如下：

步骤 01　启动IE浏览器，在地址栏中输入新浪网网址“http://www.sina.com/”，按【Enter】键打开新浪网首页，单击“邮箱”超链接，如图2-32所示。

步骤 02　打开新浪邮箱页面，单击“立即注册”超链接，如图2-33所示。

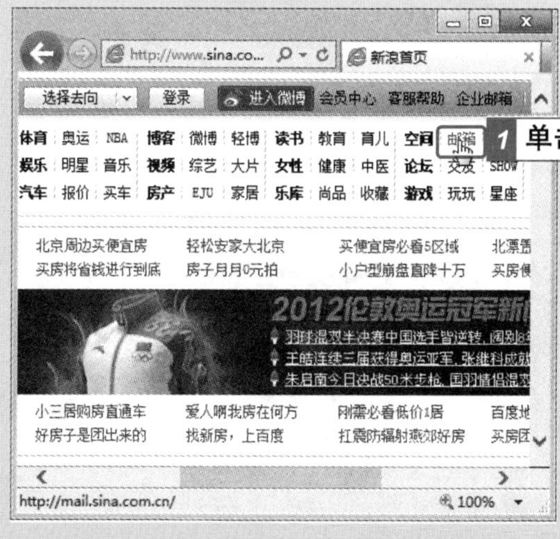

图2-32　单击“邮箱”超链接

图2-33　单击“立即注册”超链接

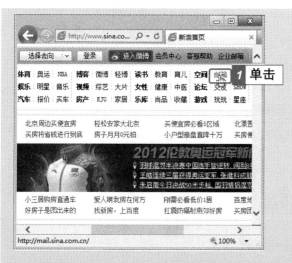

步骤 03 打开注册免费邮箱页面，根据提示填写邮箱地址、密码、保密问题以及验证码等信息，单击“同意以下协议并注册”按钮，如图2-34所示。

步骤 04 在打开的页面中选择激活的方式，这里选择“验证码激活”，在“请输入验证码”文本框中输入显示的验证码，单击“马上激活”按钮，如图2-35所示。

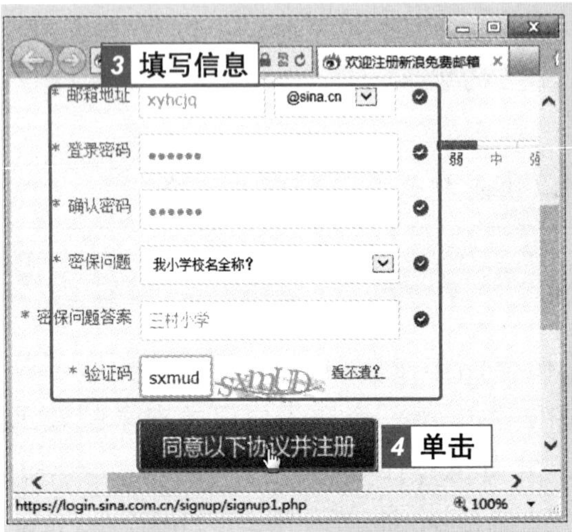

图2-34 填写相关信息

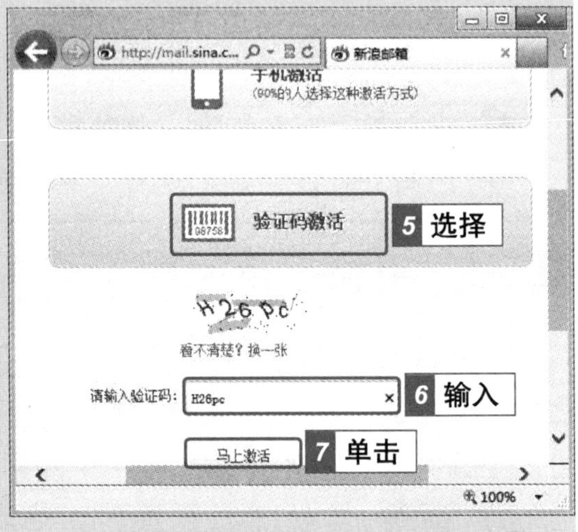

图2-35 输入验证码激活邮箱

步骤 05 邮箱激活后将自动跳转到刚申请的邮箱，如图2-36所示。

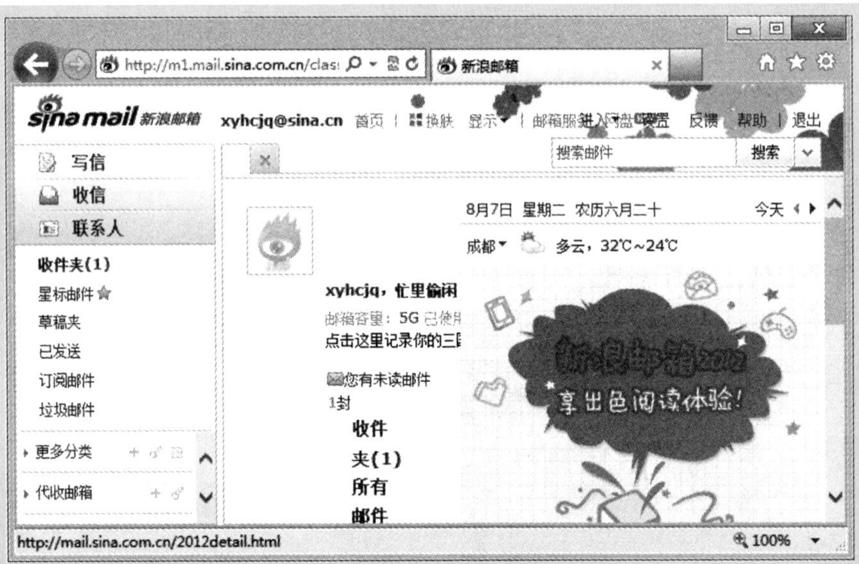

图2-36 自动跳转到申请的邮箱

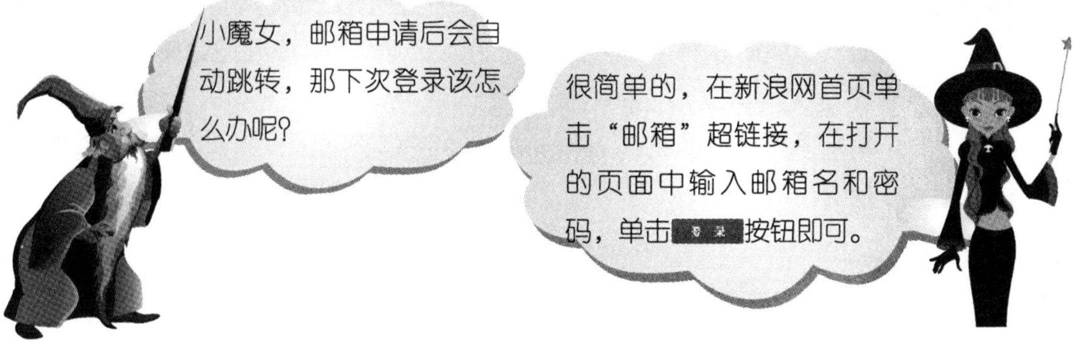

小魔女，邮箱申请后会自动跳转，那下次登录该怎么办呢？
很简单的，在新浪网首页单击“邮箱”超链接，在打开的页面中输入邮箱名和密码，单击登录按钮即可。

2.5.2 撰写并发送电子邮件

登录到自己邮箱并知道对方的邮箱地址后，就可以撰写并发送邮件了。下面使用申请的邮箱撰写并发送邮件给邮箱地址为“xpgm1416@163.com”的好友，其具体操作如下：

步骤 01 登录到自己的邮箱，在邮箱界面左侧单击“写信”超链接，在窗口右侧将打开写信页面。

步骤 02 在“收件人”文本框中输入要接收该邮件的邮箱地址，这里输入“xpgm1416@163.com”，在“主题”文本框中输入邮件的标题。

步骤 03 在“正文”文本框中输入邮件正文，单击“上传附件”超链接，如图2-37所示。

步骤 04 在打开的对话框中选择需要上传文件的保存位置，在下方的列表框中选择需要上传的“照片”文件，单击打开(O)按钮，如图2-38所示。

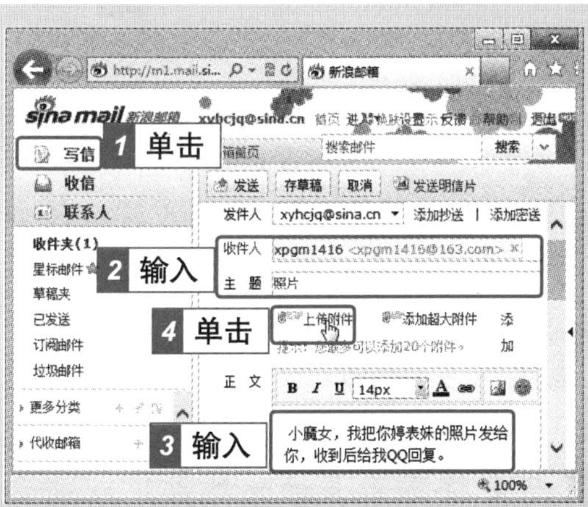

图2-37　撰写邮件

图2-38　选择上传的文件

步骤 05 系统自动上传文件并在邮箱中显示上传的进度，上传完成后，单击写信页面左上角的 发送 按钮，如图2-39所示。

步骤 06 发送完毕之后，系统提示发送成功，单击 再写一封 >> 按钮可以再写一封信，单击 << 返回邮件列表 按钮将转到收件夹页面，如图2-40所示。

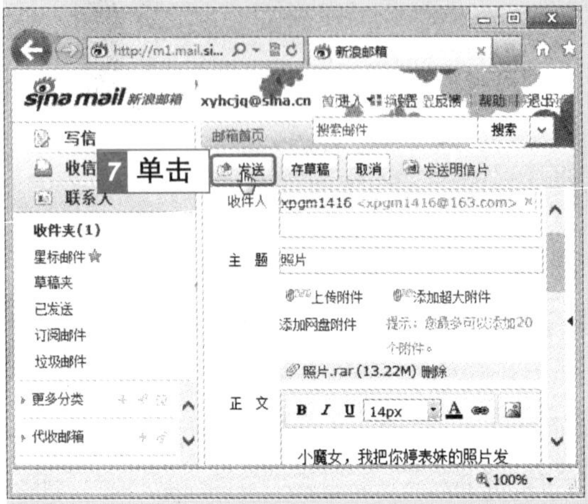

图2-39 发送邮件

图2-40 成功发送邮件

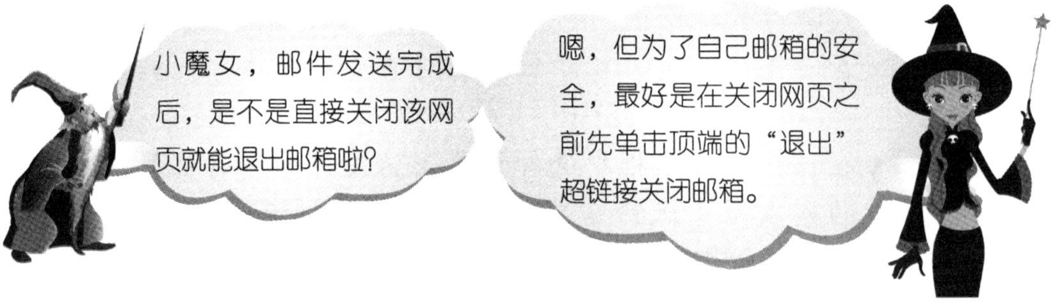

小魔女，邮件发送完成后，是不是直接关闭该网页就能退出邮箱啦？
嗯，但为了自己邮箱的安全，最好是在关闭网页之前先单击顶端的“退出”超链接关闭邮箱。

2.5.3 接收并回复电子邮件

对于接收到的电子邮件，系统会自动存放在收件夹中，若该收件夹中有未阅读的电子邮件，会在收件夹名称后显示出未读邮件的数量，以提醒用户及时阅读。在阅读对方邮件之后，您还可以写信回复对方的邮件。下面阅读自己邮箱中的未读邮件，并回复对方的邮件，其具体操作如下：

步骤 01 登录到自己的邮箱，再在打开的邮箱首页的左侧选择“收件夹”选项卡，在右侧页面中将显示未读的邮件，双击该邮件，如图2-41所示。

步骤 02 在打开的页面中显示邮件内容，单击 回复 按钮，如图2-42所示。

图2-41　选择需查看的邮件

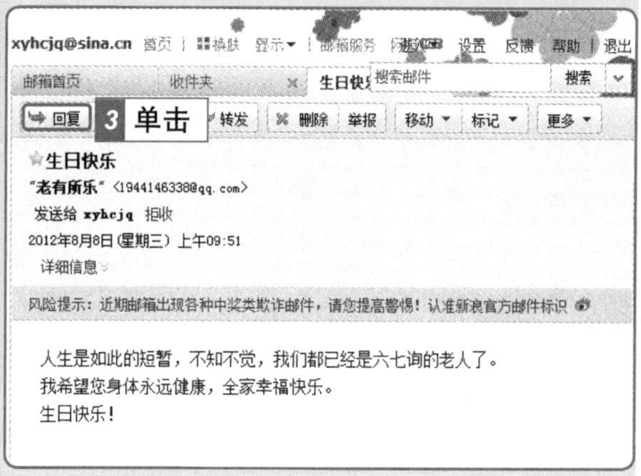

图2-42　阅读邮件内容

步骤 03 在打开的写信页面中的"收件人"文本框中已经自动输入对方的邮箱地址，在"主题"文本框中也已自动输入回复邮件的标题。

步骤 04 在"正文"文本框中输入要回复的内容，单击 发送 按钮，如图2-43所示。

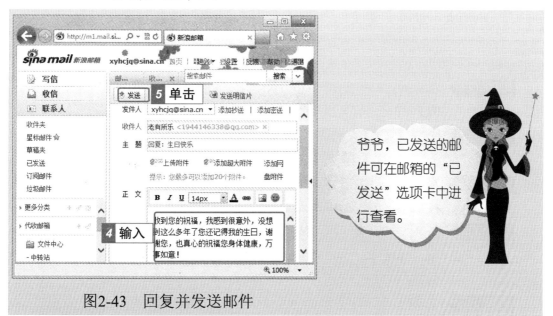

爷爷，已发送的邮件可在邮箱的"已发送"选项卡中进行查看。

图2-43　回复并发送邮件

步骤 05 发送完毕之后，在打开的页面中将提示发送成功的信息，然后退出邮件即可。

晋级秘诀——删除电子邮件

当邮箱中收到的邮件过多或阅读完后，您可以将没有保留意义的邮件删除，这样不仅可以释放更多的邮箱空间，还可以更好地管理邮箱中的邮件。删除电子邮件的方法是：登录到自己的邮箱，选择“收件夹”选项卡，在打开的页面中选择需要删除的邮件，单击 删除 按钮即可。

2.6 典型实例——和好友聊天并管理QQ好友

小魔女：爷爷，您所有的好友名称怎么都还是网名呢？这样不利于QQ好友的管理。

爷　爷：平时只顾和网友聊天，倒忘了这件事，我现在就对我的QQ好友进行管理。

小魔女：爷爷，前面给您讲的知识，您掌握得怎么样呀？

爷　爷：呵呵！我觉得掌握得很好。

小魔女：是吗？那您现在证明给我看吧！

爷　爷：哼！这有什么难的，您太小看我的能力了。

小魔女：爷爷，看您认真的样子就好逗哟！

其具体操作如下：

步骤 01 在桌面上双击腾讯QQ快捷图标，在打开的登录对话框中输入自己的QQ账号和密码，单击 登录 按钮。

步骤 02 登录到QQ工作界面，双击需要聊天的好友“霸气者”的头像，打开聊天窗口。

步骤 03 在聊天窗口下方的文本框中输入聊天的内容，单击 发送(S) 按钮，如图2-44所示。

步骤 04 待对方回复后，任务栏上的QQ图标颜色将变成红色，单击QQ图标，即可打开聊天窗口，并查看对方回复的信息。

步骤 05 在聊天窗口下方输入“呵呵”，然后单击“选择表情”按钮，在打开的列表框中选择表情，如图2-45所示。

图2-44 输入聊天信息

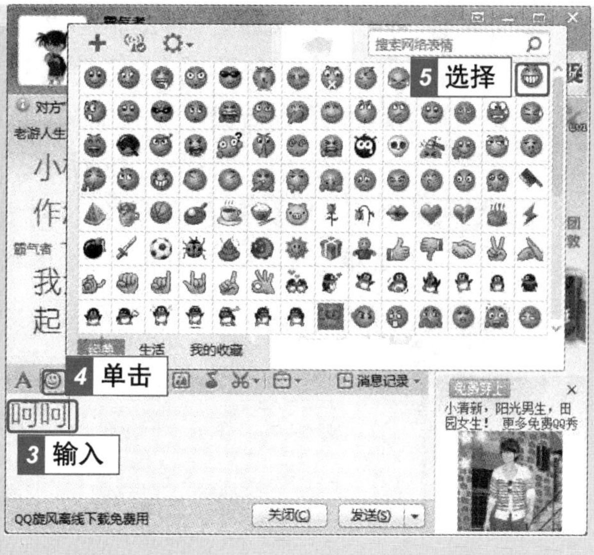

图2-45 选择表情

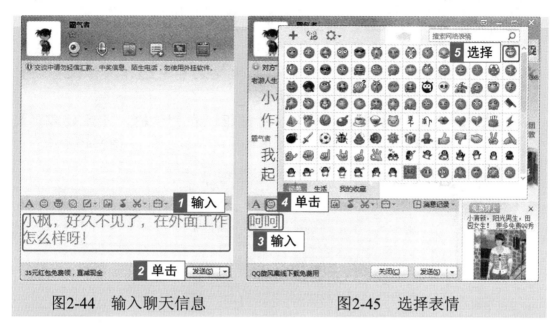

步骤 06 选择的表情将在光标插入处显示，然后继续输入聊天内容并发送给好友。

步骤 07 当对方给您发送文件后，将在聊天窗口右侧显示发送的文件，单击“另存为”超链接。

步骤 08 打开“另存为”对话框，选择文件保存的位置，将文件名修改为“小枫”，单击 保存(S) 按钮，如图2-46所示。

步骤 09 系统开始接收文件，接收完成后，将在聊天窗口中显示成功接收文件的提示信息，如图2-47所示。

图2-46 设置保存参数

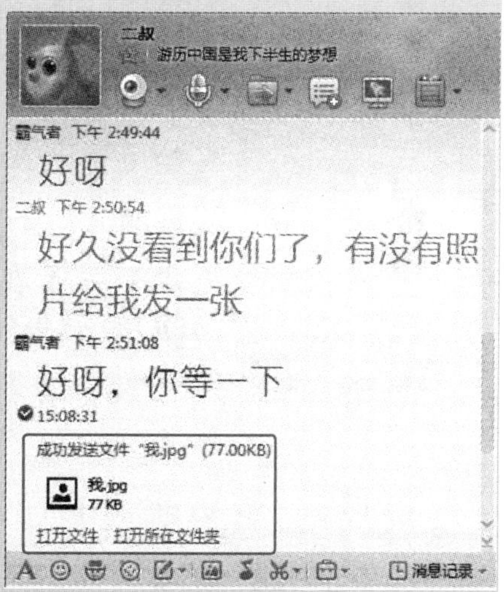

图2-47 查看提示信息

步骤 10 聊天结束后，单击窗口右上角的“关闭”按钮 × 即可。

步骤 11 在QQ工作界面“我的好友”栏中选择“霸气者”好友，单击鼠标右键，在弹出的快捷菜单中选择“修改备注姓名”命令，如图2-48所示。

步骤 12 打开“修改备注姓名”对话框，在“请输入备注姓名”文本框中输入“小枫”，单击 确定 按钮，如图2-49所示。

图2-48 选择命令

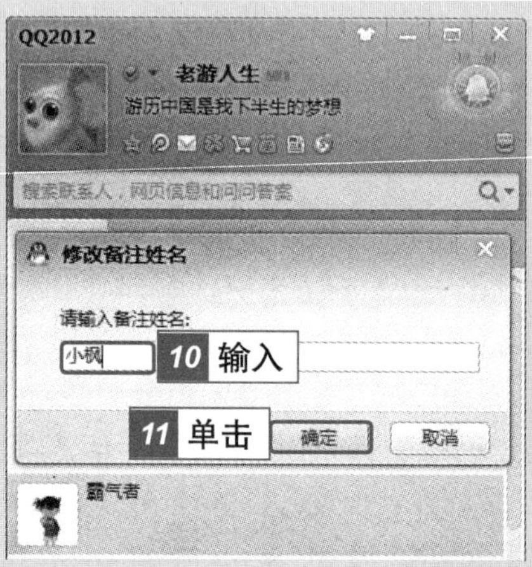

图2-49 修改备注姓名

步骤 13 返回工作界面，即可看到好友的备注名称已修改。

2.7 本章小结——QQ的使用技巧

爷　爷：小魔女，使用QQ与朋友聊天太方便了，而且使用视频和语音聊天时，感觉朋友就在身边。

小魔女：爷爷，瞧把您乐的。QQ的有些功能您还不知道呢！我估计您知道了会兴奋得睡不着觉。

爷　爷：哪有那么夸张哟！是什么功能？你给我说说吧！

小魔女：先卖个关子在这儿，后面您就会慢慢知道的，现在我就教您QQ的一些使用技巧吧！

爷　爷：好吧！那你就先教我QQ的使用技巧吧！

第1招：多功能辅助输入聊天信息

对于刚刚使用QQ聊天的中老年朋友来说，很多人都不习惯使用输入法输入文字，此时可以使用QQ提供的手写输入和语音识别输入文字的功能，就算您不会使用输入法输入文字，也能快速输入QQ聊天信息。下面分别介绍通过手写输入和语音识别输入的方法。

- **手写输入**：打开与好友聊天的窗口，单击“多功能辅助输入”按钮，在弹出的下拉列表中选择“手写输入”选项，打开“QQ云手写面板”对话框，将鼠标光标移动到对话框中，光标将变成笔的形状，拖动鼠标在对话框中书写需要输入的内容即可，如图2-50所示。
- **语音识别输入**：在“多功能辅助输入”下拉列表中选择“语音识别输入”选项，在打开的对话框中单击开始说话按钮，开始说出您想要输入的话，系统开始通过安装在电脑中的麦克风进行声音采集，即可将声音转换成文字输入，如图2-51所示。

图2-50　手写输入聊天内容

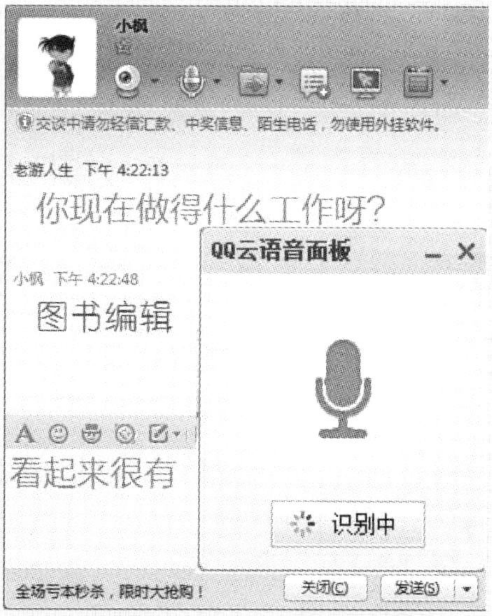

图2-51　语音识别输入

第2招：移动联系人

在添加好友时，为了方便，将所有的好友都添加到“我的好友”栏中，但为了管理QQ好友，可以通过移动操作将QQ好友分类显示在QQ工作界面中。其方法是：选择需要移动的QQ好友，单击鼠标右键，在弹出的快捷菜单中选择“移动联系人至”命令，在弹出的子菜单中选择需要移动的位置即可。

第3招：向好友直接发送图片

在使用QQ聊天时，也可以直接向好友发送自己的照片，这样发送的照片将直接显示在聊天窗口中。其方法是：在聊天窗口中单击“发送图片”按钮，在打开的“打开图片”对话框中选择需要发送给好友的图片，单击 打开(O) 按钮，选择的图片将出现在聊天窗口下方的文本框中，单击 发送(S) 按钮即可，如图2-52所示。

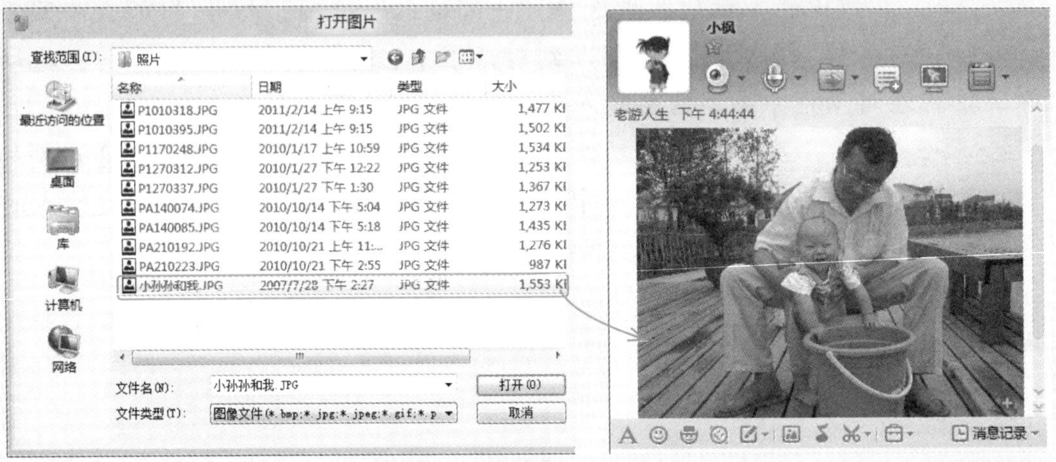

图2-52　直接发送图片

2.8　过关练习

（1）先在网站中申请一个QQ账号，并用申请的账号登录QQ，然后通过精确查找的方式添加几个好友并与其中的一位好友进行文字聊天。

（2）对自己添加的QQ好友进行管理，并为每位QQ好友添加相应的备注名称。

（3）在163网易网站（http://mail.163.com）中申请一个免费电子邮箱，并用申请的免费电子邮箱给好友发送一封电子邮件。

Chapter 3

第3章

愉悦身心——轻松享受免费影音

爷　爷：小魔女，我的收音机坏了，你知道哪里可以修吗？

小魔女：爷爷，我不知道，坏了就不要了，反正您现在也有电脑了。

爷　爷：不行呀！我还要使用收音机听广播呢！

小魔女：爷爷，您可以使用电脑上网进行收听呀！而且比收音机收听的电台都还要多很多，通过电脑上网不仅可以收听广播，还可以听音乐、评书，还可以看电视、欣赏相声小品。

学习要点：

- 享受免费音乐大餐
- 在线观看丰富多彩的网络电视节目
- 在线收听其他内容

3.1 享受免费音乐大餐

爷　爷：小魔女，你们那边有没有卖磁带的，帮我买一盒怀旧歌曲的磁带。

小魔女：爷爷，现在哪还有卖磁带的，听歌都是使用电脑和手机，根本就不需要磁带了。

爷　爷：哦，那我想要听一些怀旧的歌曲，电脑中能有吗？

小魔女：若电脑中没有这类歌曲，您可以到网上去搜索呀！不管什么类型的歌曲都能搜到，然后进行播放就可以了。

爷　爷：真的吗？那你快教我怎么在网上听歌吧！

3.1.1 使用QQ音乐播放器在线听音乐

如果您已安装QQ聊天软件，您可以选择使用QQ音乐播放器听歌，QQ音乐播放器是腾讯公司推出的免费音乐播放器，不仅使用方便，而且在聊天的同时也能收听美妙的音乐。下面使用QQ音乐播放器听歌，其具体操作如下：

步骤 01 登录QQ，在其工作界面中单击“QQ音乐”按钮，打开“在线安装”对话框，单击安装按钮，如图3-1所示。

步骤 02 打开QQ音乐安装向导，根据提示进行安装即可。安装完成后再次在QQ工作界面中单击“QQ音乐”按钮。

步骤 03 将打开QQ音乐播放器的操作界面，并同时打开QQ音乐乐库界面，如图3-2所示。

图3-1　安装QQ音乐

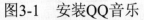

图3-2　QQ音乐播放器和乐库界面

步骤 04 在乐库界面单击 排行榜 按钮，在打开的页面左侧的“QQ音乐特色榜”栏中单击“经典”超链接。

步骤 05 在其页面右侧显示了搜索的经典歌曲，在喜欢的歌曲后面单击🎧按钮，如图3-3所示。

步骤 06 将该歌曲添加到QQ音乐工作界面的“试听列表”中，系统会开始加载并播放该首音乐，如图3-4所示。

图3-3 选择歌曲

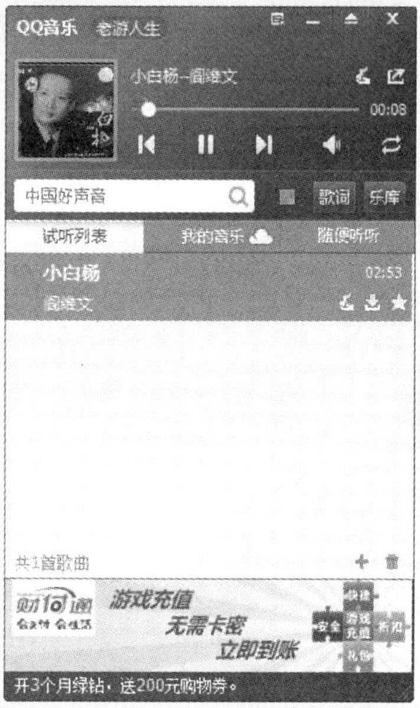

图3-4 添加和播放歌曲

步骤 07 使用相同的方法添加更多自己喜欢的音乐到试听列表中。

晋级秘诀——直接搜索歌曲

如果您知道歌曲的名称或歌手的姓名，在QQ音乐中也可以直接进行搜索。其方法是：在QQ音乐工作界面的搜索文本框中输入歌曲名称或歌手姓名，单击其后的🔍按钮，在打开的页面中显示了搜索的结果，然后添加自己喜欢的歌曲即可。

爷爷，下次您使用QQ音乐听歌时，就不用再添加歌曲了，直接会接着上次继续进行播放。

3.1.2 在百度MP3中试听怀旧音乐

很多中老年朋友喜欢听歌，却不知道通过哪些网站听歌比较合适。其中，在百度MP3网页中听歌就是一个不错的选择。百度MP3中汇集了大量的歌曲，可免费进行试听。下面在百度MP3中搜索并播放歌曲“月亮代表我的心”，其具体操作如下：

步骤 01 在IE地址栏中输入网址“http://www.baidu.com”，打开百度网站首页，单击MP3超链接。

步骤 02 在打开的页面的搜索文本框中输入“月亮代表我的心”，单击 百度一下 按钮，如图3-5所示。

步骤 03 在打开的页面中显示了搜索到的歌曲，在需要试听的音乐后面单击 ▸ 按钮，如图3-6所示。

图3-5 搜索歌曲

图3-6 选择需要试听的歌曲

步骤 04 在打开的页面中将播放该歌曲，系统并同步显示歌词，如图3-7所示。

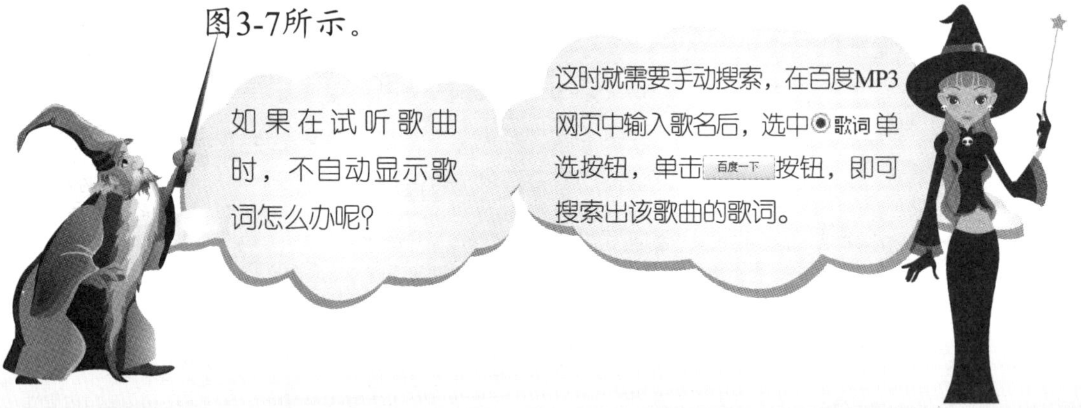

如果在试听歌曲时，不自动显示歌词怎么办呢？
这时就需要手动搜索，在百度MP3网页中输入歌名后，选中◉歌词单选按钮，单击 百度一下 按钮，即可搜索出该歌曲的歌词。

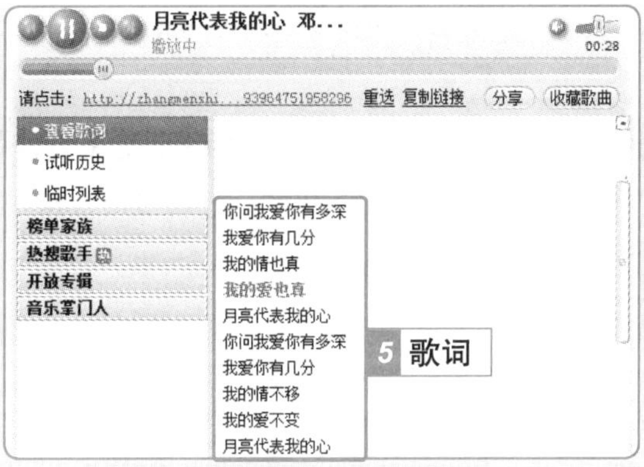

图3-7　试听歌曲

魔法档案——分类搜索

百度MP3中还提供了分类搜索歌曲的功能，如果您不知道要搜索什么歌曲时，可在自己喜欢的音乐类型中随意进行挑选。

3.1.3　将喜欢的音乐直接下载到手机中

在网页中试听歌曲时，您还可以在播放歌曲的网页中将自己喜欢的歌曲直接下载到手机或电脑中。将音乐下载到手机需要借助手机数据线，它是用来连接手机到电脑的线缆，购买的手机基本上都有数据线。下面在百度MP3中将“同桌的你”下载到手机中，其具体操作如下：

步骤 01 先将数据线的两端分别与手机和电脑主机上的USB接口相连接，此时在手机屏幕上显示并默认选择“存储装置”选项，按下手机上的确认键即可在“我的电脑”窗口的“可移动存储设备”中双击打开存储卡，如图3-8所示。

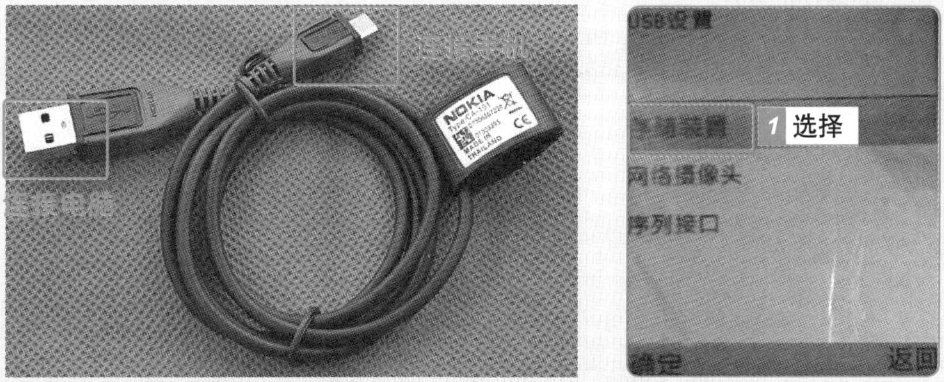

图3-8　连接手机和电脑

步骤 02 接着在百度MP3网页搜索并试听“同桌的你”歌曲，然后将鼠标指针移动到“请点击”右侧显示为蓝色网址的超链接上。

步骤 03 单击鼠标右键，在弹出的快捷菜单中选择“目标另存为”命令，如图3-9所示。

步骤 04 打开“另存为”对话框，在“保存范围”下拉列表中选择可移动磁盘(G:)中的“我的音乐”文件夹，文件名保持默认，单击 保存(S) 按钮，如图3-10所示。

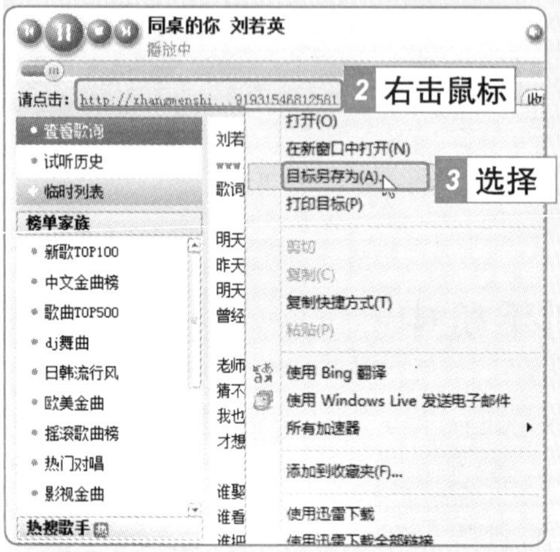

图3-9 选择“目标另存为”命令

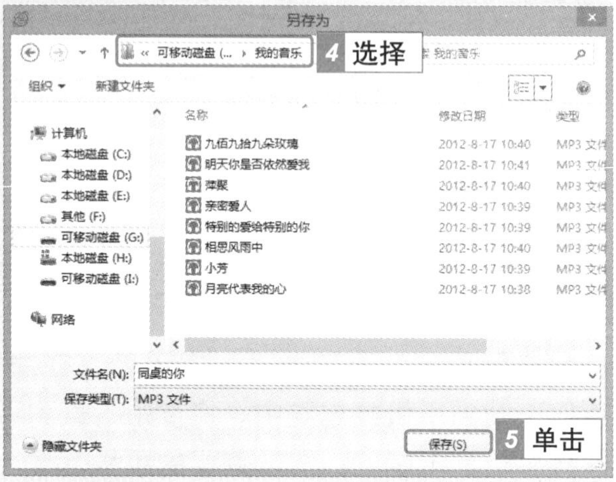

图3-10 设置保存位置

步骤 05 系统开始下载歌曲，下载完成后，单击下载对话框中的 打开文件夹(P) 按钮，如图3-11所示。

步骤 06 将打开保存歌曲的目标文件夹，可看到下载的歌曲。

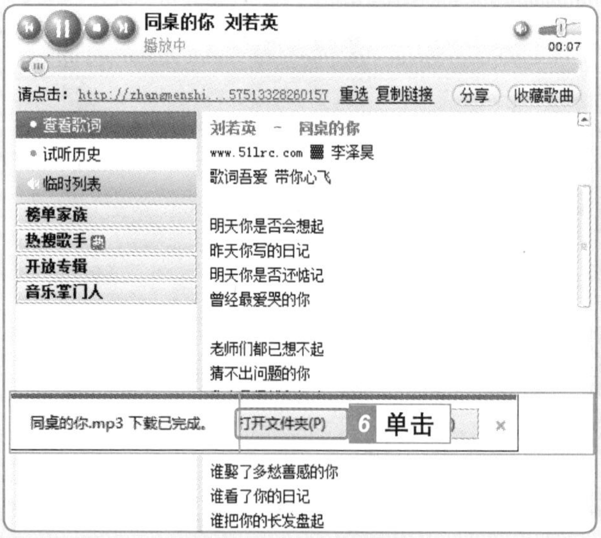

图3-11 单击按钮

魔法档案——将音乐下载到MP3中

如果您现在听歌的工具还是MP3，您也可以将网页中喜欢的歌曲直接下载到MP3中，其方法和将歌曲下载到手机中的方法一样。

3.2 在线观看丰富多彩的网络电视节目

小魔女：爷爷，您怎么心不在焉呢？怎么了？

爷　爷：我在琢磨着网上能不能看电视剧、电影呢？

小魔女：爷爷，您问我不就得了吗，还用得着这样冥思苦想吗？

爷　爷：那你快给我说说能不能嘛？

小魔女：当然能了，很多视频网站都能观看呢！而且还不受时间的限制，想什么时候看就什么时候看。

爷　爷：听起来在网上看电视剧、电影，还真是方便呢！

小魔女：嗯，而且能随心所欲地观看，下面我就给您讲讲在各大网站看视频的方法吧！

3.2.1 在优酷网中观看热播电视剧

平时通过电视看电视剧，总会受到时间的限制，而且每天播放的集数有限。在网络中观看电视剧就能很好地解决这些问题，它不会受到时间的限制，想什么时候看都可以。下面在优酷网中观看《亮剑》，其具体操作如下：

步骤 01 在IE地址栏中输入网址“http://www.youku.com”，打开优酷网首页，在页面顶部选择“电视剧”选项卡，如图3-12所示。

步骤 02 在打开的电视剧页面右侧的“电视剧检索”列表框的“按类型”栏中单击“军事”超链接，如图3-13所示。

图3-12 选择“电视剧”选项卡

图3-13 单击文本超链接

步骤 03 在打开的页面中可选择电视剧的地区、名称和上映时间等，单击电视剧名称对应的超链接，如图3-14所示。

步骤 04 在打开的页面中显示了“亮剑”电视剧的相关信息，在“剧集列表”中选择需要播放的集数，这里选择第1集，如图3-15所示。

图3-14　选择要观看的电视剧

图3-15　选择播放的集数

步骤 05 在打开的页面中开始播放选择的电视剧，如图3-16所示。

图3-16　观看电视剧

晋级秘诀——直接搜索电视剧

如果您知道电视剧的名称，在优酷网首页的搜索文本框中输入电视剧的名称，单击**搜库**按钮，在打开的页面中选择需要观看的集数即可。

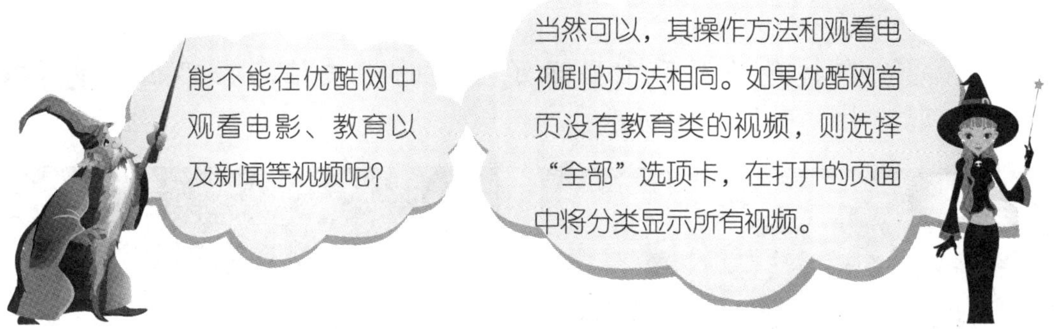

能不能在优酷网中观看电影、教育以及新闻等视频呢?
当然可以，其操作方法和观看电视剧的方法相同。如果优酷网首页没有教育类的视频，则选择“全部”选项卡，在打开的页面中将分类显示所有视频。

3.2.2　通过腾讯视频在线观看视频

如果您觉得在网站中观看视频需要在各个网页中进行切换很麻烦，也可以通过专业的在线视频播放软件来观看电影、电视剧和财经等各种视频，这就能避免在不同的网页间进行切换。但是在使用这些软件前，还需要先在网站中下载并安装这类软件，其下载和安装的方法和QQ软件一样。下面在安装的腾讯视频播放软件中观看电影，其具体操作如下：

步骤 01　双击桌面上的腾讯视频快捷方式图标，启动腾讯视频，选择“电影”选项卡，在页面左侧显示了电影视频的分类，在右侧显示了最新的电影。

步骤 02　单击“按类型”栏中的“记录”超链接，如图3-17所示。

图3-17　单击“记录”超链接

步骤 03 在页面右侧单击“赤壁纪录片”文本超链接，如图3-18所示。

步骤 04 在打开的页面中显示了赤壁的相关信息，单击 全部播放 按钮，如图3-19所示。

图3-18 单击文本超链接

图3-19 单击“全部播放”按钮

步骤 05 在打开的页面中开始缓冲数据，缓冲完成后，便开始播放电影，如图3-20所示。

图3-20 观看电影

3.2.3 在土豆网上观看网友自制视频

在许多视频网站中可以看到网友自制的视频，如土豆网、酷6网等，这些视频具有创意性和娱乐性，疲劳时，观看一些有趣的视频可以放松心情。下面在土豆网中观看自制视频，其具体操作如下：

步骤 01 在IE地址栏中输入土豆网网址"http://www.tudou.com"，按【Enter】键打开土豆网首页，在页面顶部单击"搞笑"超链接，如图3-21所示。

步骤 02 在打开的页面上方单击"开心广告"超链接，如图3-22所示。

图3-21　单击文本超链接

图3-22　单击文本超链接

步骤 03 在打开的页面中单击视频对应的图片或文本超链接，如图3-23所示。

步骤 04 在打开的页面中开始缓冲视频，完成后即可观看选择的视频，如图3-24所示。

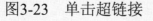

图3-23　单击超链接

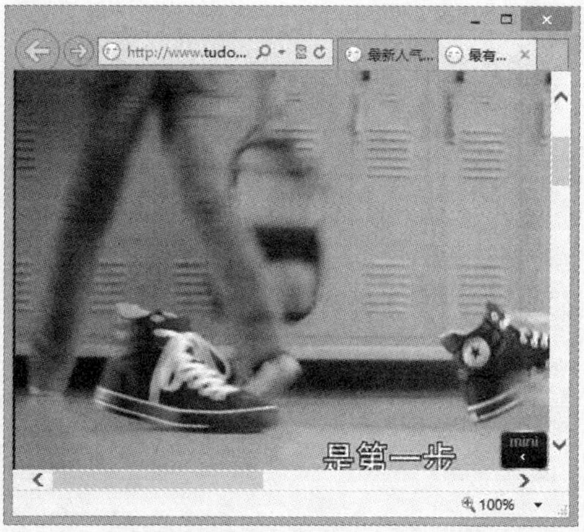

图3-24　观看视频

3.3 在线收听其他内容

小魔女：爷爷，在网上不仅可以收听歌曲，观看电视节目，还可以免费听相声、戏曲、广播以及评书等艺术节目。

爷　爷：你怎么不早告诉我呀！我最喜欢听广播和戏曲了。

小魔女：爷爷，现在告诉您也不晚呀！您可在线收听广播和戏曲。

爷　爷：我还不知道怎么收听和在什么网站可收听到这些内容呢？

小魔女：别急，我现在就告诉您。

3.3.1 在线收听相声

对于很多中老年朋友来说，闲暇之余听听相声，也是人生的一大乐趣。但在电视上收看这些节目，会受到播放时间和播放内容的限制。如果是在线欣赏这些艺术节目，则可以不受时间和地域的限制，想怎么听就怎么听。下面在听中国网中收听相声，其具体操作如下：

步骤 01 在IE地址栏中输入听中国网网址“http://www.tingchina.com”，按【Enter】键打开网站首页，单击顶部的“相声”超链接，如图3-25所示。

步骤 02 在打开的页面中显示了相声艺术家和一些比较热门的相声作品，在“推荐艺术家”列表框中单击“赵世忠”超链接，如图3-26所示。

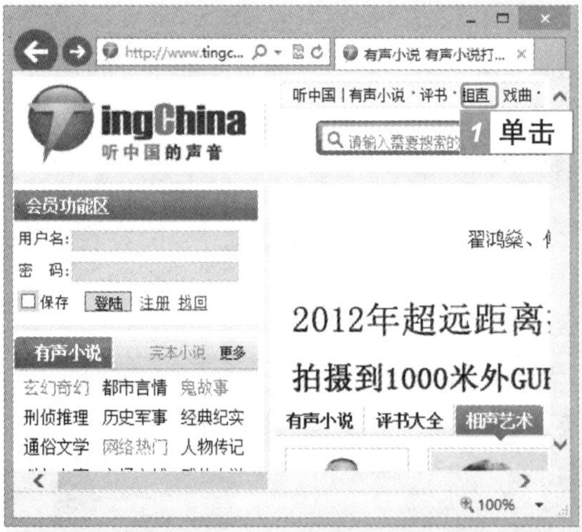

图3-25　单击文本超链接

图3-26　单击文本超链接

步骤 03 在打开的网页中显示了对该演员的简介和相声作品，单击相应相声作品的超链接，如图3-27所示。

步骤 04 在打开的页面中单击▶按钮或单击该按钮前面的相声名称超链接，即可在打开的网页中播放该相声作品，如图3-28所示。

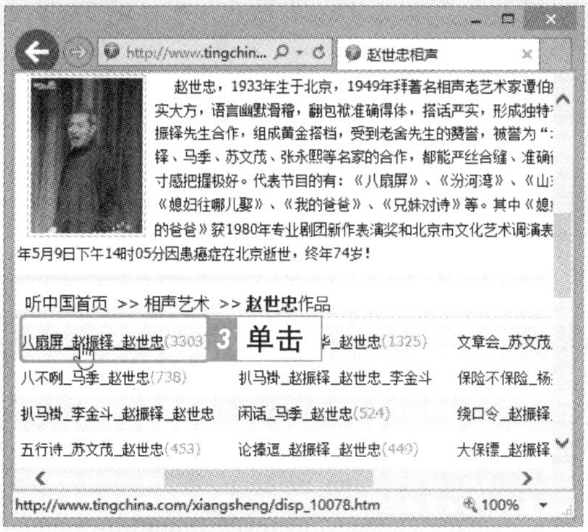

图3-27　单击超链接

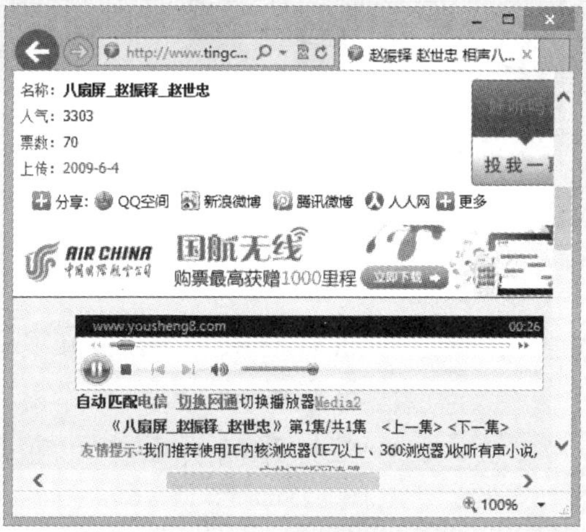

图3-28　收听相声

3.3.2　在线收听戏曲

戏曲同相声一样，也可以在一些戏曲相关的网站中收听，如中国戏曲网（http://www.chinaopera.net）、中国古曲网（http://www.guqu.net/）等，这样不仅不会受到时间的限制，而且可收听的曲目还非常丰富。下面在“中国戏曲网”中听戏曲，其具体操作如下：

步骤 01 在IE地址栏中输入中国戏曲网网址“http://www.chinaopera.net”，按【Enter】键打开网站首页，选择“戏曲影音”选项卡，如图3-29所示。

步骤 02 在打开的页面中单击“戏曲音乐”超链接，如图3-30所示。

魔法档案——网站首页和选择戏曲

在网站首页也可选择名家名段、戏曲铃声和戏曲伴奏等类型的戏曲进行收听。

图3-29 选择“戏曲影音”选项卡

图3-30 单击文本超链接

步骤 03 然后在打开的页面中选择要收听的戏曲，单击“推荐:京胡与交响乐合凑《虞美人》”超链接，如图3-31所示。

步骤 04 在打开的页面中即可开始收听戏曲，如图3-32所示。

图3-31 选择试听的戏曲

图3-32 开始听戏曲

晋级秘诀——欣赏戏曲视频

在该网站中，很多戏曲还提供了视频，这样可以在收听戏曲的同时看到相应的视频。在该网站首页选择“戏曲影音”选项卡后，在打开的页面中单击“戏曲视频”超链接，在打开的页面中选择戏曲后，即可在打开的页面中欣赏该戏曲视频。

3.3.3 在线收听广播

使用收音机收听广播是不少中老年朋友的生活习惯，收音机虽然使用方便，但是在收听时要一一记住各个不同电台的频率以供下次收听，实在是一件很麻烦的事。而在线收听广播，不仅可以省去调频的繁琐，而且想怎么听就怎么听。下面在“广播电台在线收听”网站中在线收听广播，其具体操作如下：

步骤 01 在IE地址栏中输入广播电台在线收听网网址“http://www.gbtai.com”，按【Enter】键进入网站首页。

步骤 02 该网站中提供了许多电台的链接，单击相应的超链接，即可在打开的网页中进行收听，这里单击“央广老年之声”超链接，如图3-33所示。

步骤 03 在打开的页面中即可收听广播，如图3-34所示。

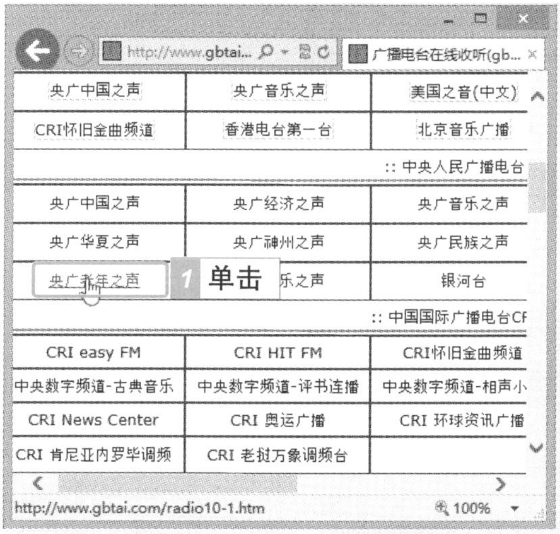

图3-33 单击文本超链接

图3-34 收听广播

3.3.4 在线收听评书

评书是中国一种传统口头讲说的表演形式，是很多中老年朋友喜欢的艺术表演形式，但随着社会的发展，评书这种表演也越来越少。中老年朋友要想听评书，现在最好的方法就是通过一些网站在线收听评书。下面在“我听评书网”中收听“单田芳”的评书，其具体操作如下：

步骤 01 在IE地址栏中输入我听评书网网址“http://www.5tps.

com”，按【Enter】键进入网站首页。

步骤 02 在网站中按评书人将作品进行了分类，在“单田芳评书”列表框中单击“曾国藩 电台版 全60回”超链接，如图3-35所示。

步骤 03 在打开的页面中显示了该评书的集数，单击“第001回”超链接，如图3-36所示。

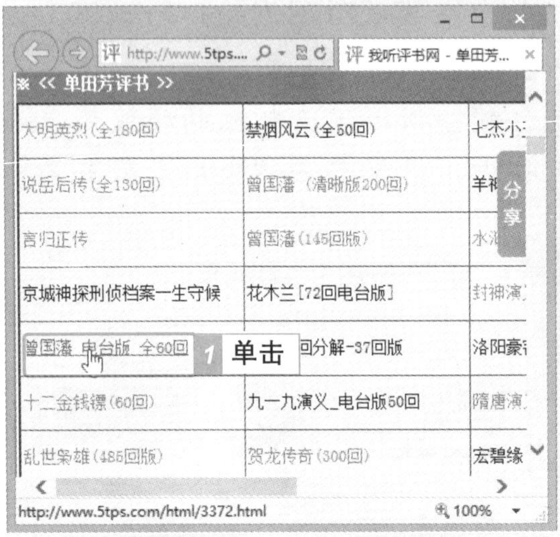

图3-35　单击文本超链接

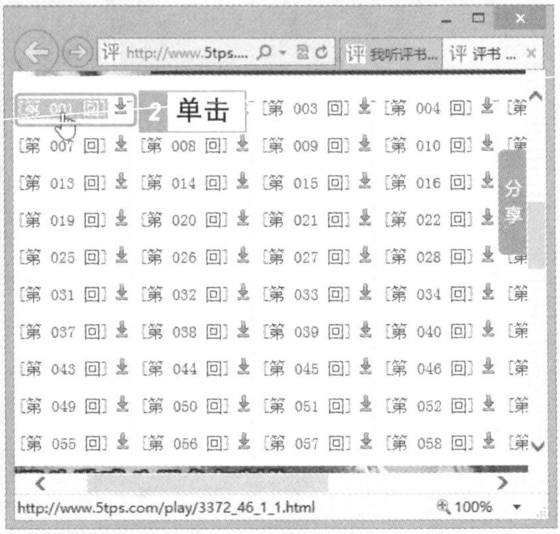

图3-36　单击收听的集数

步骤 04 在打开的页面中即可收听该评书，如图3-37所示。

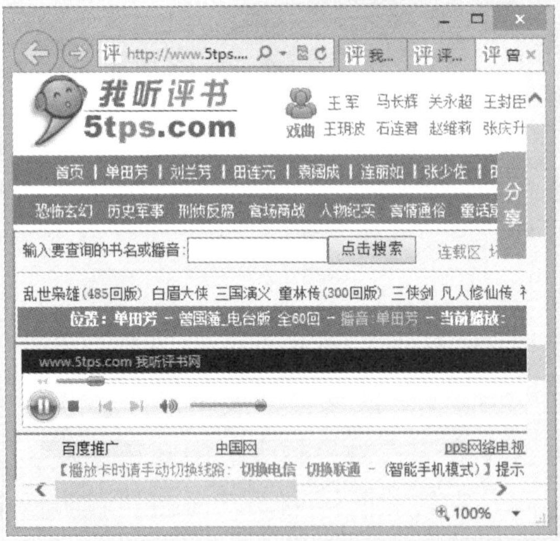

图3-37　收听评书

爷爷，在选择的集数后面单击按钮，在打开的页面中选择下载的方式后，即可下载该集数。

3.4 典型实例——在优酷网中观赏电影和相声

小魔女：爷爷，最近看您的生活过得有滋有味的嘛！

爷　爷：这还多亏你教我在网上收听广播、戏曲和评书等知识，这才为我的老年生活增添了无限乐趣。

小魔女：爷爷，您每天收听戏曲、评书，那您在网上看电视、电影和听歌等知识都掌握了吗？

爷　爷：小魔女，您就放心吧！凭你爷爷的聪明，那有什么难的。

小魔女：嘿嘿！是吗？那您现在就在优酷网中欣赏电影和相声视频，我看您掌握得怎么样了？

爷　爷：好呀！不过在优酷网站中可以观赏相声视频吗？

小魔女：可以，和观赏视频的方法一样。

其具体操作如下：

步骤 01 在IE地址栏中输入优酷网网址“http://www.youku.com”，按【Enter】键进入网站首页。

步骤 02 选择“电影”选项卡，在打开页面中的“电影检索”栏中单击“喜剧”超链接，如图3-38所示。

步骤 03 在打开的页面中显示了搜索的结果，单击“举起手来2:追击阿多丸”超链接，如图3-39所示。

图3-38 单击文本超链接

图3-39 选择查看的电影

步骤 04 在打开的页面中开始缓冲视频，缓冲完成后即可播放该视频，如图3-40所示。

步骤 05 电影播放完后，返回到优酷网首页，在搜索文本框中输入“郭德纲相声”，单击 搜库 按钮，如图3-41所示。

图3-40　播放电影

图3-41　搜索相声视频

步骤 06 在打开的页面中显示了搜索的结果，单击如图3-42所示的文本超链接。

步骤 07 在打开的页面中即可播放所选择的相声节目视频，如图3-43所示。

图3-42　单击文本超链接

图3-43　欣赏相声视频

3.5 本章小结——收听免费戏曲和小说的技巧

爷　爷：小魔女，我最近听了一首很好听的戏曲，我很想学，可是没有戏曲的唱词和对白，你能帮我找找吗？

小魔女：爷爷，您可以自己在网上进行搜索呀！

爷　爷：小魔女，网上搜索很麻烦。

小魔女：这样吧！我再教您网上听戏曲和小说的技巧吧！

爷　爷：在网上还能听小说？你怎么不早点教我呀！

小魔女：爷爷，我现在告诉您也不晚呀。

第1招：在一听音乐网中欣赏戏曲

在中国戏曲网中听戏曲，您可能会发现所听的戏曲是有视频的，但没有唱词和对白。如果您要想显示所听戏曲的唱词和对白，可以通过一听音乐网欣赏戏曲，但不会显示所听戏曲的相关视频。其方法是：进入到一听音乐网（http://www.1ting.com）首页，单击“曲风”超链接，在打开的网页中拖动右侧的滚动条，在“戏曲曲艺”栏中单击“戏曲”超链接，再在打开的戏曲网页中选中要欣赏的戏曲前面的复选框，单击“播放”按钮，即可在打开的网页中欣赏该戏曲节目，如图3-44所示。

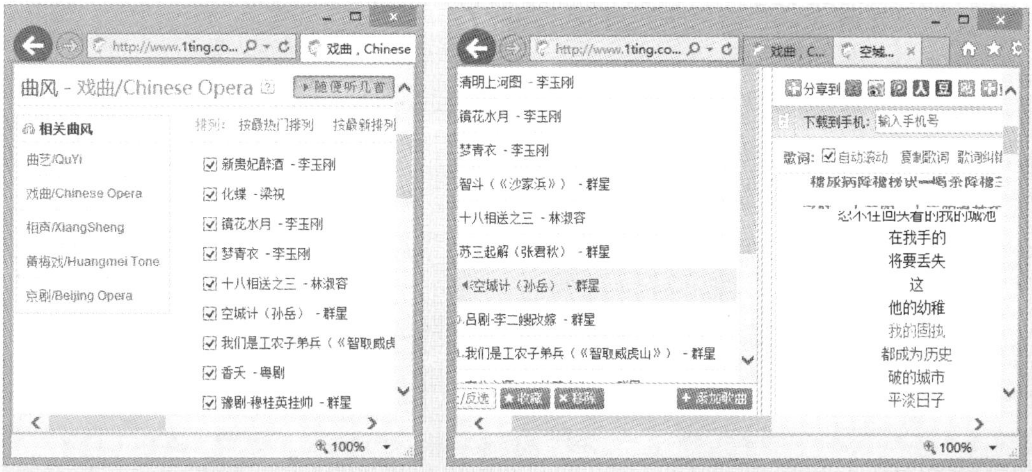

图3-44　在一听音乐网中欣赏戏曲

第2招：在听中国网中听有声小说

长时间使用电脑看小说，对眼睛的伤害很大，而且对于中老年朋友来说，眼睛很容易疲劳，这时您可以使用耳朵来听小说。现在有些网站提供了有声小说，您可以直接戴起耳机听就可以了。在听中国网中听有声小说的方法是：进入听中国网站（http://www.tingchina.com）首页，单击顶部的“有声小说”超链接，在打开的网页中选择需要听的小说，再在打开的网页中选择需要听的章节，在打开的页面中即可开始收听，如图3-45所示。

图3-45　听有声小说

第3招：常用视听网站大全

网上有很多免费的视听网站，但不同的网站可视听的节目不一样。下面介绍一些常用的视听网站，方便中老年朋友快速查阅。

- 轻音乐网（http://www.130v.com）：听钢琴曲、二胡、自然音乐。
- 中国戏曲网（http://www.chinaopera.net）：听戏曲、看戏剧。
- 听中国网（http://www.tingchina.com）：听相声、评书、戏曲、有声小说。
- 评书吧（http://www.pingshu8.com）：听评书、相声小品。
- 中国网络电视台（http://www.cntv.cn）：看电视和专栏节目。

3.6　过关练习

（1）在百度MP3网页中听经典音乐，并将自己喜欢的音乐下载到手机或电脑中。

（2）在腾讯视频网站中观看最新的电影和搜索自己喜欢看的电视剧。

（3）在听中国网中收听自己喜欢的戏曲和有声小说。

Chapter 4

第4章

轻松睿智——在线玩休闲游戏

爷　爷：小魔女，我们小区的老陈约我晚上一起下五子棋，但他没有讲明见面的地点，只是说到时候用QQ联系我。

小魔女：爷爷，陈爷爷是不是很早就会上网了。

爷　爷：是呀！他可是上网的高手了。

小魔女：嘿嘿，那陈爷爷肯定是想约您在网上一起下五子棋！

爷　爷：网上也能下五子棋？那我得赶快学会，到网上去和他一决高下。

学习要点：

- 玩转QQ游戏
- 在QQ农场中感受收获的乐趣
- 简单易玩的网页游戏

4.1 玩转QQ游戏

爷　爷：小魔女，在网上下五子棋是不是和在线观看电影的方法一样，搜索出来就能和好友一起玩了。

小魔女：爷爷，能在线下棋的软件很多，因为爷爷经常用QQ，而且QQ也集合了游戏功能，所以在QQ中就能玩五子棋。QQ游戏还包含了中国象棋、斗地主和麻将等许多休闲游戏。

爷　爷：这么多游戏可以玩，够我忙活好一阵了。

小魔女：在使用QQ玩游戏之前，先要下载并安装QQ游戏大厅。

4.1.1 下载并安装QQ游戏大厅

QQ游戏是需要在游戏大厅中进行的，如果您是第一次玩QQ游戏，就必须先将QQ游戏大厅程序安装到电脑中后才能进行。下面介绍下载并安装QQ游戏大厅程序的方法，其具体操作如下：

步骤 01 登录QQ程序软件，在QQ工作界面中单击“QQ游戏”按钮，在打开的对话框中单击 安装 按钮，如图4-1所示。

步骤 02 系统将自动下载QQ游戏大厅程序包，下载完成后将自动打开安装向导对话框，单击 下一步(N) > 按钮，如图4-2所示。

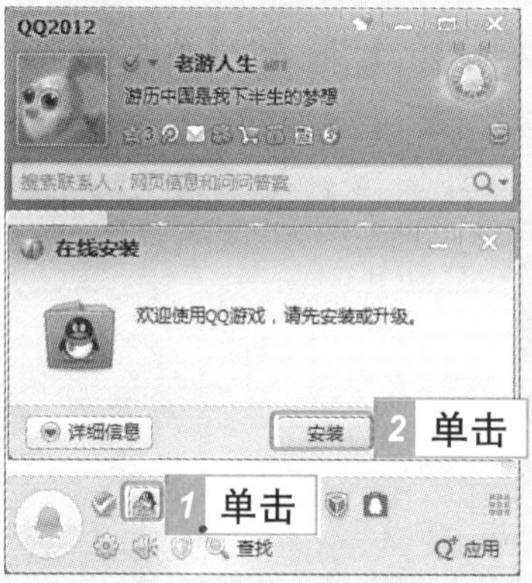

图4-1　在线安装

图4-2　开始安装

步骤 03 打开“许可证协议”对话框，在其中阅读协议并单击 我接受(I) 按钮。

步骤 04 打开“选择安装位置”对话框，在其中保持默认设置，单击 安装(I) 按钮，如图4-3所示。

步骤 05 系统开始安装并显示安装进度，安装完成后在打开的对话框中单击[下一步(N) >]按钮，如图4-4所示。

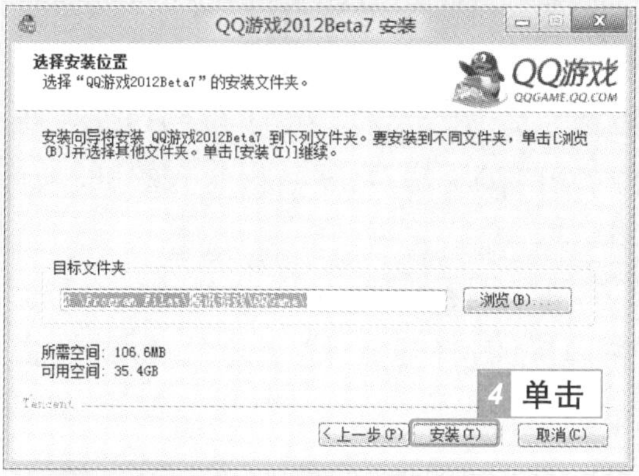

图4-3　选择安装位置

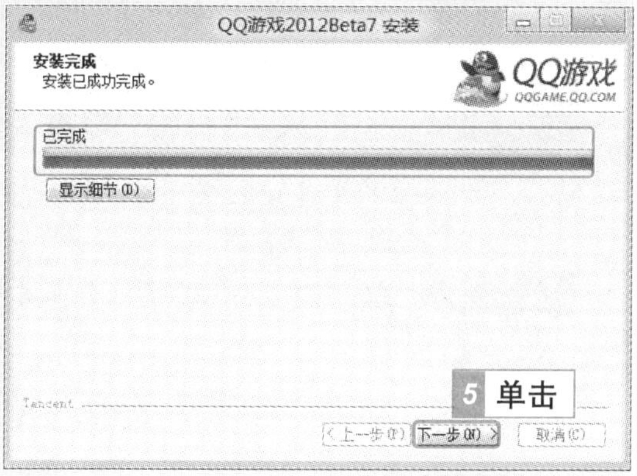

图4-4　完成安装

步骤 06 打开“安装选项”对话框，取消选中所有的复选框，单击[下一步(N) >]按钮，如图4-5所示。

步骤 07 在打开的对话框中取消选中 ☐独享QQ等级双倍加速 安装QQ电脑管家+金山毒霸套装免费获得 复选框，单击[完成(F)]按钮，如图4-6所示。

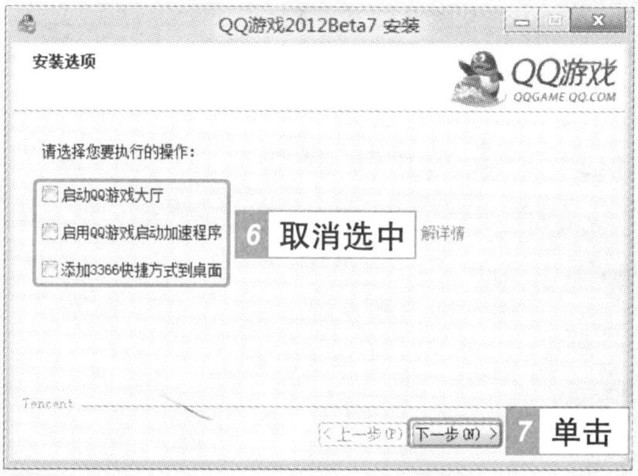

图4-5　选择安装选项

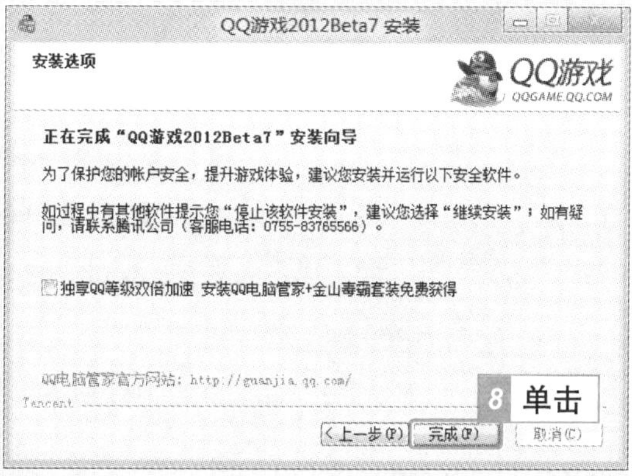

图4-6　完成安装

步骤 08 完成QQ游戏大厅程序的安装，并自动在桌面创建QQ游戏快捷方式图标。

魔法档案——在网页中下载QQ游戏大厅程序

要安装QQ游戏大厅，也可以在网页中下载QQ游戏大厅程序，然后进行安装。

4.1.2 登录游戏大厅安装游戏

成功安装好QQ游戏大厅程序后，就可以登录到QQ游戏大厅选择自己喜欢的游戏进行程序安装。下面在游戏大厅中安装五子棋游戏，其具体操作如下：

步骤 01 双击桌面上的QQ游戏快捷方式图标，在打开的QQ游戏登录对话框中输入QQ账号和密码，单击登录按钮，如图4-7所示。

步骤 02 单击关闭按钮，在打开的窗口搜索文本框中输入“五子棋”，单击按钮，在窗口右侧将显示搜索的结果，单击添加游戏按钮，如图4-8所示。

图4-7 登录QQ游戏

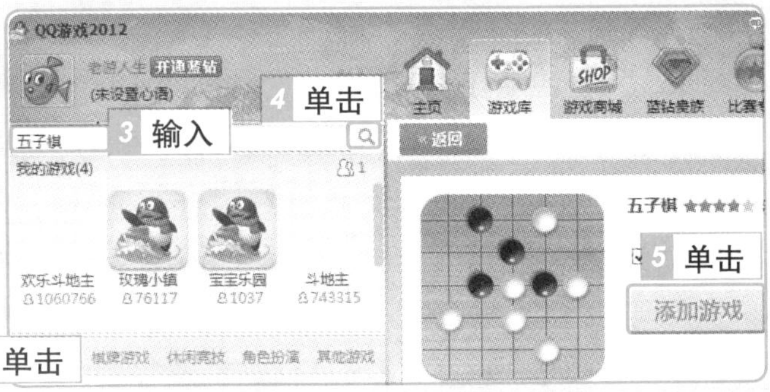

图4-8 添加游戏

步骤 03 在打开的对话框中将下载并安装五子棋游戏，安装完成后将显示在QQ游戏窗口“我的游戏”栏中，而右侧的添加游戏按钮变成开始游戏按钮，如图4-9所示。

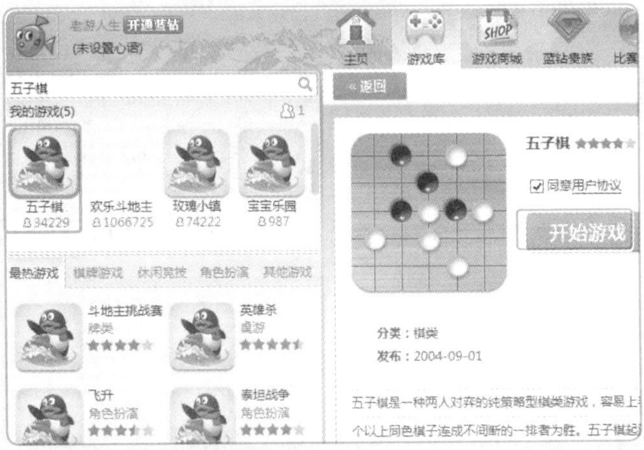

图4-9 完成安装

爷爷，单击开始游戏按钮可直接进入游戏房间。

晋级秘诀——直接进入QQ游戏大厅

在登录QQ游戏对话框中输入QQ账号和密码后，选中☑记住密码复选框，再单击登录按钮系统将会自动记住您的QQ账号和密码，下次登录时就不用再输入QQ账号和密码，单击登录按钮就能直接进入QQ游戏大厅。

4.1.3 和网友在线下五子棋

五子棋也称为连珠五子棋，不仅容易上手，而且趣味横生，增强思维能力，有助于修身养性，是很多中老年朋友喜欢的游戏之一。下面在游戏大厅中和网友一起下五子棋，其具体操作如下：

步骤 01 登录到QQ游戏大厅，在“我的游戏”栏中单击“五子棋”，在打开的“五子棋”窗口中单击展开五子棋游戏项目各游戏区，这里单击展开“五子棋（无禁手二区）”。

步骤 02 在展开的游戏区下显示的列表中双击其中任一房间号，这里双击“五子棋5”房间号，如图4-10所示。

步骤 03 在打开的窗口左侧找一个空座位并单击可选择座位，如图4-11所示。

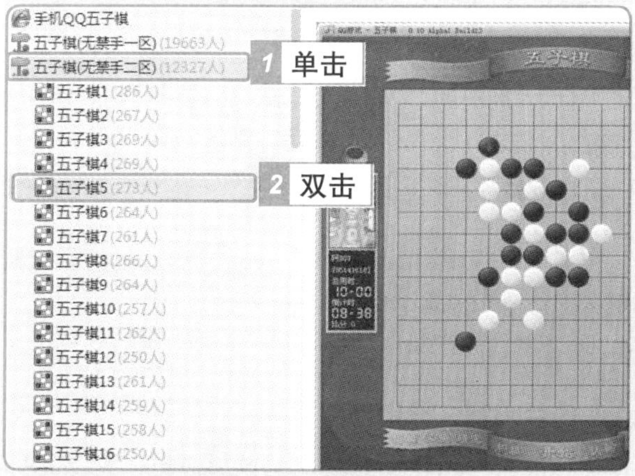

图4-10 选择游戏房间

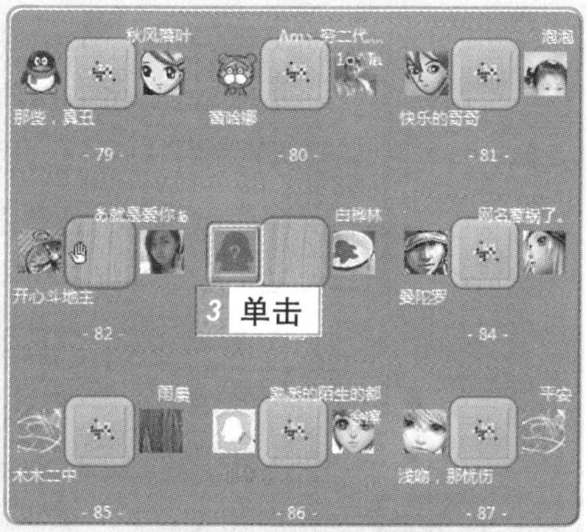

图4-11 选择座位

步骤 04 进入游戏页面，单击下方的“开始”超链接开始游戏。

步骤 05 游戏开始，黑子先行，当鼠标光标变为手形形状后，在棋盘适合的位置单击摆放棋子，如图4-12所示。

步骤 06 当任一方的5颗棋子先在横、竖或斜线上连成一条直线时即获胜，游戏结束，如图4-13所示。

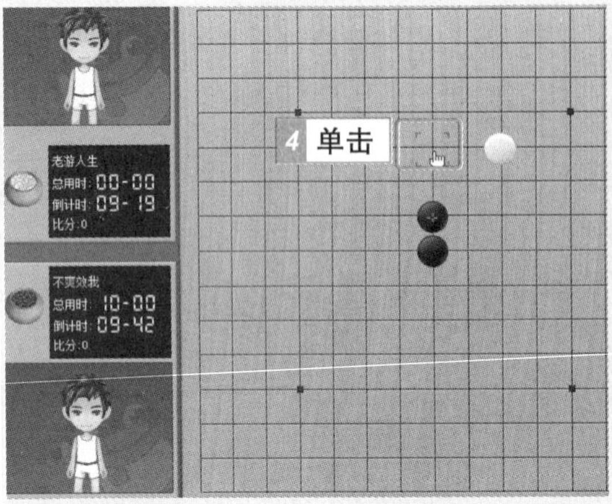

图4-12　开始游戏

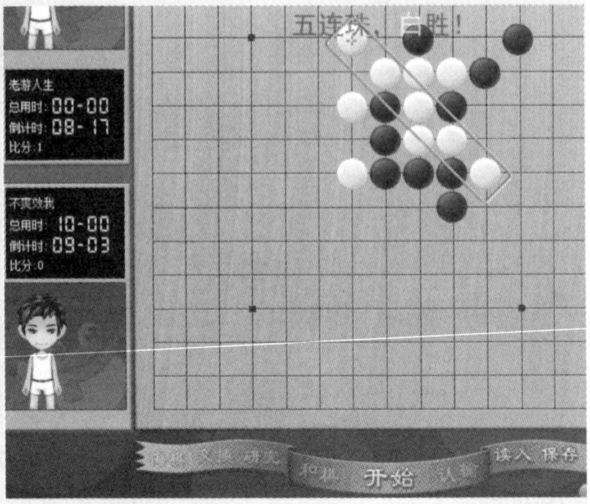

图4-13　游戏结束

步骤 07 单击下方的“开始”超链接可继续游戏，若想退出游戏则单击游戏界面右上方的退出按钮即可。

4.1.4　和网友在线斗地主

斗地主是比较流行的棋牌游戏，其对抗性和配合性都很强，但其操作非常简单，只要懂生活中斗地主游戏的规则，就能快速上手。您可以约上几个朋友一起到QQ游戏大厅中斗地主，这样不仅可以娱乐身心，还能通过游戏交流感情。在QQ游戏大厅斗地主，也需要像下五子棋一样，先要进行下载安装，安装完成后才能与好友一起玩。下面在QQ游戏中斗地主，其具体操作如下：

步骤 01 启动QQ游戏，在打开的窗口“我的游戏”栏中单击“斗地主”，在打开的页面中单击快速开始按钮，即可直接进入游戏房间，单击开始按钮，如图4-14所示。

步骤 02 待其他玩家开始游戏后，系统开始发牌，并通过3张底牌确认角色。

步骤 03 确认角色后，会在游戏界面的上方显示3张底牌，然后地主开始出牌，此时，下家可以根据自己手中的牌选择出牌或者不出并单击不出按钮，如图4-15所示。

步骤 04 当上家出牌时，如果自己有可以出的牌，则选择要出的牌，单击出牌按钮，如图4-16所示。

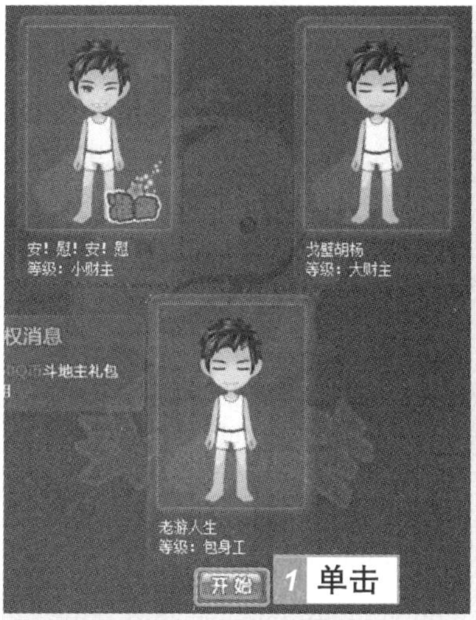

图4-14　准备开始游戏

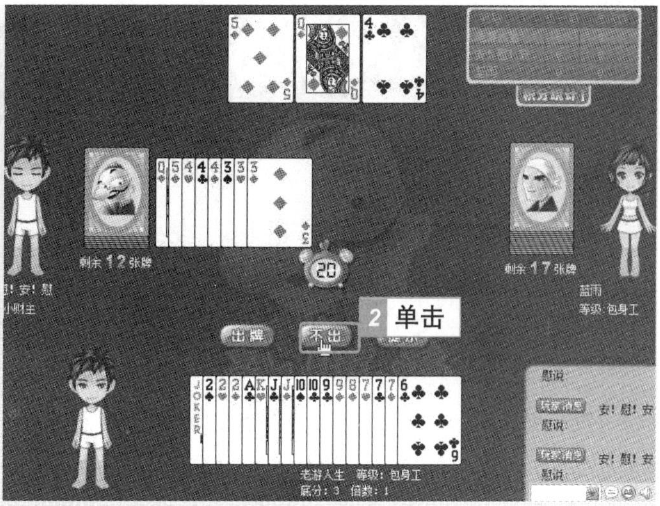

图4-15　不出牌

步骤 05　若有一家的牌全部出完，则游戏结束，此时将显示对战双方的胜负和得分情况，如图4-17所示。

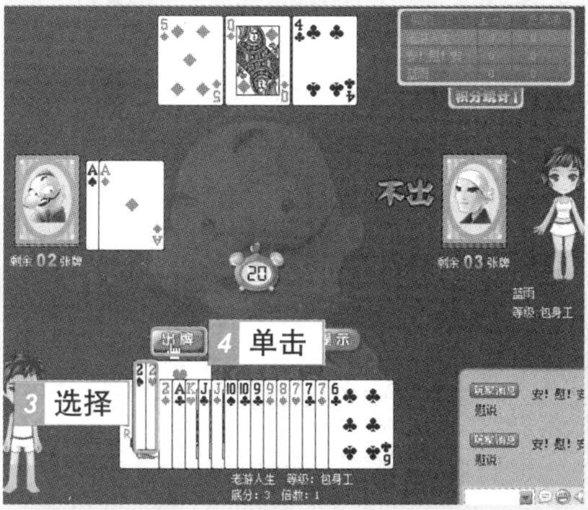

图4-16　选择出牌

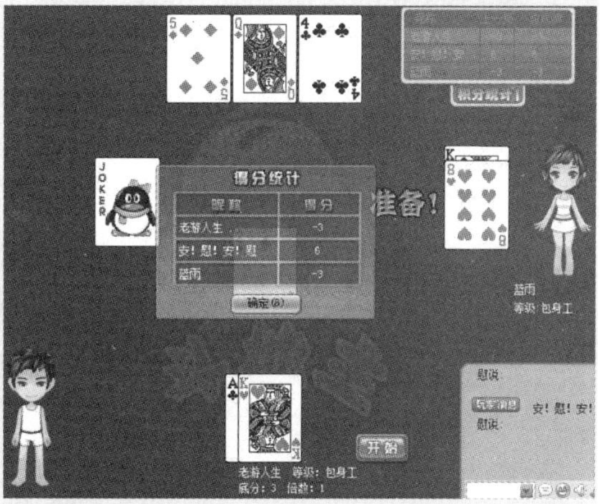

图4-17　游戏结束

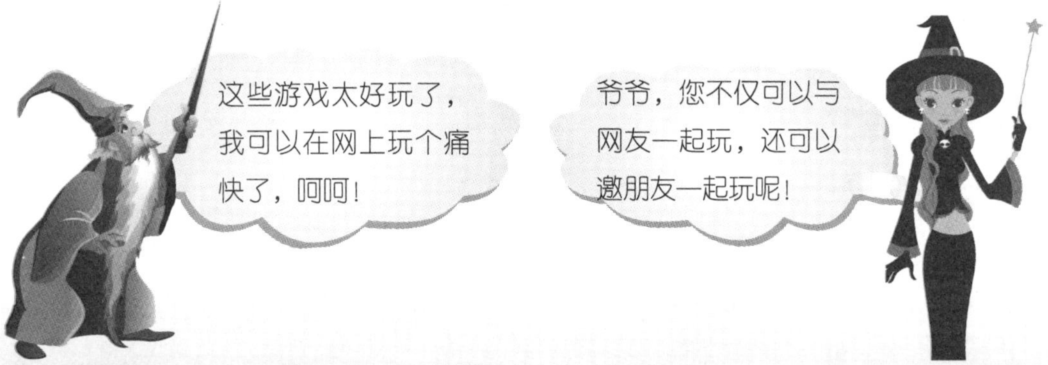

这些游戏太好玩了，我可以在网上玩个痛快了，呵呵！
爷爷，您不仅可以与网友一起玩，还可以邀朋友一起玩呢！

4.2 在QQ农场中感受收获的乐趣

爷　爷：小魔女，爷爷现在有点怀念以前在农村的生活了，春种秋收，忙得不亦乐乎。

小魔女：爷爷，想不想再次感受这样的乐趣呢？

爷　爷：想当然想了，难道你有什么办法？

小魔女：现在QQ空间中就有一款这样的游戏，不仅能种植作物，还可以对作物进行管理，和现实中种植作物是一样的。

爷　爷：还有这样的游戏？太棒了，又能感受收获的快乐了。

小魔女：是呀！在QQ空间中添加QQ农场应用就行了，而且QQ空间在申请QQ账号时就默认开通了。

4.2.1 添加QQ农场应用

QQ空间为大家提供了很多游戏应用，但QQ空间当前页面中没有提供QQ农场这个游戏，需要您在QQ空间中手动进行添加后才能进行。下面在QQ空间中添加QQ农场应用，其具体操作如下：

步骤 01　登录QQ，在QQ工作界面中单击按钮，进入QQ空间，在页面左侧选择“应用中心”选项，如图4-18所示。

步骤 02　打开“应用中心”页面，在左侧选择“游戏”选项卡，在其右侧显示QQ空间游戏，在“QQ农场”游戏下单击+添加应用按钮，如图4-19所示。

图4-18　选择“应用中心”选项

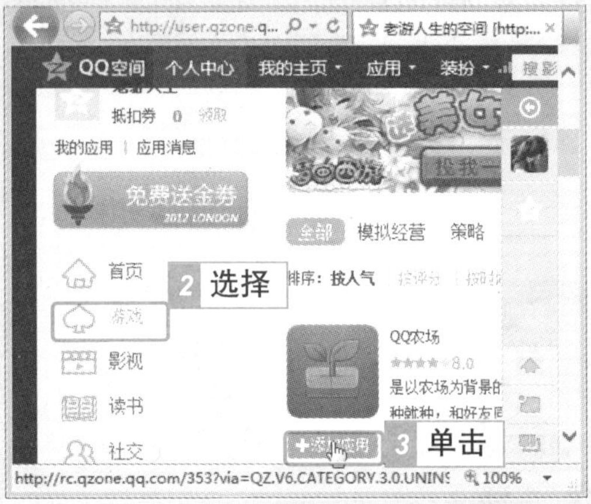

图4-19　添加QQ农场应用

步骤 03 在打开的页面中单击 进入应用 按钮，如图4-20所示。

步骤 04 在打开的“新手引导”页面中看完提示后单击“下一页”按钮▶查看下一页的内容，如图4-21所示。

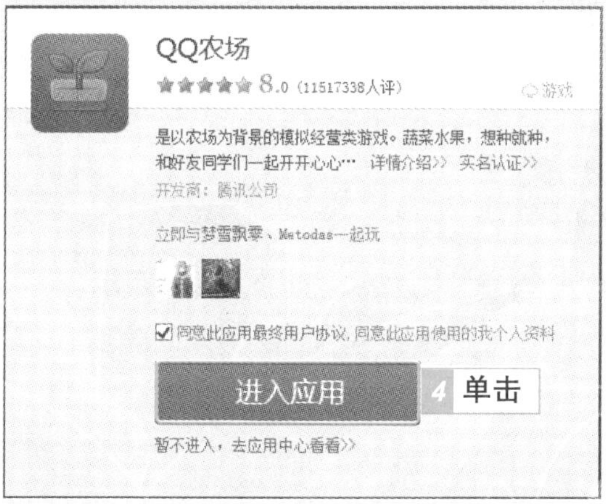

图4-20 进入应用

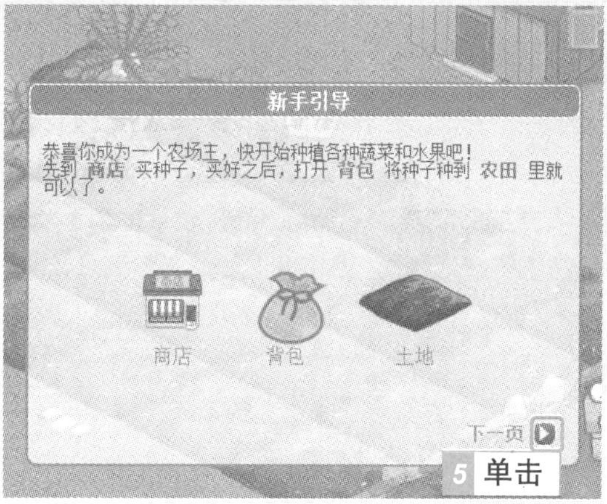

图4-21 “新手引导”提示框

步骤 05 查看完成后打开“新手礼包”窗口，单击 确定 按钮，如图4-22所示。

步骤 06 再在打开的“领取任务”页面中单击 接受 按钮，如图4-23所示。

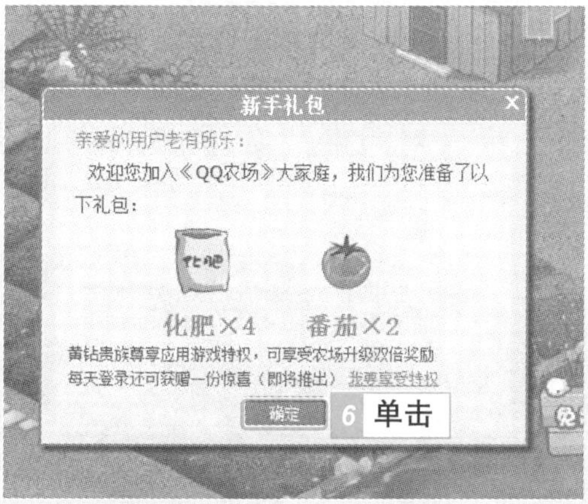

图4-22 进入应用

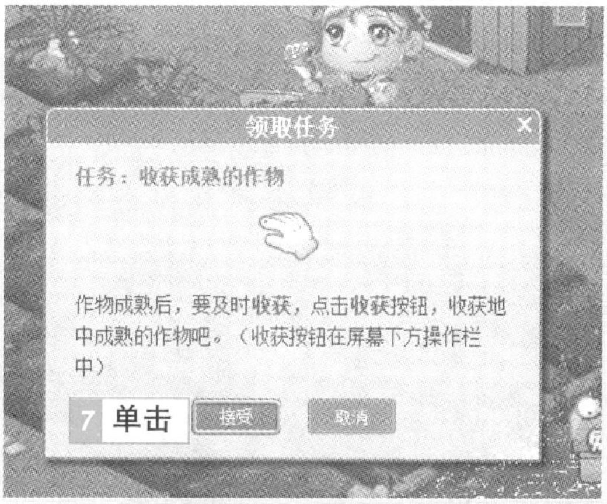

图4-23 接受任务

4.2.2 在QQ农场中购买种子并种植农作物

在QQ空间成功添加并进入到QQ农场后，首先要到商店去购买种子，然后就可以在自己的农场土地上种植农作物了。下面在QQ农场中购买种子并种植农作物，其具体操作如下：

步骤 01 进入到QQ空间，在页面左侧“最近使用”栏中选择“QQ农场”选项，进入到我的农场。

步骤 02 在农场界面选择“我的商店”选项，打开“商店”对话框，选择“普通种子”选项卡，在下方列表框中选择“胡萝卜”选项，如图4-24所示。

步骤 03 打开“购买种子”对话框，在“输入购买数量（1~3）”文本框中输入“3”，单击 确定 按钮，如图4-25所示。

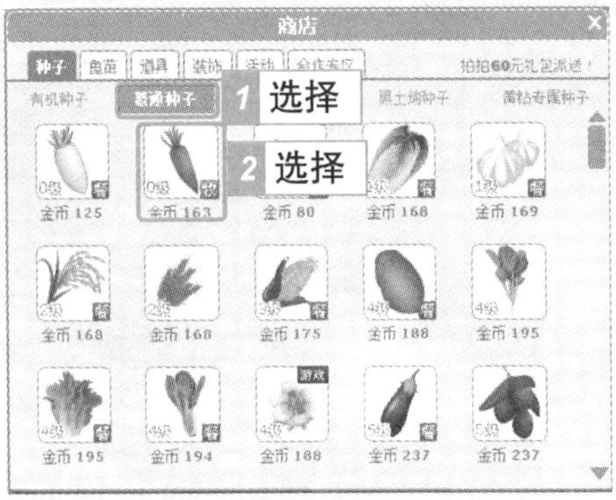

图4-24 选择购买的种子

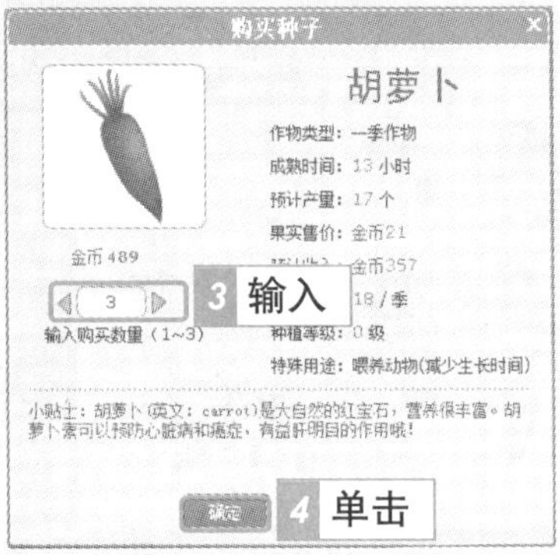

图4-25 购买种子

步骤 04 返回“商店”对话框，单击右上角的 × 按钮关闭对话框。

步骤 05 在QQ农场下方单击按钮，拖动鼠标，将“铲子”图标移动到有枯萎枝叶土地的上方，对准枝叶，当呈高亮显示时单击鼠标，铲除枯萎枝叶并翻土，如图4-26所示。

图4-26 铲除枯萎枝叶

步骤 06 然后单击“我的物品包”图标，在打开的列表中选择已购买的“胡萝卜种子”，如图4-27所示。

步骤 07 将鼠标移动到地面中的空地上，当空地呈高亮显示时单击即可在空地中播种，如图4-28所示。

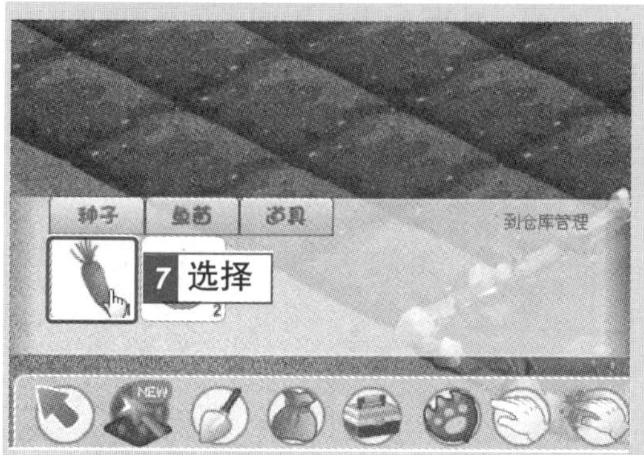

图4-27　选择购买的种子

图4-28　开始播种

步骤 08 使用相同的方法为另外的空土地播种，播种完成后作物开始生长。

4.2.3 管理农场作物

在农场中种植作物和在现实的田地里种植作物一样，在作物生长过程中都需要对其进行管理，如杀虫、除草等，这样农作物才能健康快速地成长。下面对农场中的作物进行杀虫、除草以及施肥，其具体操作如下：

步骤 01 在我的农场中单击“我的工具箱”图标，在打开的列表中单击图标，如图4-29所示。

步骤 02 此时鼠标变成“杀虫剂”，拖动鼠标到有虫的土地上，当呈高亮显示时单击鼠标杀虫，如图4-30所示。

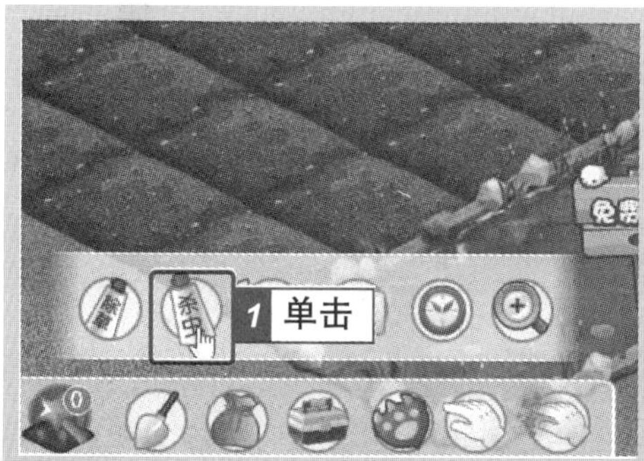

图4-29　单击“杀虫”图标

图4-30　开始杀虫

步骤03 然后使用相同的方法除去作物上的害虫。

步骤04 除完虫后，如果土地上有杂草，鼠标会自动变成“除草剂”，移动鼠标到有杂草的土地上，当呈高亮显示时单击鼠标，如图4-31所示。

步骤05 除完杂草后，单击图标，在打开的列表中单击按钮，在其下拉列表框中单击图标，如图4-32所示。

图4-31　除草

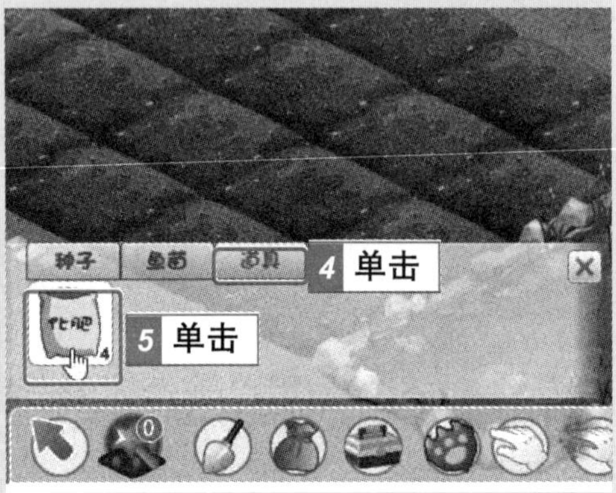

图4-32　单击“化肥”图标

步骤06 拖动鼠标，将化肥图标移动到有种子的土地上，当呈高亮显示时单击鼠标，即可实现施肥的操作，如图4-33所示。

图4-33　开始施肥

爷爷，作物生长的每个阶段只能施肥一次，施肥的同时也会减少该阶段的成长时间1小时。

4.2.4 收获并出售农场中的作物

当农场中的作物成熟后，就可进行收获，收获完成后您还可以将收获的农作物卖出，这样才有钱购买种子和化肥。下面收获农场中的作物，并将其出售，其具体操作如下：

步骤 01 进入QQ农场，成熟的作物上将显示“可摘”提示信息，单击农场下方的“一键摘取”图标，此时鼠标变成，拖动鼠标到成熟农作物的上方，当呈高亮显示时，单击鼠标就能摘收所有成熟的果实，如图4-34所示。

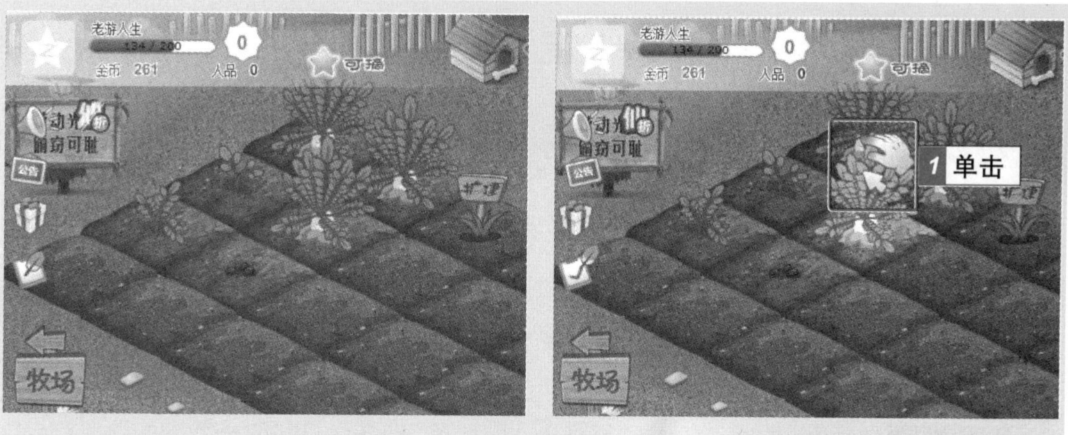

图4-34　摘取成熟作物

步骤 02 单击“仓库”图标，打开“仓库”对话框，在其中显示了收获的农作物以及农作物的总价值，单击卖出果实按钮，如图4-35所示。

步骤 03 打开“确认”对话框，单击确定按钮出售所有的农作物，如图4-36所示。

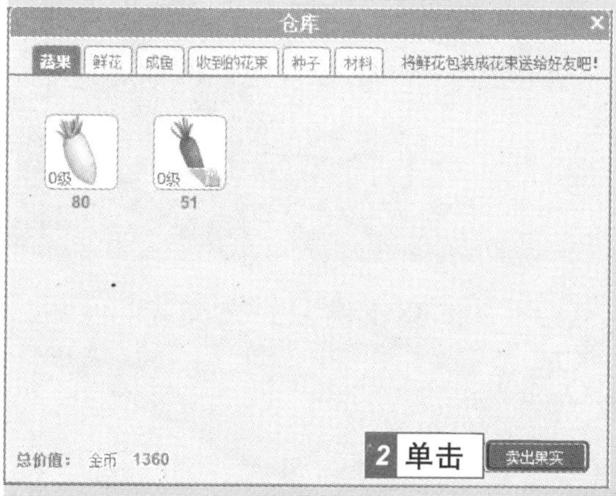

图4-35　查看收获的作物

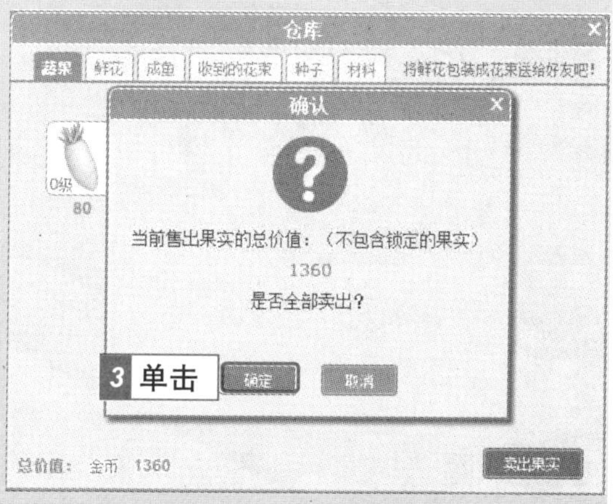

图4-36　卖出作物

步骤 04 返回到“仓库”对话框中，单击右上角的按钮关闭对话框即可。

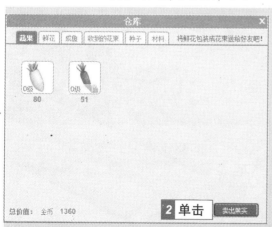

魔法档案——选择出售的农作物

如果不想将所有的作物卖掉，可以选择只卖出一部分。在打开仓库后，单击想卖作物的图标，在打开的“卖出果实”对话框的“卖出数量”文本框中设置数量，单击卖出按钮卖出选择的农作物。

4.2.5 到网友农场偷农作物

在QQ农场中，不仅可以摘取自己农场中的成熟作物，还可以偷取网友农场中的作物。下面在QQ空间中添加QQ农场应用，其具体操作如下：

步骤 01 单击右侧的QQ好友展开按钮，打开QQ好友列表，选择有图标的好友，如图4-37所示。

步骤 02 在打开的好友的QQ农场中单击“一键摘取”按钮，摘收已经成熟的果实，如图4-38所示。

图4-37 选择好友

图4-38 偷取好友果实

魔法档案——养鱼

当QQ农场到了一定等级后，便可在农场商店中购买鱼苗养在鱼塘中。养鱼的方法与种植农作物类似，等待鱼儿长大即可捞取升级。

4.3　简单易玩的网页游戏

爷　爷：小魔女，有没有什么简单易玩的小游戏呀！

小魔女：爷爷，为什么这么问呀？

爷　爷：天天玩同样的游戏，玩腻了，我想玩一些简单的小游戏。

小魔女：爷爷，网页中有很多小游戏，而且还是分类进行管理的。

爷　爷：真的？那你教我几个简单又好玩的小游戏吧！

小魔女：没问题，那我先教您青蛙祖玛和跳跳棋这两款游戏。

4.3.1　青蛙祖玛

青蛙游戏是祖玛游戏的一种，该游戏虽然简单，但能锻炼人的耐性，属于益智游戏，是很多中老年朋友喜欢的小游戏。该游戏的目标是在小球进入骷髅头之前清除所有小球。下面在4399游戏网页中玩青蛙祖玛，其具体操作如下：

步骤 01 在IE浏览器地址栏中输入4399小游戏网页的网址“http://www.4399.com”，进入网站首页，单击“益智”栏中的“祖玛”超链接，如图4-39所示。

步骤 02 在打开的祖玛游戏页面的“热门祖玛小游戏排行”列表框中单击“青蛙祖玛”图片超链接，如图4-40所示。

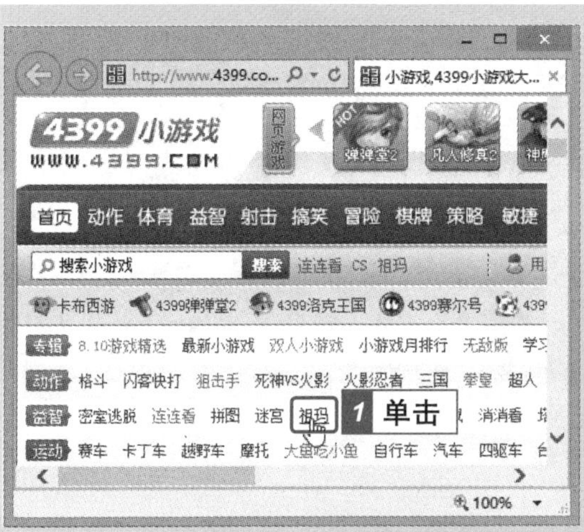

图4-39　单击“祖玛”超链接

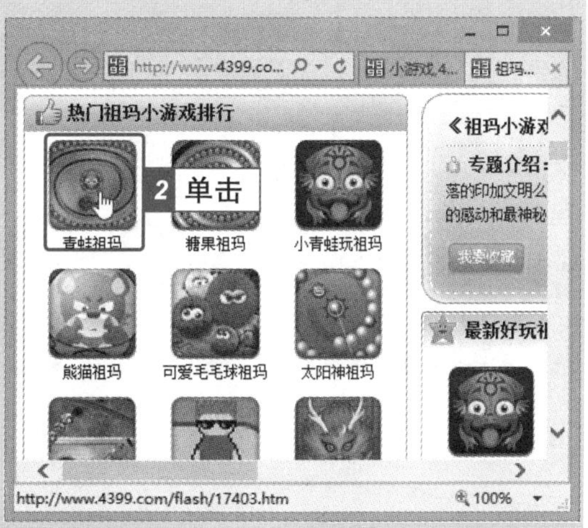

图4-40　选择青蛙祖玛

步骤 03 在打开的页面中开始加载青蛙游戏，加载完成后，在页面中单击如图4-41所示的按钮。

步骤04 在打开的页面中即可开始游戏。使用鼠标左键开始发射小球，当有3个以上相同颜色的小球相连接时便可消去，如图4-42所示。

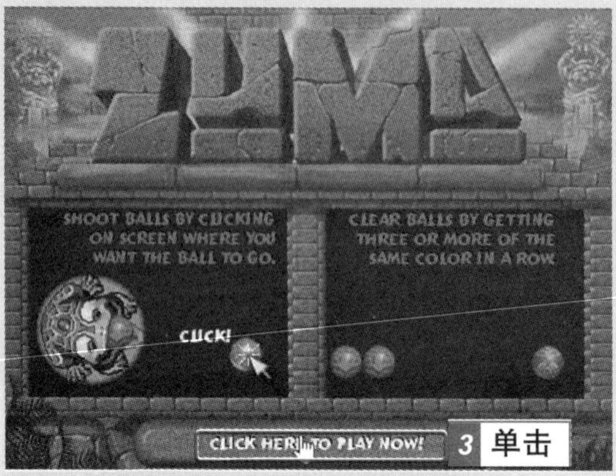

图4-41 单击按钮开始游戏

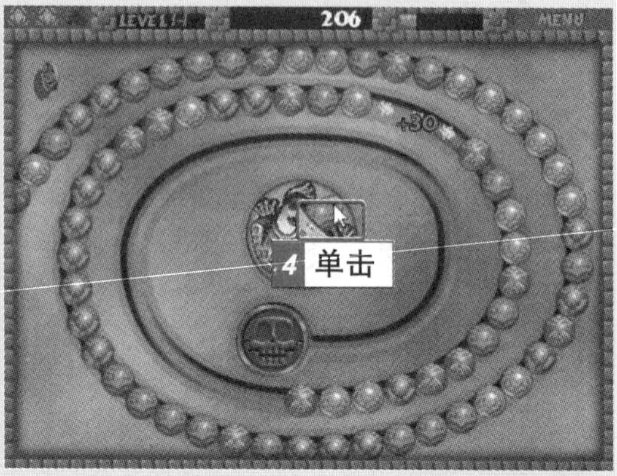

图4-42 发射小球

步骤05 直到游戏页面中发射的所有小球全部消除，才能获得胜利，胜利后会获取大量的币，如图4-43所示。

步骤06 完成后，在打开的面板中单击如图4-44所示的按钮即可开始下一关。如果不想开始下一关，直接关闭网页即可。

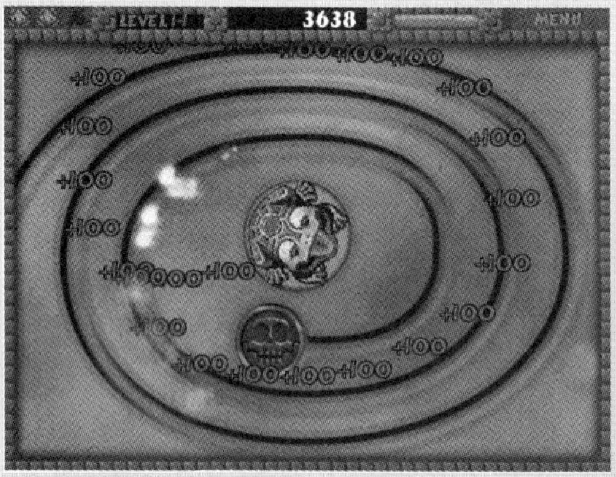

图4-43 获取胜利

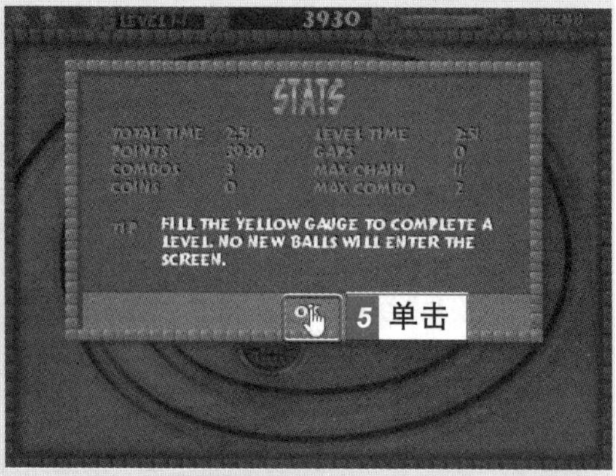

图4-44 单击按钮开始下一关

4.3.2 跳跳棋

跳跳棋属于棋牌游戏，相信很多中老年朋友小时候都玩过吧！跳跳棋的游戏规则也比较简单，打开游戏网页，在游戏页面中找到跳跳棋并单击，在打开的跳跳棋页面中单击开始游戏按钮，开始载入游戏，然后选择自己棋子的颜色和玩家人数，通过鼠标控制，走动自己的棋子，将自己的棋子全部跳到对面的相对位置就赢了，如图4-45所示。

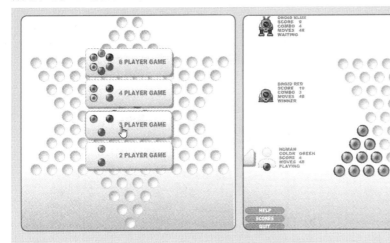

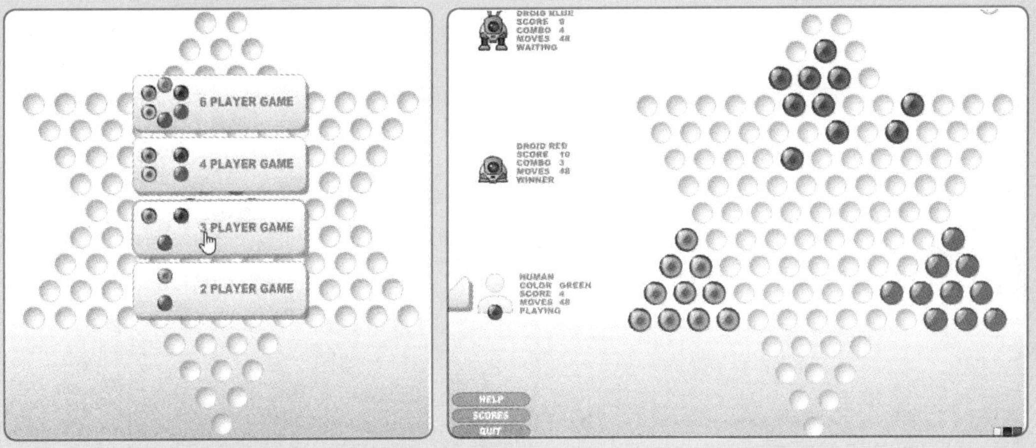

图4-45 玩跳跳棋

魔法档案——其他网页小游戏

每个游戏网页中都提供了很多小游戏，如连连看、找茬和斗地主等，而且每个游戏的进入方法都和祖玛、跳跳棋游戏的方法相同，您可以根据自己的喜好进行选择。

4.4 典型实例——收获并种植农场作物

爷 爷：小魔女，自从你教我如何玩QQ农场游戏后，现在我每天都会对我的农场进行管理。

小魔女：爷爷，是不是很有乐趣呀！

爷 爷：是呀！特别是当农场作物成熟、收获和偷取好友的农场作物时，有种说不出的快乐。

小魔女：呵呵，爷爷，我现在就在您的农场偷取成熟的农作物呢！

爷 爷：啊！我忘了，我得快点去收获，不然被好友偷完了。

其具体操作如下：

步骤 01 登录QQ并进入QQ空间首页，在左侧的“最近使用”栏中单击“QQ农场”超链接，如图4-46所示。

步骤 02 进入我的农场，在页面底部单击“一键摘取”图标，当鼠标变成形状时，拖动鼠标到成熟农作物的上方，当呈高亮显示时，单击鼠标收获成熟的作物，如图4-47所示。

图4-46 单击“QQ农场”超链接

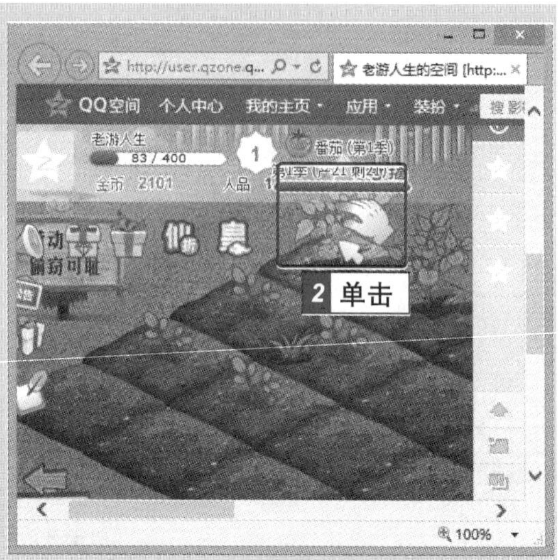

图4-47 收获成熟的作物

步骤 03 单击图标，此时鼠标变成“铲子”，移动鼠标到有枯枝的土地上，当呈高亮显示时，单击铲除枯萎的作物，如图4-48所示。

步骤 04 单击页面右侧的“商店”图标，打开“商店”对话框，选择“普通种子”选项卡，在其列表框中选择“白萝卜”选项，如图4-49所示。

图4-48 铲除枯萎作物

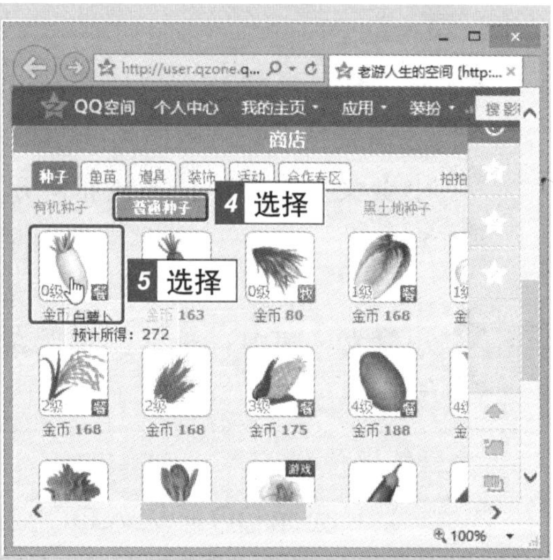

图4-49 选择购买的种子

步骤 05 打开“购买种子”对话框，在其中输入购买种子的数量，单击确定按钮，如图4-50所示。

步骤 06 单击图标，在打开的列表框中选择购买的种子，然后将鼠标移到空地上，当呈高亮显示时，单击鼠标即可播种，如图4-51所示。

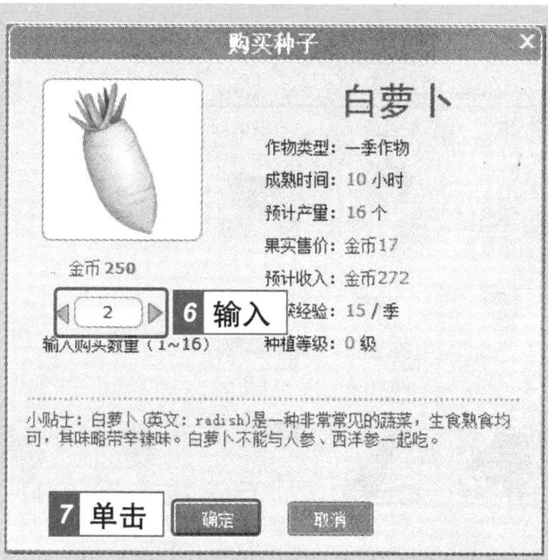

图4-50　购买种子

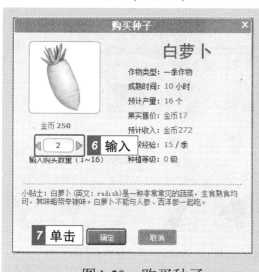

图4-51　播种

步骤 07 完成农场作物的收获与播种。

4.5　本章小结——玩转QQ空间其他游戏

爷　爷：小魔女，我觉得QQ空间中的游戏不仅好玩而且很有趣哟！要是多有几款游戏就好了。

小魔女：爷爷，QQ空间中的游戏不只我教您玩的那几款，还有很多呢！各种类型的游戏都有，如饲养动物、捕鱼等游戏。

爷　爷：真的吗？那你再教我几个好玩的游戏吧！

小魔女：那我就给您说说很多年轻人都在玩的QQ牧场和捕鱼大亨吧！

爷　爷：好呀！我也想见识一下。

第1招：开垦并管理牧场

在QQ空间除了可享受收获农作物的乐趣，还可享受养殖的乐趣。QQ空间中还有一款养殖动物的游戏——QQ牧场。在QQ农场中可以根据等级的高低来选择饲养的动物，其操作方法和QQ农场的操作基本相同，也需要先添加QQ牧场应用，然后进入到我的牧场购买饲养动物，如图4-52所示。

图4-52　QQ牧场

第2招：捕鱼大亨

在QQ空间中玩捕鱼大亨游戏，享受捕鱼的乐趣，虽然体会不到现实中捕鱼的那种乐趣，但也能给自己的晚年生活增添不少乐趣。其方法是：先添加捕鱼大亨应用，然后进入捕鱼页面，在鱼上单击鼠标即可，如图4-53所示。

图4-53　捕鱼

4.6　过关练习

（1）在电脑中安装QQ游戏大厅，先登录QQ游戏大厅，然后邀请好友一起玩QQ斗地主。

（2）管理自己的农场，然后收获成熟作物，并售出收获的农作物。

（3）在7k7k游戏网站“http://www.7k7k.com”中玩祖玛游戏。

Chapter 5

第5章

扩大视野——网上读书阅报新体验

爷　爷：小魔女，吃完饭下楼给我买份今天的报纸吧！

小魔女：爷爷，现在您电脑也会用了，还用得着买报纸吗？在网上就能阅读当天的报纸呀！

爷　爷：在网上还能看报？我还是第一次听说呢。

小魔女：呵呵，爷爷，在网上不仅能看报，还能免费看各种书籍以及各种类型的杂志呢。

爷　爷：真的吗？这么方便。

学习要点：

- 网上看报新时尚
- 网上看书不花钱
- 网上杂志随便看

5.1 网上看报新时尚

爷　爷：小魔女，你在干什么呢？我发给你的信息你怎么不回呀！

小魔女：我在网上看今天的报纸，没发现您给我发的信息。

爷　爷：你也喜欢看报纸呀！网上看报纸是怎么回事呀？

小魔女：纸质报纸上的新闻在网站中都能看到，且比纸质报纸更新的速度更快，有一些网站还提供电子版报纸，非常方便。

爷　爷：那快教我怎么操作吧！这样我就不用每天花钱买报纸了。

5.1.1 在人民网看新闻

电视和报纸报道的新闻，不一定全面，而且对于刚发生的新闻并不能在第一时间就能报道出来。所以对于经常关注新闻时讯的中老年朋友来说，通过各大新闻网站获取新闻信息是一个不错的选择，能快速获取最新的新闻信息。下面将以在人民网中看新闻为例介绍在网站中看新闻的方法，其具体操作如下：

步骤 01 在IE浏览器地址栏中输入人民网网址“http://www.people.com.cn”，单击→按钮，进入人民网首页。

步骤 02 在人民网中对新闻进行了分类排列，单击相应的超链接，即可进入到该类新闻页面，这里单击“奥运”超链接，如图5-1所示。

步骤 03 在打开的奥运新闻页面中又对新闻进行了分类，单击“中国”超链接，如图5-2所示。

图5-1　单击“奥运”超链接

图5-2　单击“中国”超链接

步骤 04 在打开的页面中显示了与奥运会相关的新闻，单击具体想要看的新闻，这里单击“刘翔手术成功结束”超链接，如图5-3所示。

步骤 05 在打开的网页中即可浏览相关主题的新闻内容，如图5-4所示。

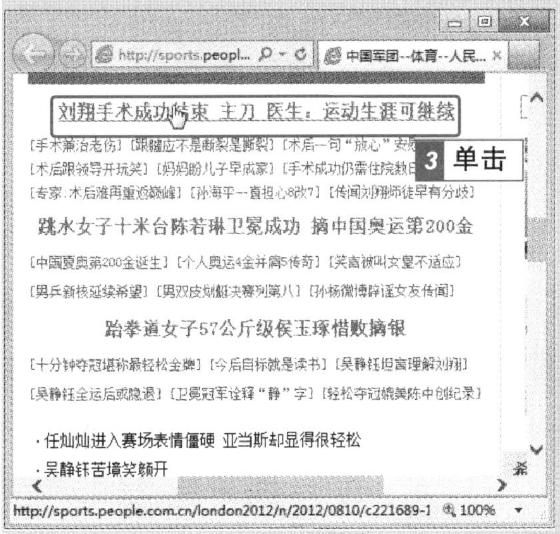

图5-3　单击想查看的新闻

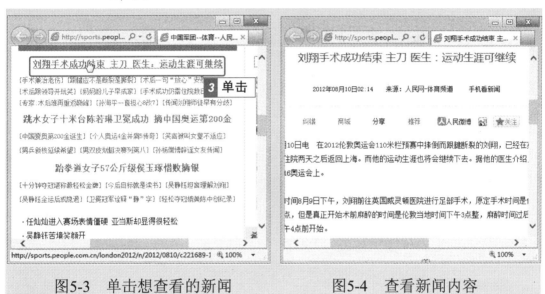

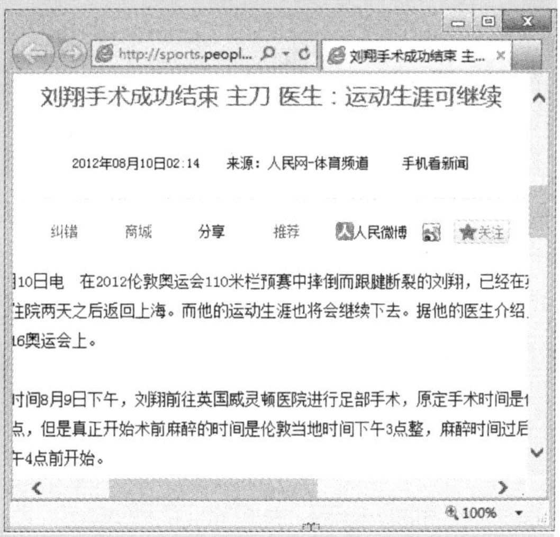

图5-4　查看新闻内容

魔法档案——在人民网中查看地方新闻

在人民网首页单击“地方”超链接，在打开的网页“地方频道”版块中显示了中国各省名称，单击相应的超链接，即可在打开的网页中查看相应的地方新闻。

5.1.2　在百度新闻网页中搜索并浏览新闻

通过网站浏览新闻，您可能会觉得需要花费很长的时间才能找到自己想要关注的新闻，这时可以通过关键字搜索的方式来搜索相关的新闻内容，不仅可以提高速度，还可以提高搜索的准确性。下面介绍在百度新闻网页中搜索并浏览新闻的方法，其具体操作如下：

步骤 01 在IE浏览器地址栏中输入百度网址“http://www.baidu.com”，单击→按钮，打开百度首页。

步骤 02 单击“新闻”超链接，进入百度新闻首页，在新闻搜索框中输入需搜索的关键字/词“2012奥运会金牌榜排名”，如图5-5所示。

步骤03 单击 百度一下 按钮，在打开的页面中显示了搜索的结果，单击第一个结果的标题文本超链接，如图5-6所示。

图5-5 单击想查看的新闻

图5-6 查看新闻内容

步骤04 在打开的页面中可看到奥运会的排名情况，如图5-7所示。

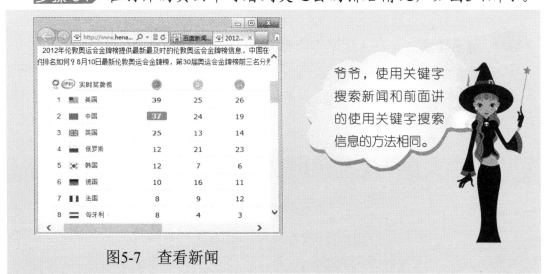

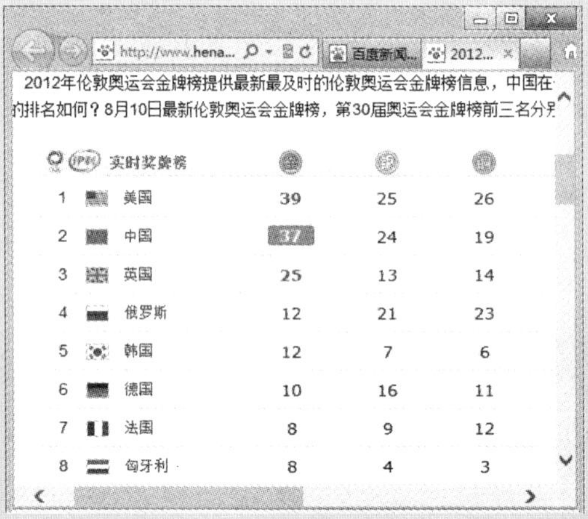

图5-7 查看新闻

爷爷，使用关键字搜索新闻和前面讲的使用关键字搜索信息的方法相同。

5.1.3 在线阅读电子报刊

虽然可以在各大新闻网站中浏览各种新闻，但对于已把看报作为一种生活习惯的中老年朋友来说，报纸并不能轻易被替代。现在网上提供了电子版报纸，您可以通过相应的网站免费阅读报纸，既省钱又省心。下面在ABBAO网站中阅读《成都商报》，其具体操作如下：

步骤 01 在IE浏览器地址栏中输入ABBAO网站网址“http://www.abbao.cn”，单击➜按钮，打开ABBAO网站首页。

步骤 02 将鼠标光标移动到需要阅读报纸的图片上，图片将被放大显示，单击报纸对应的图片超链接，如图5-8所示。

步骤 03 在打开的页面中显示了《成都商报》当天的版面，单击报纸对应的图片超链接，这里单击“第06版”图片超链接，如图5-9所示。

图5-8　单击报纸图片超链接

图5-9　单击报纸版面超链接

步骤 04 在打开的版面中可浏览相关版面的内容，如图5-10所示。

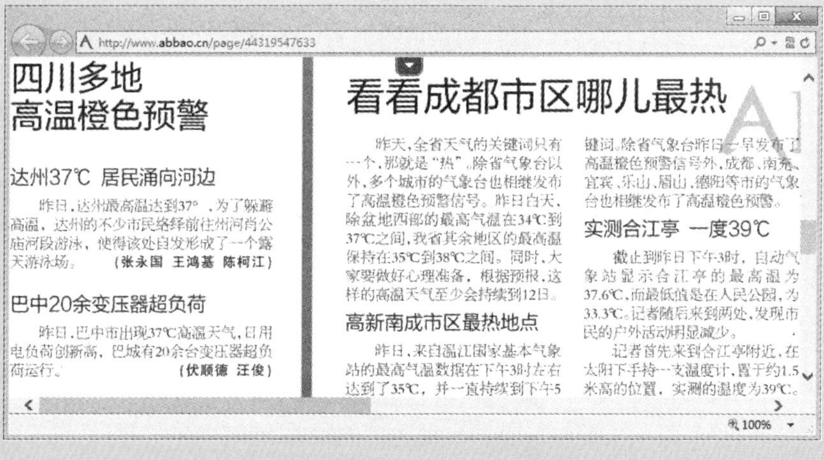

图5-10　阅读版面新闻

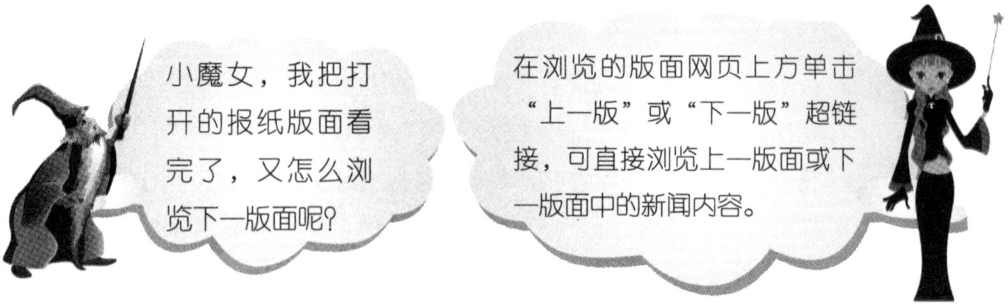

小魔女，我把打开的报纸版面看完了，又怎么浏览下一版面呢？
在浏览的版面网页上方单击“上一版”或“下一版”超链接，可直接浏览上一版面或下一版面中的新闻内容。

晋级秘诀——搜索需要查看的报纸

在ABBAO网站首页的搜索文本框中输入您想阅读的报纸名称，如“扬子晚报”，然后单击按钮，在打开的页面中显示了搜索的结果，单击相应的图片超链接即可开始进行阅读。

5.2 网上看书不花钱

爷　爷：小魔女，在网上能看免费的报纸，是不是也可以看免费的书籍呢？

小魔女：爷爷，当然可以，网上有很多提供在线看电子书籍服务的网站，其中包含了丰富的文学名著和网民原创作品等，只要是您想看的，基本上都能找到。

爷　爷：真的吗？我早就想看原版的《三国演义》了，可逛了很多书店都买不到。

小魔女：爷爷，买不到没关系，我马上就带您去网上看您想看的书。

5.2.1 在起点中文网中看军事作品

很多中老年朋友对历史、军事等书籍非常感兴趣，但书店中出售的相关书籍并不全面，而且更新速度不如网络。要想阅读最新的军事作品，通过网络是最方便的，也是最快的。下面在起点中文网中看最新的军事作品，其具体操作如下：

步骤 01 在IE浏览器地址栏中输入起点中文网网址“http://junshi.

qidian.com”，单击→按钮，打开军事频道首页。

步骤 02　在网页中单击显示的作品对应的文本或图片超链接，这里单击“旌旗”图片超链接，如图5-11所示。

步骤 03　在打开的网页中显示了该作品相关的信息，单击左侧的 点击阅读 按钮，如图5-12所示。

图5-11　单击图片超链接

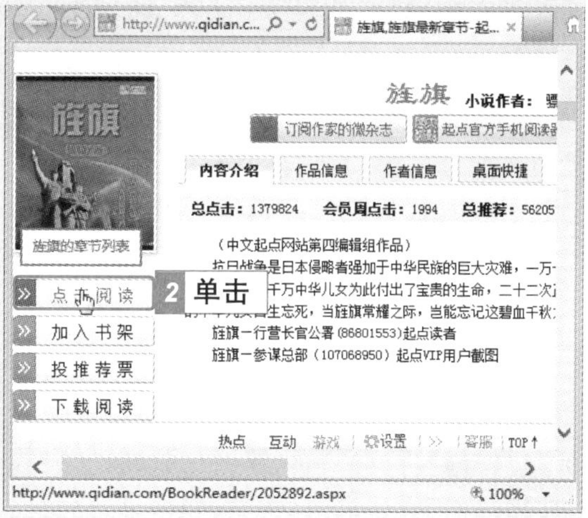

图5-12　单击按钮

步骤 04　在打开的网页中单击“第一章　9月16日”超链接，如图5-13所示。

步骤 05　在打开的网页中即可从该作品的第一章开始阅读，如图5-14所示。单击网页下方的“下一章”超链接，即可进入到下一章的阅读页面。

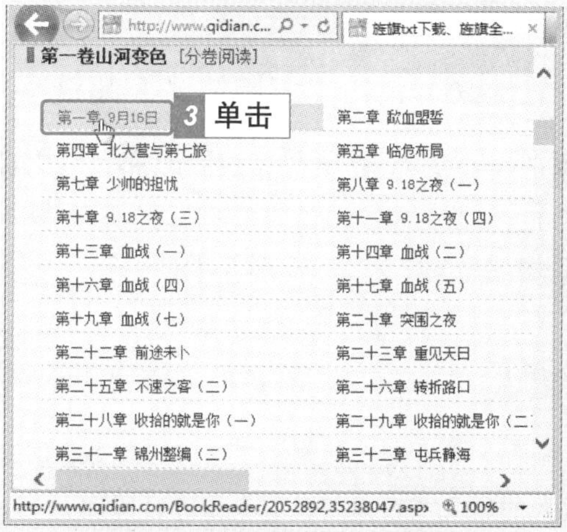

图5-13　单击文本超链接

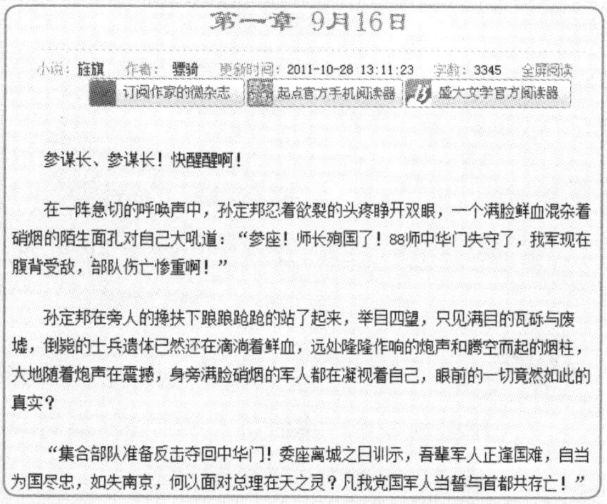

图5-14　阅读作品

5.2.2 在天涯在线书库中看古典文学

随着时间的流逝，很多古典文学在书店中基本买不到了，对于怀旧的中老年朋友来说，要想看古典文学作品就只有在网络上进行搜索阅读了。下面在天涯在线书库中看《三国演义》，其具体操作如下：

步骤 01 在IE浏览器地址栏中输入天涯在线书库网址“http://www.tianyabook.com”，单击→按钮，打开网站首页。

步骤 02 在网页下方的列表框中单击“古典文学”超链接，如图5-15所示。

步骤 03 在打开的网页中显示了书库中提供的古典文学书籍的名称，在“古典小说”列表框中单击“三国演义”超链接，如图5-16所示。

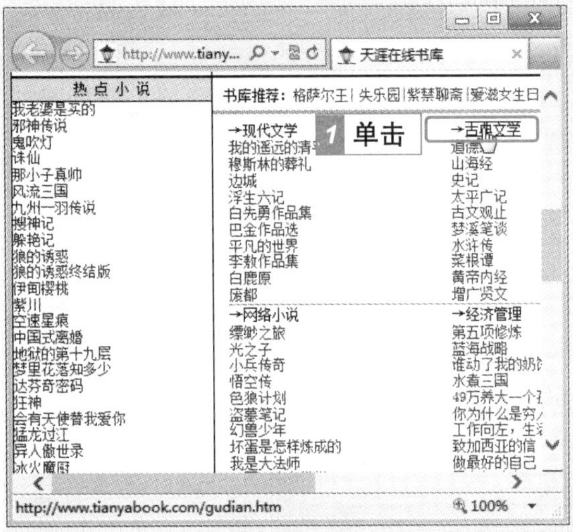

图5-15 单击文本超链接

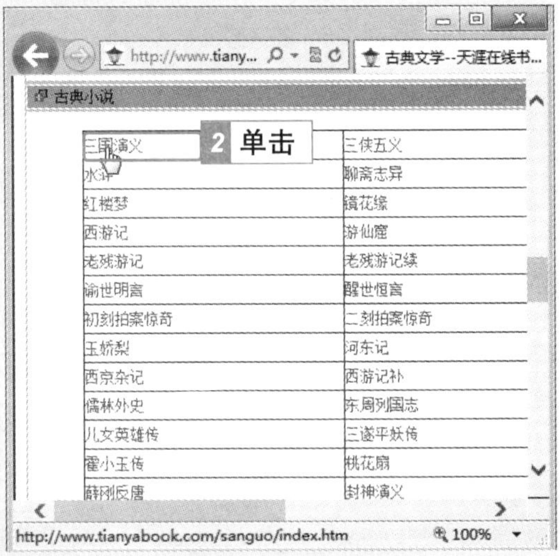

图5-16 单击“三国演义”超链接

步骤 04 在打开的页面中显示了该作品的完整章节，单击第一回的文本超链接，如图5-17所示。

步骤 05 在打开的页面中即可阅读相关的内容，如图5-18所示。

魔法档案——查看其他类型的文学作品

“天涯在线书库”中的所有书都是进行分类管理的，要想查看其他类型的文学作品，可在天涯在线书库首页单击相应的超链接，在打开的网页中选择相应的作品进行阅读。

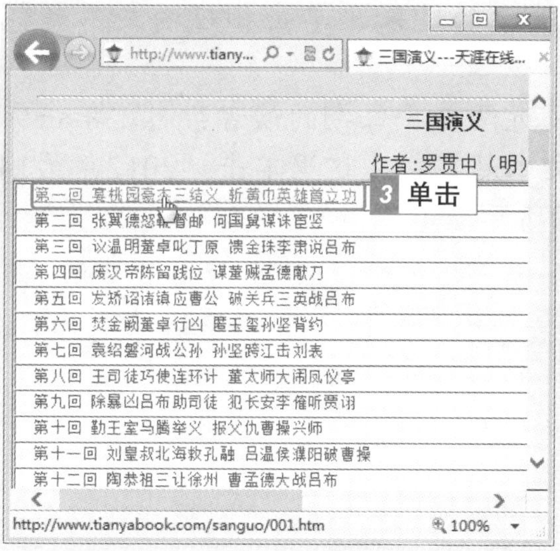

图5-17 单击文本超链接

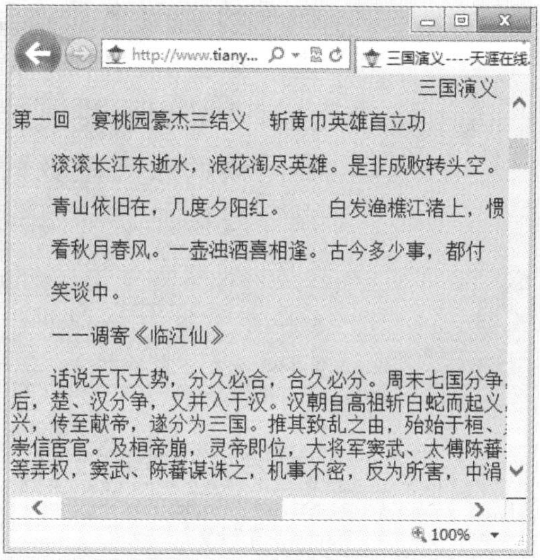

图5-18 阅读作品

5.3 网上杂志随便看

小魔女：爷爷，我最近很少看到您上网，您很忙吗？

爷　爷：嘿嘿，不瞒你说，我最近迷上了钓鱼，每天都会约朋友一起去钓鱼，但我的技术太差了，很多时候都是空手而归。

小魔女：爷爷，您可以在网上看一些关于钓鱼方面的杂志了，可能会对您有所帮助。

爷　爷：在网上也能看杂志吗？

小魔女：是呀！您可以通过百度直接搜索想要看的杂志名称，也可以在一些专门的杂志电子网中进行查看，下面就带您一起去看网上杂志，来提升钓鱼的技术。

5.3.1 搜索喜欢的杂志并阅读

很多中老年朋友除了看报、看书外，还喜欢阅读某类杂志。其实在网上也可以搜索到自己喜欢的杂志并进行阅读。下面以在百度首页中搜索“读者”杂志为例介绍在网上搜索杂志并阅读的方法，其具体操作如下：

步骤 01 在IE浏览器地址栏中输入百度网网址“http://www.baidu.com”，单击→按钮，打开百度首页。

步骤 02 在搜索文本框中输入“读者杂志”，单击 百度一下 按钮，在打开的页面中显示了搜索的结果，单击相应的文本超链接，如图5-19所示。

步骤 03 在打开的网页中显示了近两三年每期的读者杂志，单击需要阅读的杂志期数的文本超链接，这里单击“2012年第14期”超链接，如图5-20所示。

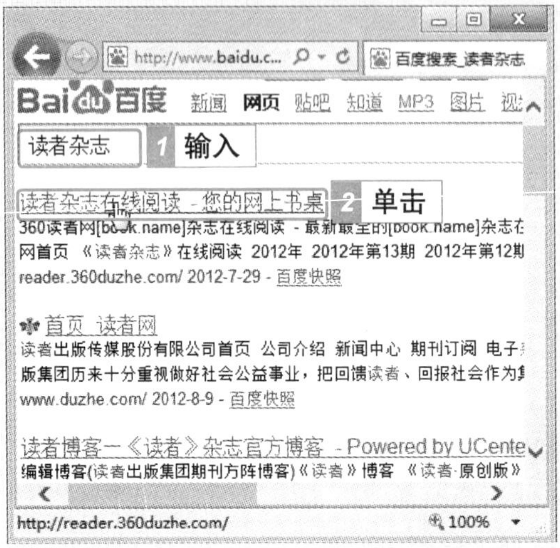

图5-19　单击文本超链接

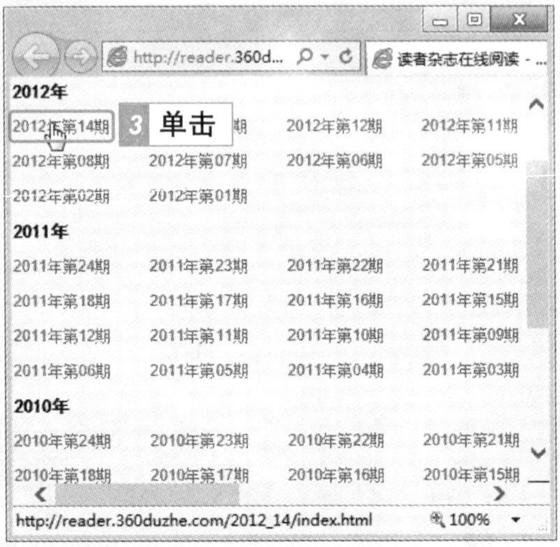

图5-20　单击文本超链接

步骤 04 在打开的页面中显示了本期读者杂志的相关内容的标题，单击“珍惜读不懂的书”超链接，如图5-21所示。

步骤 05 在打开的页面中显示了相应内容，可进行阅读，如图5-22所示。

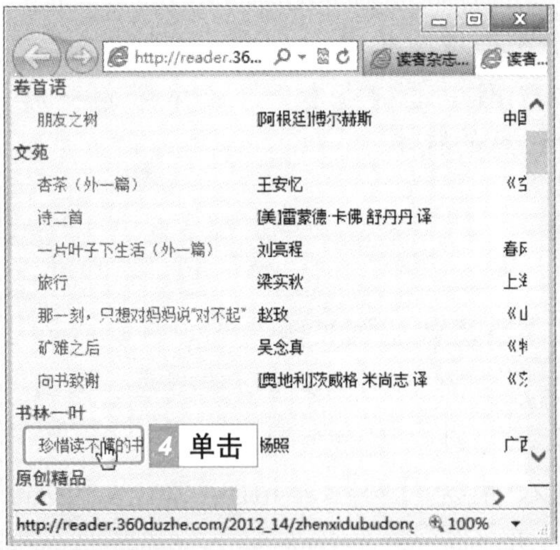

图5-21　单击文本超链接

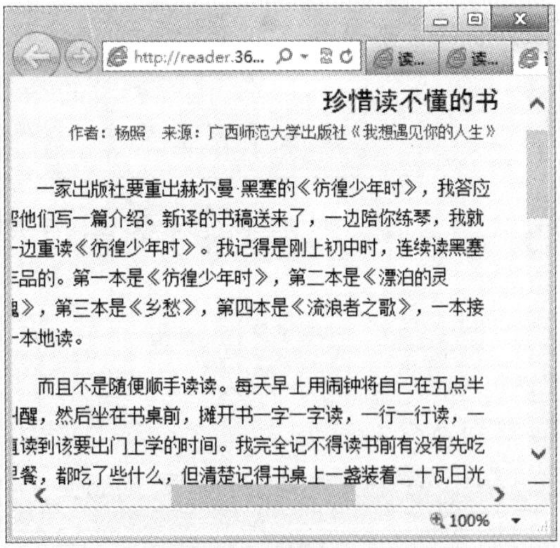

图5-22　阅读杂志内容

5.3.2　在线在电子杂志网中翻阅杂志

在线翻阅杂志和在线看书、看报的方法类似，主要是通过单击超链接或按钮来完成的。下面在ZCOM电子杂志网中翻阅杂志，其具体操作如下：

步骤 01 在IE浏览器地址栏中输入ZCOM电子杂志网网址“http://www.zcom.com”，单击→按钮，进入网站首页。

步骤 02 将鼠标光标移动到“全部杂志”栏的“户外运动”超链接上，在弹出的列表中将显示该分类中的杂志名称超链接，单击“钓鱼翁”超链接，如图5-23所示。

步骤 03 在打开的网页中显示了最新一期的《钓鱼翁》杂志，单击立即阅读按钮，如图5-24所示。

图5-23　单击文本超链接

图5-24　单击“立即阅读”按钮

步骤 04 在打开的页面中单击在线阅读按钮，如图5-25所示。

步骤 05 在打开的网页中即可开始翻阅杂志，如图5-26所示。

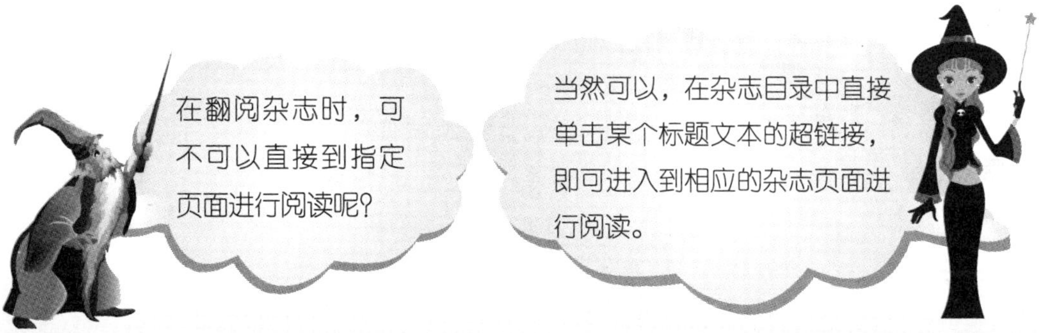

在翻阅杂志时，可不可以直接到指定页面进行阅读呢？
当然可以，在杂志目录中直接单击某个标题文本的超链接，即可进入到相应的杂志页面进行阅读。

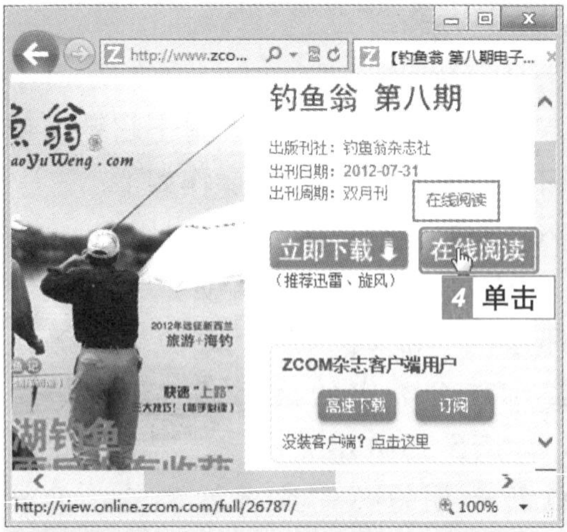

图5-25 单击“在线阅读”按钮

图5-26 翻阅杂志

晋级秘诀——下载杂志

在线阅读杂志时会受到网速的影响，要想更方便地翻阅自己喜欢的杂志，可以将其下载到电脑中。其方法是：在图5-25的页面中单击立即下载按钮，在打开的下载对话框中设置保存的位置，并进行下载即可。

5.4 典型实例——在同一个网站中看新闻和书

小魔女：爷爷，在网上看书读报的感觉怎么样呀？

爷　爷：在网上看书读报都非常方便、时尚，而且网上可阅读的书籍很多，是很多大型书店都无法比拟的。

小魔女：爷爷，您有没有尝试过在同一个网站中看新闻和看书呢？

爷　爷：没试过，但要是真的能实现在同一个网站中看新闻和看书，那就好了，这样就不用打开过多的网站了。

小魔女：爷爷，现在有些新闻网站既提供了新闻频道，也提供了读书频道，如凤凰网。

爷　爷：要想在新闻网站中看书那要如何操作呢？

小魔女：在新闻网站中看书和在专业阅读书籍的网站中看书的操作一样。

爷　爷：那我就试试在凤凰网中看新闻和看书。

其具体操作如下：

步骤 01 在IE浏览器地址栏中输入凤凰网网址“http://news.ifeng.com”，单击→按钮，进入凤凰网首页。

步骤 02 在打开的页面上单击“财经”超链接，如图5-27所示。

步骤 03 在打开的财经新闻网页中选择需要查看的新闻，这里单击如图5-28所示的新闻文本超链接。

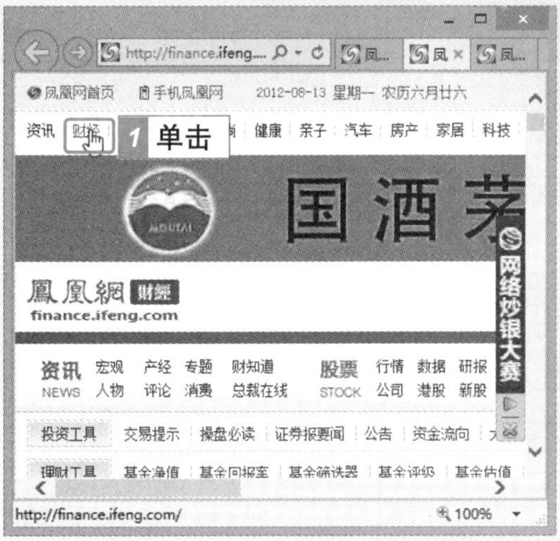

图5-27 单击文本超链接

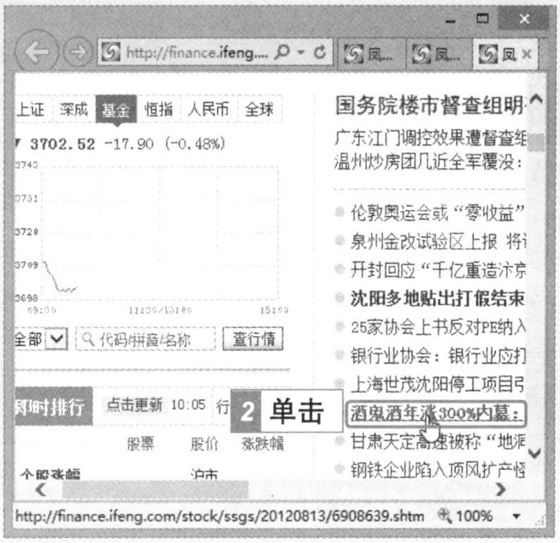

图5-28 单击文本超链接

步骤 04 在打开的网页中可查看新闻的具体内容，如图5-29所示。

步骤 05 查看完成后，返回凤凰网首页，单击“读书”超链接，如图5-30所示。

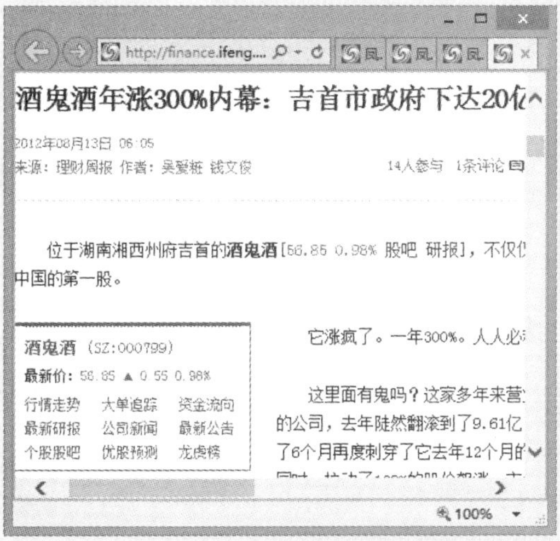

图5-29 查看新闻详情

图5-30 单击“读书”超链接

步骤 06 在打开的凤凰网读书页面中选择需要看的书的类型，这里单击“图书”栏中的“生活”超链接，如图5-31所示。

步骤 07 在打开的页面中显示了搜索的结果，选择需要阅读的书籍，这里单击“时光流逝后的再见”超链接，如图5-32所示。

图5-31 单击文本超链接

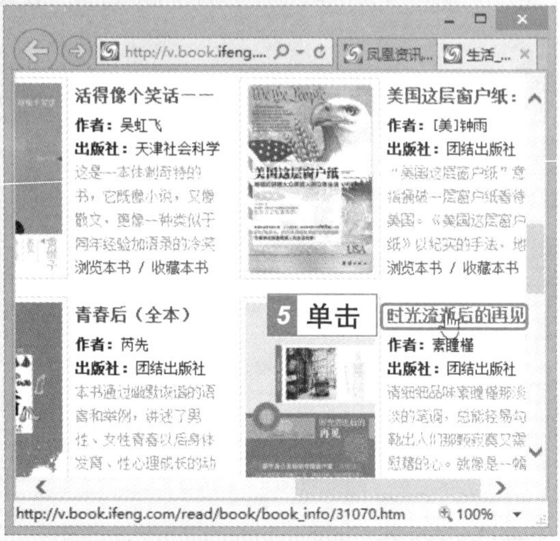

图5-32 选择需要阅读的书籍

步骤 08 在打开的网页中显示了该图书的相关信息，单击“1.疼，指尖知道（1）”超链接，如图5-33所示。

步骤 09 在打开的页面中即可开始进行阅读，如图5-34所示。

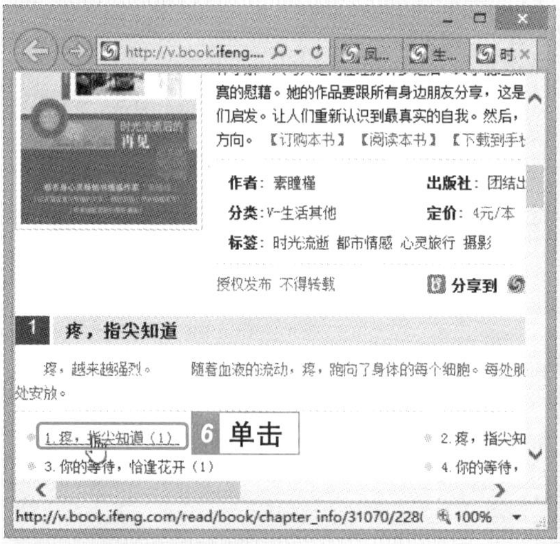

图5-33 单击要阅读的章节

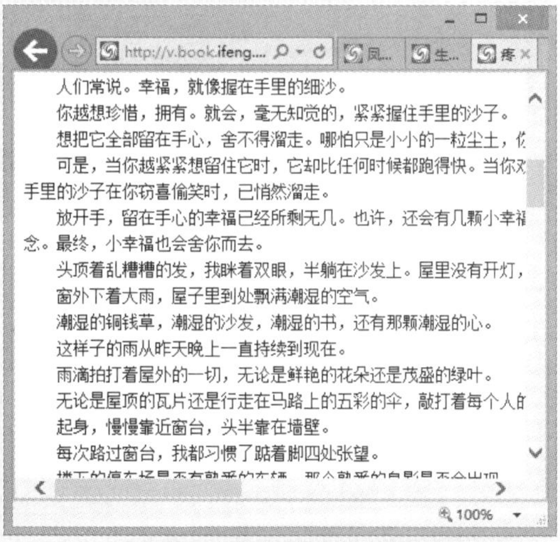

图5-34 阅读书籍

步骤 10 阅读完成后，在该页面中单击 下一章 按钮进入到下一章。

5.5 本章小结——网上读书阅报技巧

爷　爷：小魔女，我虽然掌握了网上读书阅报的知识，但还是会遇到一些问题，如怎样才能快速搜索到自己喜欢的书籍等。

小魔女：爷爷，会遇到问题是很正常的，我也不可能把所有的知识都给您讲到。这样吧！我再教您一些在网上读书阅报的技巧吧！

爷　爷：好呀！那赶快吧！

第1招：快速搜索需要阅读的报纸或书籍

在网上阅读报纸或书籍时，如果您知道想要阅读的报纸或书籍的名称，在打开的网页中不用分类进行选择，可以在打开的搜索网页中直接输入需要搜索的报纸、书籍的名称，在打开的页面中选择需要阅读的作品即可，如图5-35所示。

图5-35　快速搜索杂志

第2招：在阅读时快速翻页

在网上阅读书籍或杂志时，经常会需要翻页进行查看，很多网站都提供了翻页的功能，用鼠标单击相应的按钮或文本超链接就能翻到下一页。但有些老年朋友会觉得用鼠标单击很麻烦，这时也可利用键盘上的方向键快速进行翻页。

5.6 过关练习

（1）通过网络搜索《南方都市报》，并对其进行阅读，如图5-36所示。

图5-36　搜索并阅读《南方都市报》

（2）在天涯在线书库中查找并阅读自己喜欢的书籍。

（3）在ZCOM电子杂志网（http://www.zcom.com）中查看《百家讲坛》杂志中的文章，如图5-37所示。

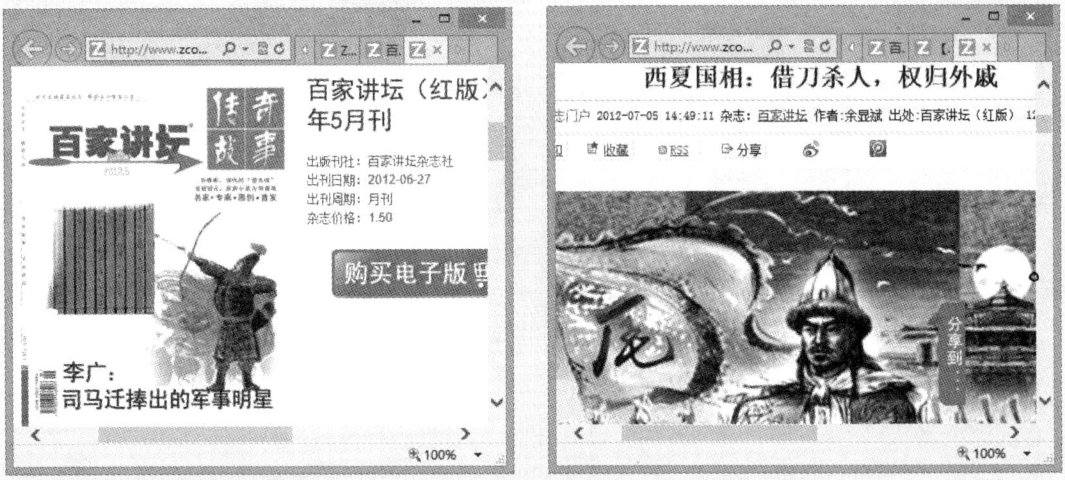

图5-37　阅读杂志

Chapter 6

第6章

谈天论地——在博客中畅所欲言

爷　爷：小魔女，在干什么呢？

小魔女：爷爷，我正在QQ空间中发表心情呢。

爷　爷：小魔女，QQ空间中不是只能玩游戏吗？

小魔女：爷爷，您可不要小看QQ空间哟！在其中不仅可以发表自己的心情，还能将自己的照片上传到QQ空间供好友查看呢！和博客的功能一样强大。

爷　爷：QQ空间都不知道怎么用，更何况博客了。

学习要点：

- 在QQ空间中展示自己
- 在博客中发表日志

6.1 在QQ空间中展示自己

小魔女：爷爷，QQ空间就是在您成功申请QQ账号时就为您开通的一个博客空间，在QQ空间中可通过多种方式来展示自己。

爷　爷：真的吗？那可以通过哪些方式来展示自己呢？

小魔女：可以通过发表心情、日志以及上传自己的照片等多种方式来展示自己。

爷　爷：听起来很有意思，那你快教我怎么操作吧！

小魔女：好呀！下面就从装扮QQ空间开始学起。

6.1.1 装扮QQ空间

进入QQ空间后，您可以根据自己的喜好来设置QQ空间的背景、小挂件等，从而使QQ空间更具特色，体现出自己的风格。下面介绍装扮QQ空间的方法，其具体操作如下：

步骤 01 登录到自己的QQ，在QQ工作界面中单击“QQ空间信息中心”按钮，进入到QQ空间，在页面顶部单击装扮按钮，如图6-1所示。

步骤 02 进入空间装扮页面后选择“装扮商城”选项卡，在打开的页面中选择自己喜欢的样式，这里选择“奥运健儿”选项，如图6-2所示。

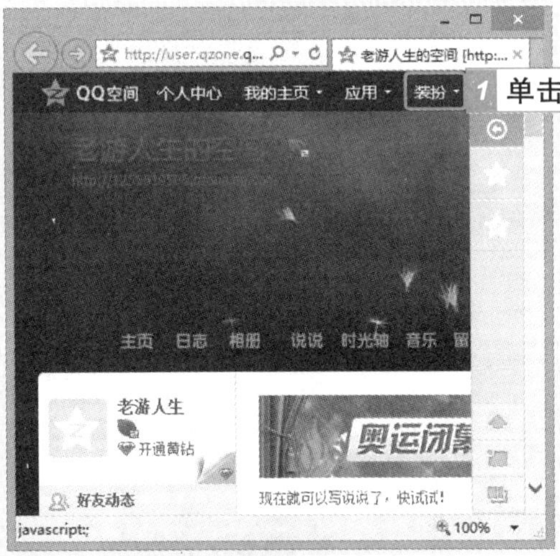

图6-1　单击按钮

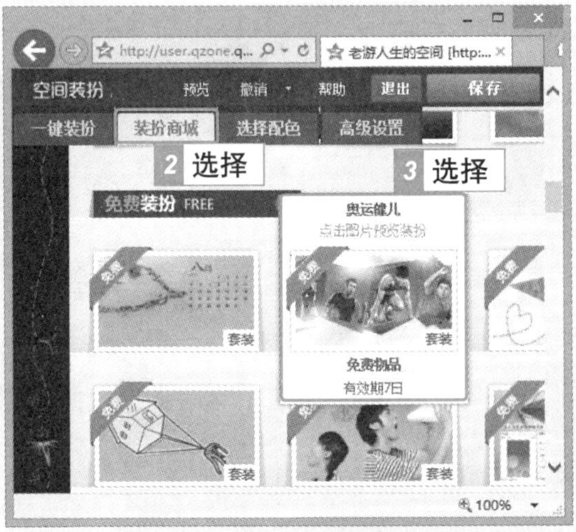

图6-2　选择喜欢的样式

步骤 03　选择“选择配色”选项卡，在打开的页面中选择“薰衣紫”选项，如图6-3所示。

步骤 04　完成装扮，单击 保存 按钮，返回QQ空间首页，即可看到装扮后的效果，如图6-4所示。

图6-3　选择配色选项

图6-4　查看效果

6.1.2　更改QQ空间头像

要想通过空间展示自己，让自己的QQ空间与众不同，QQ空间头像的更改是必不可少的。QQ空间默认的头像是一个人形背景图片，可将其更改为自己的照片或自己喜欢的图片。下面将默认的QQ空间头像更改为自己喜欢的图片，其具体操作如下：

步骤 01　在QQ空间中单击左上角默认的头像图片超链接，如图6-5所示。

步骤 02　打开“修改形象”对话框，默认选择“上传照片”选项卡，单击 浏览 按钮，如图6-6所示。

晋级秘诀——选择QQ空间相册中的图片作为QQ头像

在“修改形象”对话框中选择“相册中选择”选项卡，在“请选择您的相册”列表框中选择图片所在的相册，在打开的列表中选择需要的图片，单击 确认 按钮，然后对选择的图片进行设置即可。关于相册图片的来源和上传图片的方法将在后面详细讲解。

图6-5　单击图片超链接

图6-6　单击“浏览”按钮

步骤 03 在打开对话框的“查找范围”下拉列表中选择图片所在的位置，在中间的列表框中选择“水墨画”图像文件，单击 打开(O) 按钮，如图6-7所示。

步骤 04 打开“修改形象照片”对话框，将鼠标指针移动到中间的图片上，拖动鼠标移动图片，将需要的部分显示出来，然后单击 继续 按钮，如图6-8所示。

图6-7　选择图片

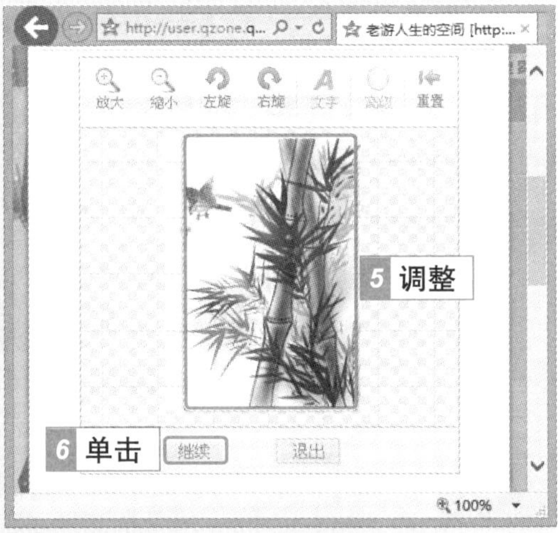

图6-8　调整图片

步骤 05 稍后对话框中提示形象制作成功并成功保存信息，如图6-9所示。

步骤 06 单击对话框右上角的×按钮关闭该对话框，返回QQ空间首页，即可看到修改的头像效果，如图6-10所示。

图6-9 查看提示信息

图6-10 查看修改的头像效果

6.1.3 发表自己的心情

在QQ空间中也可以用一些简短的文字记录自己每天的心情和感想，让自己的QQ好友能了解自己每天的心情。在QQ空间发表自己心情的方法是：进入QQ空间，将鼠标光标定位到心情的文本框中，在其中写下自己的心情，单击 按钮，稍后将显示发送成功的提示信息，并在下方显示自己发表的心情，如图6-11所示，此心情将被QQ好友通过QQ工作界面和空间查看到。

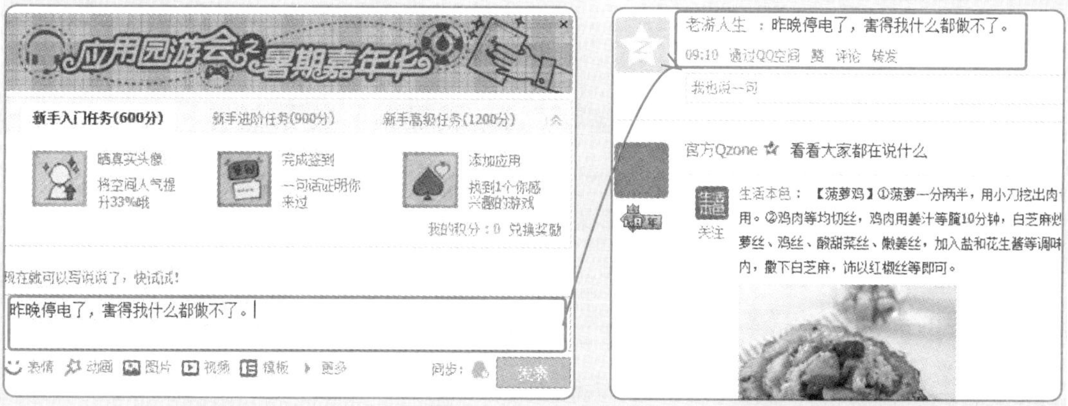

图6-11 发表心情

晋级秘诀——查看好友发表的心情并回复

在自己的QQ空间中也可查看好友发表的心情，在好友发表的心情下方的文本框中输入回复的内容，单击 按钮即可进行回复。

6.1.4 发表日志

每当对生活有所领悟或近期发生了什么重要事情后，很多中老年朋友都习惯将其记录在日记本上。但日记本不易保存，而且不能和朋友一起分享，这时就可在QQ空间中发表日志，不仅可以长时间进行保存，还能与好友一起分享。下面在QQ空间中发表日志，其具体操作如下：

步骤 01 在QQ空间上方单击“日志”超链接，在打开的页面中单击 按钮，如图6-12所示。

步骤 02 将鼠标光标定位到“请在这里输入日志标题”文本框中输入日志标题，按【Enter】键分段，再在鼠标光标处输入日志内容，单击 按钮，如图6-13所示。

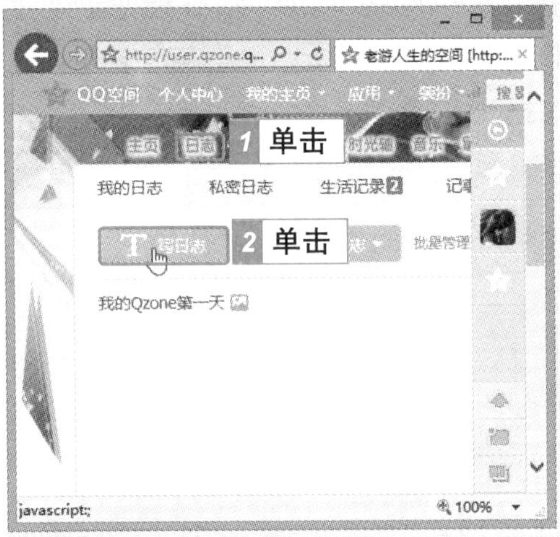

图6-12 单击“写日志”按钮

图6-13 发表日志

步骤 03 稍后在打开的页面中将显示发表成功的提示信息，如图6-14所示。单击 按钮，可继续撰写并发表日志，单击“返回并查看日志”超链接可返回查看发表的日志。

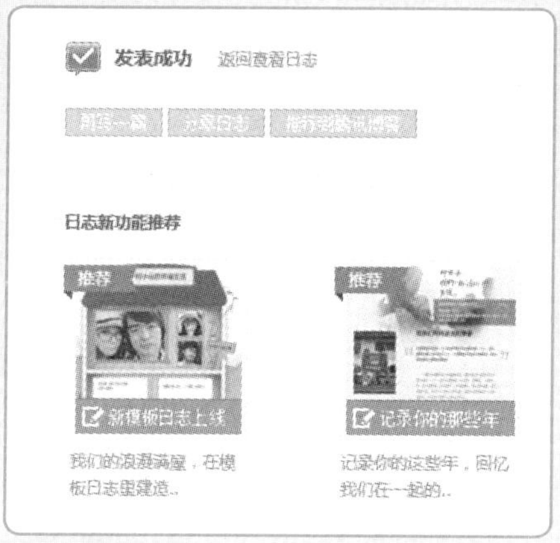

图6-14　成功发表日志

晋级秘诀——查看好友日志

在自己的QQ空间中也可查看到好友发表的日志。其方法是：在QQ空间上方单击“日志”超链接，在打开的页面中选择“好友日志”选项卡，在其下方的列表框中即可显示好友发表的日志，单击好友对应的超链接，即可显示该好友的日志并进行阅读。

6.1.5　上传照片

在QQ空间中还可以上传自己或亲友的照片，与好友一起分享照片记录的美好时刻。下面在QQ空间中上传孙子的照片，其具体操作如下：

步骤 01　在QQ空间上方单击“相册”超链接，在打开的页面中单击 上传照片 按钮，如图6-15所示。

步骤 02　在打开的页面中单击“创建相册”超链接，如图6-16所示。

图6-15　单击上传照片按钮

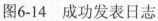

图6-16　单击文本超链接

步骤 03 打开“创建相册”对话框，在“相册名称”文本框中输入“可爱孙子”，在“相册描述”文本框中输入对照片的描述，在“在QQ空间权限”下拉列表中选择“仅主人可见”选项，单击 确定 按钮，如图6-17所示。

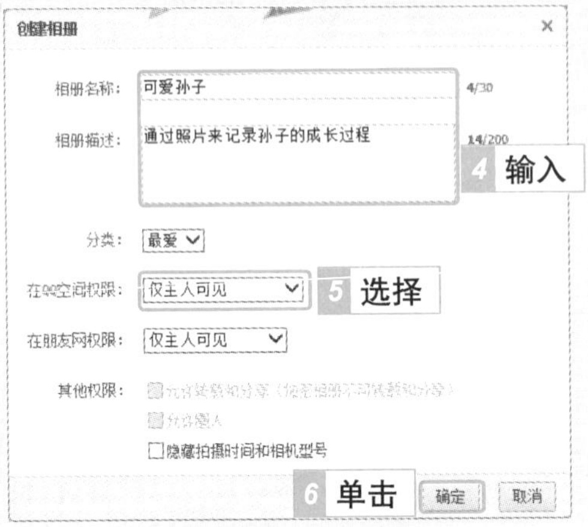

图6-17 创建相册

爷爷，在设置QQ空间权限时可以根据自己的想法来选择不同的选项。

步骤 04 返回上传照片页面，单击 添加照片 按钮，打开“添加照片”对话框。

步骤 05 在左侧窗格中选择要上传照片所在的位置，这里选择“D盘”，在展开的选项中选择“可爱孙子”文件夹，在右侧将显示该文件夹中的所有图片。

步骤 06 选中上方的 ☑全选 复选框，该文件夹中的所有图片都将被选择，单击 添加 按钮，如图6-18所示。

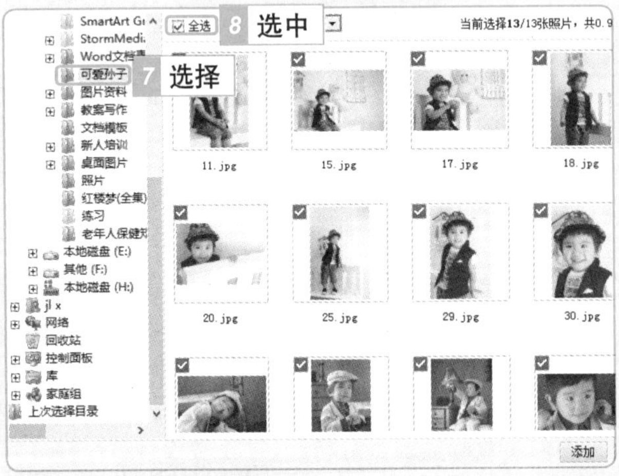

图6-18 选择要上传的照片

晋级秘诀——选择照片

选择照片时，您可以根据需要选择连续的或不连续的多张图片。选择连续的多张图片时，需按住【Shift】键单击鼠标进行选择；选择不连续的图片时，需按住【Ctrl】键单击鼠标进行选择。

步骤 07　在打开的页面中将显示添加的照片文件，单击 开始上传 按钮，如图6-19所示。

步骤 08　系统开始上传照片，上传完成后，将打开“上传完成”对话框，单击 完成 按钮。

步骤 09　在打开的页面中可为上传的照片添加名称、描述等信息，也可直接单击 保存(S) 按钮保存相册，如图6-20所示。

图6-19　上传照片

图6-20　保存相册

步骤 10　稍后在打开的页面中将显示“添加照片信息完成”的提示信息，如图6-21所示。

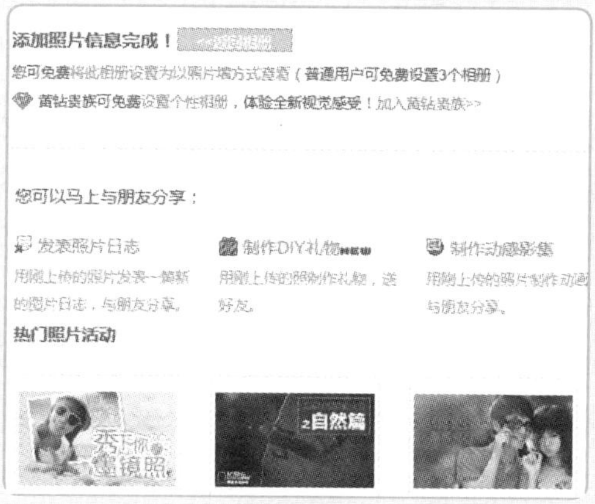

图6-21　显示提示信息

魔法档案——填写照片信息

当上传照片成功后，在保存相册页面中可为上传的所有照片添加“名称”和“描述”信息，也可为每一张照片单独添加“名称”和“描述”信息。

步骤 11　单击 <<返回相册 按钮，在打开的页面查看已上传的照片。

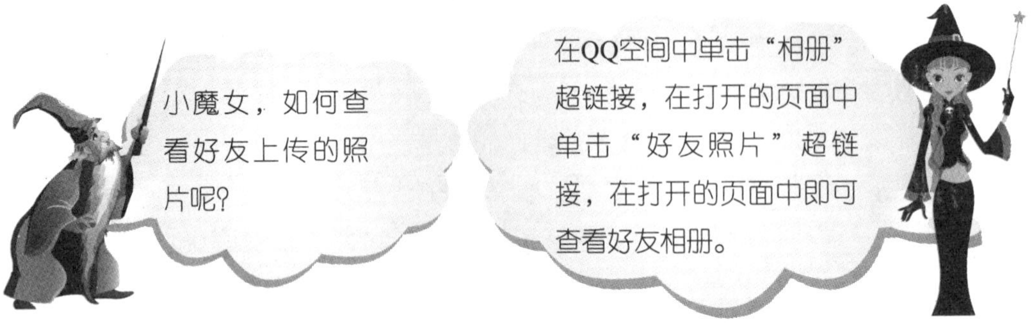
小魔女，如何查
看好友上传的照
片呢?
在QQ空间中单击“相册”
超链接，在打开的页面中
单击“好友照片”超链
接，在打开的页面中即可
查看好友相册。

6.2 在博客中发表日志

爷　爷：小魔女，你只给我讲了QQ空间，还没给我讲博客是什么呢，你是不是已经忘了？

小魔女：爷爷，我没忘，学习知识要一步一步来。博客和空间类似，也是一种发布信息的重要平台，在其中也可以记录自己的工作、生活与心情等。

爷　爷：既然在博客和空间中都可以记录心情，那为什么还要讲博客呢，只讲其中一个不就行了吗？

小魔女：博客和QQ空间虽然类似，但也有不同之处，下面我就带您去体验它们的不同之处吧！

爷　爷：好呀！我也想知道它们有什么不同。

6.2.1 申请和登录博客

博客和QQ一样，要想使用它，您首先应在相应的博客站点进行注册，然后用注册的账号登录到博客空间。目前，新浪、网易和搜狐等主流的门户网站都提供了免费的博客服务。下面在新浪网中为自己申请一个博客空间，然后用申请的账号登录到博客空间，其具体操作如下：

步骤 01 启动IE浏览器，在地址栏中输入“www.sina.com.cn”，按【Enter】键打开新浪网首页，然后单击“博客”超链接，如图6-22所示。

步骤 02 打开“新浪博客首页”页面，单击 开通新博客 按钮，如图6-23所示。

图6-22　单击“博客”超链接

图6-23　单击按钮

步骤 03 在打开的页面中输入邮箱地址、登录密码、昵称以及验证码等信息，单击 注册 按钮，如图6-24所示。

步骤 04 在打开的页面中提示需要到填写的邮箱地址验证，单击 点此进入QQ邮箱 按钮，如图6-25所示。

图6-24　填写注册信息

图6-25　单击按钮

步骤 05 打开注册时填写的QQ邮箱，在左侧选择“收件箱”选项卡，在右侧单击由新浪博客管理员发送的邮件超链接，如图6-26所示。

步骤 06 在打开的页面中根据提示信息单击相应的超链接，如图6-27

所示。

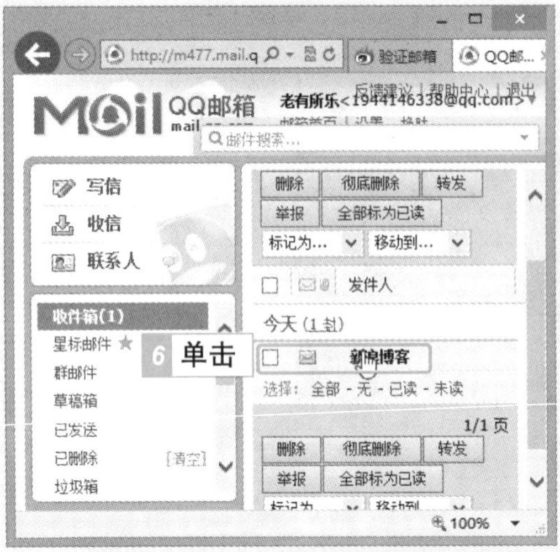

图6-26　单击邮件超链接

图6-27　单击地址超链接

步骤 07　在打开的页面中提示成功开通博客，然后返回新浪博客首页，在“登录名”和“密码”文本框中输入登录名和密码，单击 登录 按钮，如图6-28所示。

步骤 08　成功登录后，单击“我的博客”超链接，稍后即可进入到自己的博客页面，如图6-29所示。

图6-28　登录博客

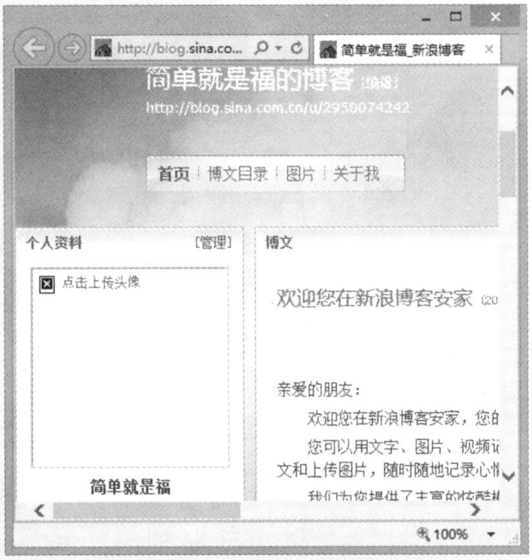

图6-29　查看博客页面

6.2.2 在博客中输入和发布日志

登录博客之后就可以在博客中发表您想表达的内容了，例如您可以在博客中发表一些经典的文章，将其与大家一起分享。下面就在登录的博客中发布日志，其具体操作如下：

步骤 01 登录博客之后单击 发博文 按钮，打开写日志页面。

步骤 02 在"标题"文本框中输入日志的标题，在下方的文本框中输入日志的正文内容，如图6-30所示。

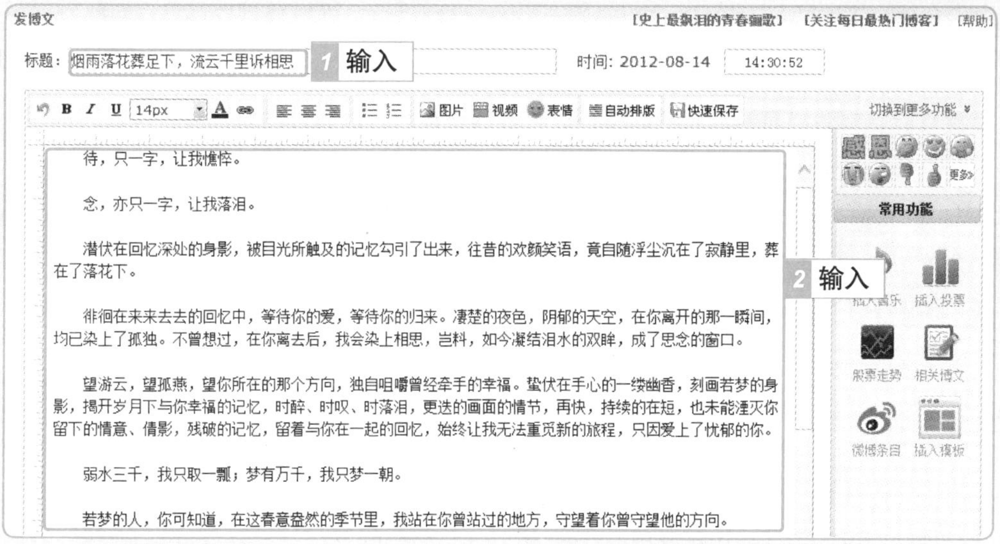

图6-30 写日志

步骤 03 在该页面下方的"投稿到排行榜"栏中选择文章的分类，这里选中 ◉文化 单选按钮，然后单击 发博文 按钮，如图6-31所示。

图6-31 发布日志

步骤04 稍后打开提示对话框，显示成功发布信息。单击 确定 按钮，返回“博文目录”页面，其中显示了发布的日志内容，如图6-32所示。

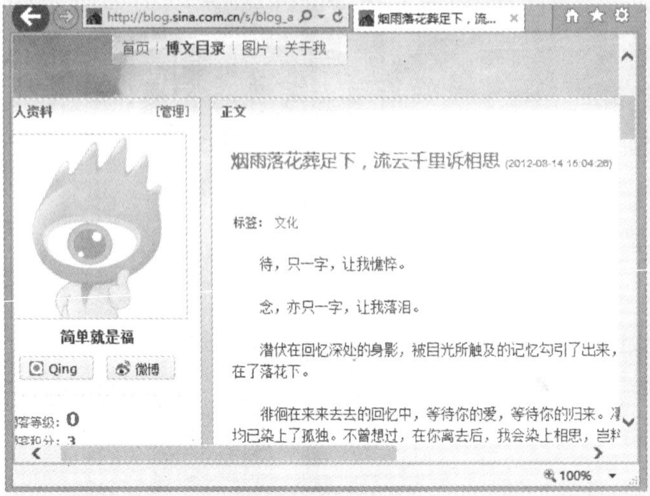

图6-32　显示日志内容

晋级秘诀——编辑或删除日志

在“博客目录”页面发表的日志标题后面单击“编辑”超链接，可以对发布的日志内容进行修改或编辑；单击“删除”超链接，可以删除该日志。

6.2.3　访问好友博客

您还可以在博客中访问好友的博客，对好友博客内容进行查看。其方法是：在自己的博客首页左侧的“好友”列表框中单击与要访问好友相关的文本或图片超链接，即可进入到好友博客的首页，在其中进行浏览，如图6-33所示。

图6-33　访问好友博客

6.2.4 设置博客主页

新申请的博客空间的默认博客主页都是相同的，要想吸引更多的网友关注自己的博客，就需要对自己的博客主页进行设置，例如版式、组件以及风格等多方面设置，让自己的博客空间与众不同。下面对自己的博客主页进行版式、风格等设置，其具体操作如下：

步骤 01 在博客中单击 页面设置 按钮，进入博客设置页面，默认选择“风格设置”选项卡，在其列表框中选择风格样式，这里选择“丢三落四”选项，如图6-34所示。

步骤 02 选择“版式设置”选项卡，在中间的列表框中选择“三栏 1:2:1”选项，如图6-35所示。

图6-34 设置博客风格

图6-35 设置博客版式

魔法档案——博客版式和风格

所谓版式就是博客中的版块在博客首页所排列的样式，设置不同的版式，可以给人不同的感觉；所谓风格就是博客的整体外观主题，根据自己的兴趣爱好，选择不同的风格，使您的博客更独具特色。

步骤 03 选择“组件设置”选项卡，在下方的列表框中选择“基础组件”选项卡，在列表框中选中如图6-36所示的复选框。

步骤 04 选择“娱乐组件”选项卡，在其中选中☑相册专辑、☑音乐播放器和☑图片播放器复选框，如图6-37所示。

图6-36 设置基础组件

图6-37 设置娱乐组件

步骤 05 设置完成后，单击页面右侧的 保存 按钮，保存对博客的所有设置。

步骤 06 返回博客首页，即可看到设置后的效果，如图6-38所示。

图6-38 设置博客主页后的效果

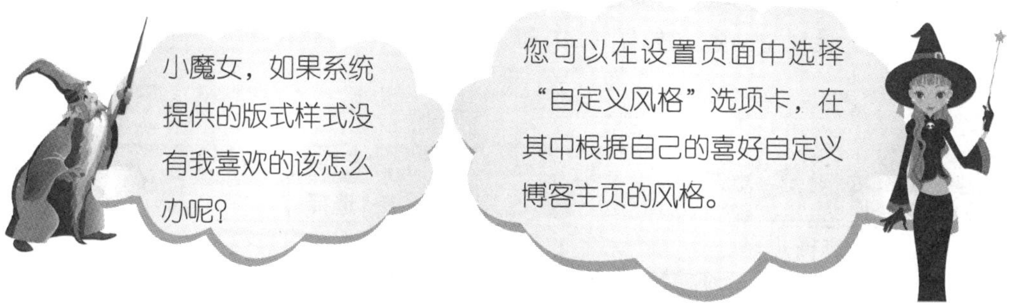

小魔女，如果系统提供的版式样式没有我喜欢的该怎么办呢？
您可以在设置页面中选择“自定义风格”选项卡，在其中根据自己的喜好自定义博客主页的风格。

6.3　典型实例——装扮QQ空间并评论好友日志

小魔女：爷爷，您觉得本章讲的知识操作起来难不？

爷　爷：不难呀！只要多操作几次就都掌握了。

小魔女：爷爷，知识您都掌握了，为什么您的QQ空间还是有点难看，一点都没体现出您的风格。

爷　爷：嘿嘿，小魔女，那是我没有对它进行装扮，并不代表我对知识掌握不牢固。

小魔女：您的QQ空间装扮不好，会影响您的人气哟！现在您就对自己的QQ空间进行装扮吧！并对好友发表的日志进行评论。

爷　爷：好呀！这样也能让你知道我对知识的掌握程度。

其具体操作如下：

步骤 01　登录QQ，在QQ工作界面中单击“QQ空间信息中心”按钮，进入到QQ空间，在页面顶部单击装扮按钮。

步骤 02　在打开的页面中默认选择“一键装扮”选项卡，这里选择“装扮商城”选项卡，在下方的列表框中选择“邂逅新生”选项，如图6-39所示。

魔法档案——预览效果

选择装扮QQ空间的样式后，在页面右上角单击预览按钮，在打开的页面中可预览装扮的QQ空间效果。

步骤 03 选择“选择配色”选项卡，在打开的页面中选择“青草绿”选项，如图6-40所示。

图6-39 选择装扮的样式

图6-40 选择配色选项

步骤 04 完成装扮后单击 保存 按钮，返回QQ空间首页，即可看到装扮后的效果。

步骤 05 单击“日志”超链接，在打开的页面中选择“好友日志”选项卡，如图6-41所示。

步骤 06 在打开的页面中显示了好友的日志，可对其进行阅读，这里阅读好友老向的日志，阅读完成后单击“评论”超链接，如图6-42所示。

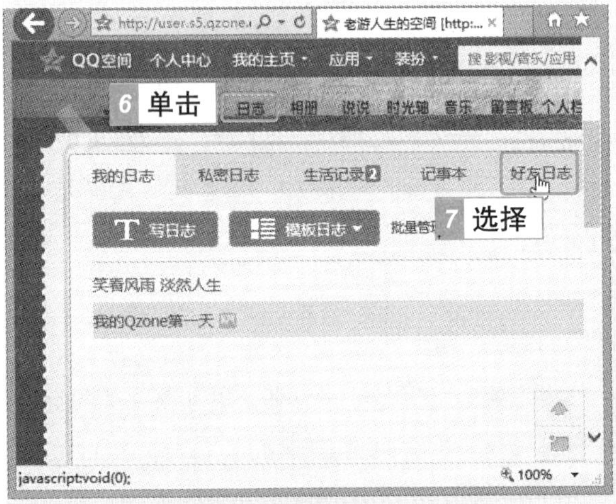

图6-41 选择“好友日志”选项卡

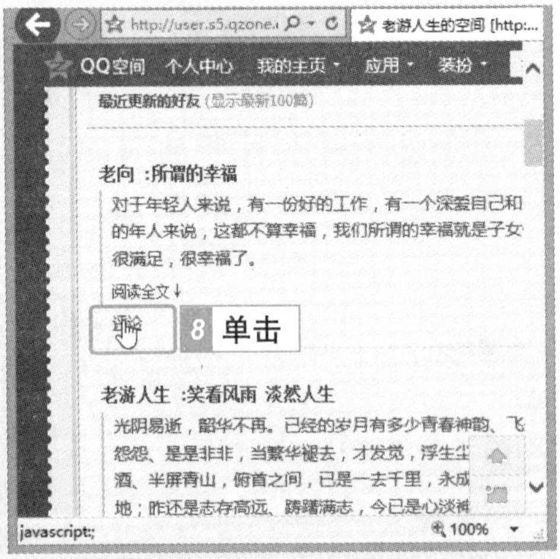

图6-42 单击“评论”超链接

步骤 07 在弹出的文本框中输入评论的内容，单击 发表 按钮，如图6-43所示。

步骤 08 稍后将提示发表成功。返回到QQ空间首页，即可看到自己对好友日志的评论，如图6-44所示。

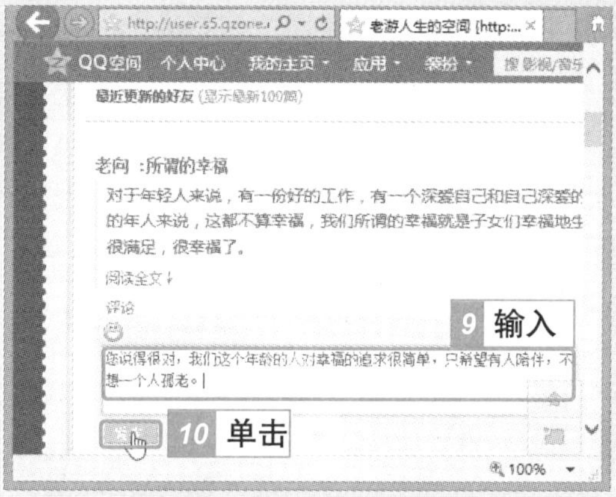

图6-43　发表评论

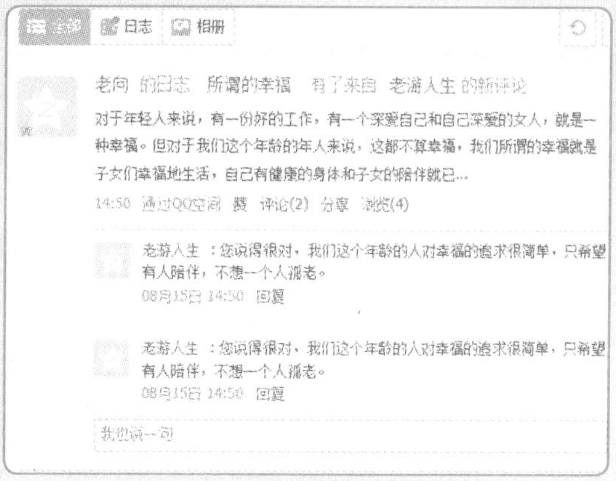

图6-44　查看发表的评论

6.4　本章小结——QQ空间的使用技巧

爷　爷：小魔女，我觉得QQ空间提供的很多功能都很实用，而且操作简单，对我们这些老年人来说很快就能上手。

小魔女：爷爷，您说得很对，但要想更好地使用QQ空间，还需要掌握一些技巧。

爷　爷：还需要掌握什么技巧？快点告诉我吧！

小魔女：好，我现在就告诉您。

第1招：编辑发表的日志

在QQ空间发表日志后，若发现发表的日志还需要补充或进行修改，这时您可以对发表的日志进行编辑。其方法是：在QQ空间首页单击“日志”超链接，在“我的日志”选项卡的列表框中显示了自己发表的日志，在需要修改的日志名称后面单击“编辑”超链接，便可在打开的页面中对日志进行修改，然后发表即可。

第2招：进入好友的QQ空间

在自己的QQ空间中并不能查看好友空间的所有情况，要想查看好友空间的详细情况，您可以进入到好友的QQ空间进行查看。其方法是：登录到自己的QQ，在QQ工作界面中选择QQ好友，在其上单击鼠标右键，在弹出的快捷菜单中选择“进入QQ空间”命令，稍后即可进入好友的QQ空间，如图6-45所示。

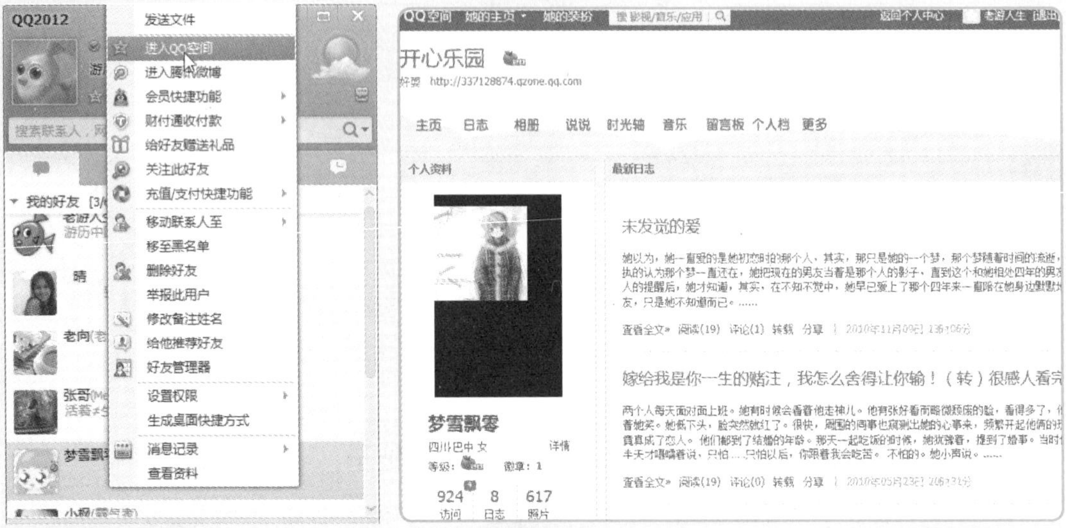

图6-45　进入好友的QQ空间

6.5　过关练习

（1）进入到自己的QQ空间，先根据个人的喜好对其进行装扮，然后将电脑中保存的图片上传到空间，并修改自己的头像。

（2）在QQ空间中发表心情，并对好友发表的日志或心情进行评论。

（3）在新浪网中申请一个博客号并登录，进入到“我的博客”页面，然后撰写日志并发布。

（4）先对自己的博客空间进行装扮，然后再进入到好友的博客进行查看。

Chapter 7

第7章

忙碌人生——网络社区凑热闹

小魔女：爷爷，您最近怎么都不上网了？

爷　爷：网上没什么好玩的了，每天都聊天、打游戏、看书，有时候会觉得很烦。

小魔女：爷爷，在网上能做的事情可多，如到中老年自己的论坛发帖子、到鉴宝论坛展示自己的宝贝、到百度知道回答问题等。

爷　爷：没想到网上能做的事情还这么多。小魔女，那你快教教我吧！

小魔女：好呀！爷爷，只要您玩得开心，做什么我都乐意。

学习要点：

- 加入中老年人自己的论坛
- 加入网络摄影者联盟
  ——太平洋摄影部落
- 体验互动问答社区
  ——百度知道
- 三十年后再相聚
  ——网上校友录

7.1 加入中老年人自己的论坛

爷　爷：小魔女，论坛是什么，有什么作用呢？

小魔女：论坛类似于生活中的黑板报，它将不同的主题分为不同的版块，您可以在论坛中发布信息或提出看法、对他人发表的帖子进行阅读和回复以及与人进行聊天等。

爷　爷：听起来很有意思哟！那快给我介绍介绍吧！

小魔女：好呀！我现在就给您详细进行讲解。

7.1.1 注册并登录中国中老年论坛

网上有很多专门为中老年人开设的论坛，您可以在论坛中发表自己对某个问题的看法，也可以将自己的意见发表到论坛中。但要想在论坛中畅所欲言，您还需要注册成为论坛的用户，并登录到论坛中才行。下面在晚霞网论坛中注册用户并登录到论坛中，其具体操作如下：

步骤 01 在IE浏览器地址栏中输入网址“http://bbs.wanxia.com”，按【Enter】键进入晚霞网论坛，单击“加入晚霞”超链接，如图7-1所示。

步骤 02 在打开的页面中填写用户名、密码、邮箱以及其他信息，并选中☑同意晚霞网服务条款复选框，如图7-2所示，然后单击 完成注册，立即完善个人信息 按钮。

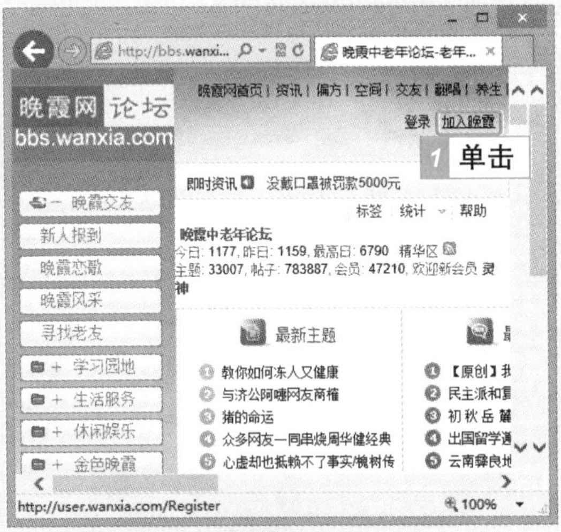

图7-1　单击文本超链接

图7-2　填写注册信息

步骤 03 在打开的页面上方显示了注册成功并完善个人资料等信息，在下方要求设置自己的头像，用户也可单击“跳过”超链接暂不上传自己的头像，如图7-3所示。

步骤 04 在打开的页面中选中☑没有任何疾病复选框，单击保存，立即进入晚霞个人中心按钮，如图7-4所示。

图7-3　单击文本超链接

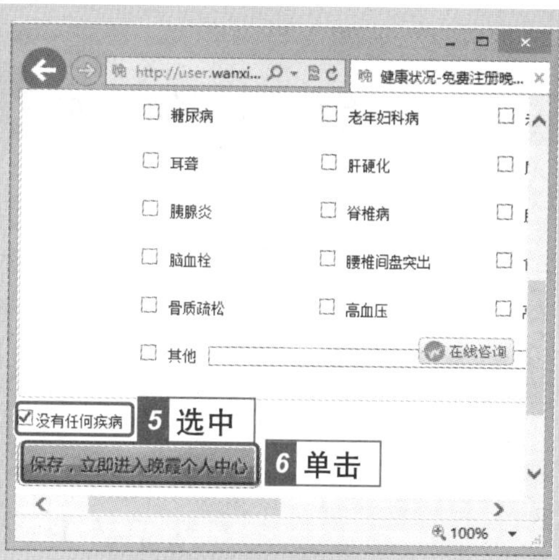

图7-4　选中复选框

步骤 05 打开个人中心页面，在“个性签名”文本框中输入自己的座右铭，单击保存签名按钮，如图7-5所示。

步骤 06 在打开的提示对话框中单击确定按钮。

步骤 07 在个人中心页面左侧单击“论坛”超链接，如图7-6所示，登录并进入到“晚霞网论坛”首页。

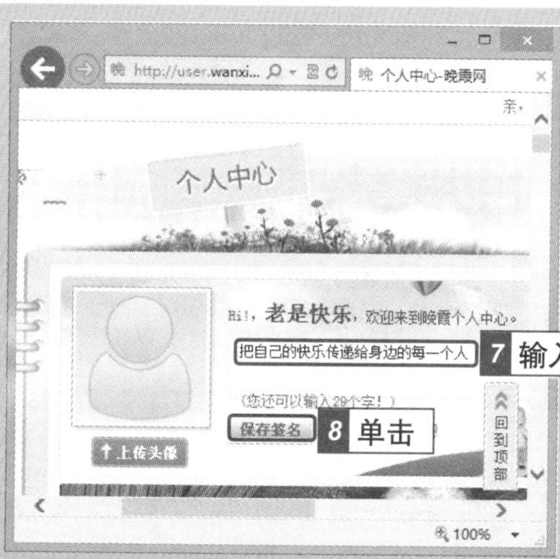

图7-5　填写个性签名

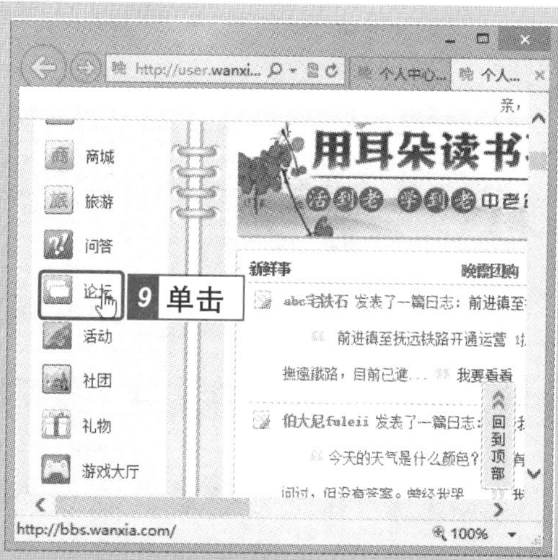

图7-6　单击文本超链接

晋级秘诀——再次登录晚霞网论坛

退出晚霞网论坛后，如要再次登录，需在晚霞网论坛首页单击“登录”超链接，在打开的页面中输入用户名和密码，单击登录按钮即可。

7.1.2 查看和回复他人帖子

登录论坛后，即可看到他人发表的帖子，您可以对感兴趣的帖子进行查看，查看完成后，若有自己的意见或想法，可对该帖子进行回复，以供其他人查看。下面在“开心茶馆”版块中查看并回复帖子，其具体操作如下：

步骤 01 登录论坛后，在论坛首页单击“+ 休闲娱乐”按钮，在展开的列表中单击“开心茶馆”按钮，如图7-7所示。

步骤 02 在打开页面的“开心茶馆”版块的“版块主题”栏中单击需要查看帖子的文本超链接，这里单击“相聚在一块”超链接，如图7-8所示。

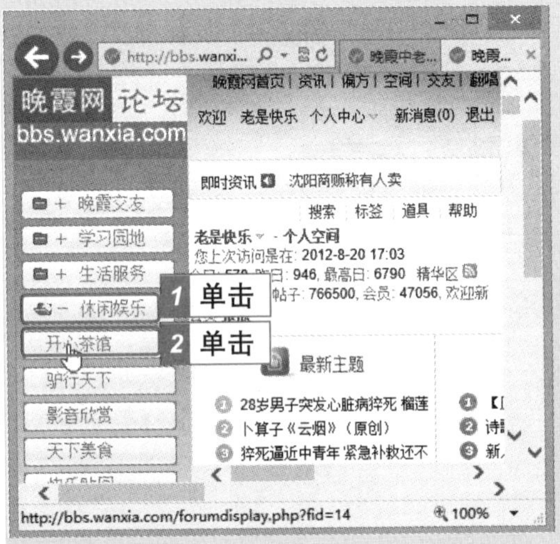

图7-7 单击按钮

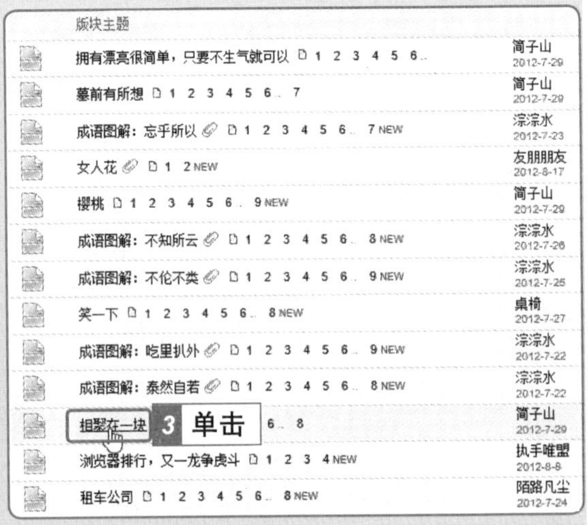

图7-8 选择帖子

步骤 03 在打开的页面中即可对选择的帖子内容进行查看，如图7-9所示。

步骤 04 看完帖子后，在该页面下方的文本框中输入想要表达的观点或意见，然后单击“发表帖子”按钮，如图7-10所示。

图7-9 查看帖子内容

图7-10 回复帖子

步骤 05 发表成功后，在打开的页面中即可看到自己回复的帖子，如图7-11所示。

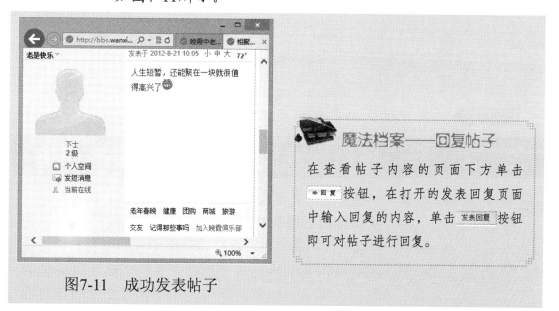

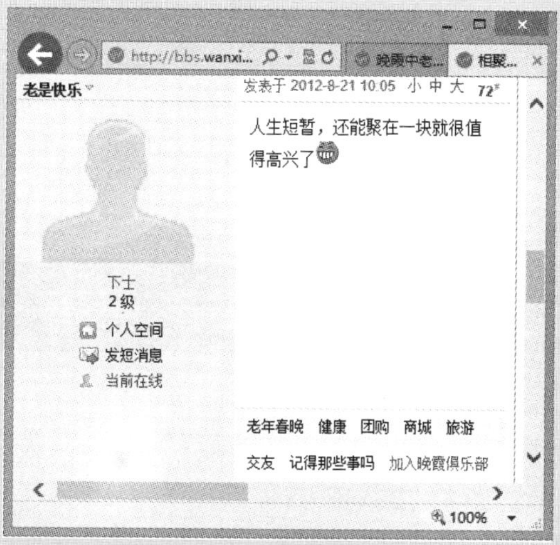

图7-11 成功发表帖子

魔法档案——回复帖子

在查看帖子内容的页面下方单击 回复 按钮，在打开的发表回复页面中输入回复的内容，单击 发表回复 按钮即可对帖子进行回复。

7.1.3 自己发帖子

如果您觉得只查看和回复他人的帖子不过瘾，您也可以自己发帖子，抒发一下自己的感想，或发表一些有意思的作品与大家一起分享，共同享受生活的乐趣。下面在晚霞网论坛中发表一个帖子，其具体操作如下：

步骤 01 在晚霞论坛首页左侧选择发帖子的版块，这里单击 [+ 学习园地] 按钮，在展开的列表中单击 [现代文学] 按钮，如图7-12所示。

步骤 02 在打开的页面下方单击 [新帖] 按钮，打开发表话题页面，在“标题”和“内容”文本框中输入相应的内容，然后单击 [发新话题] 按钮，如图7-13所示。

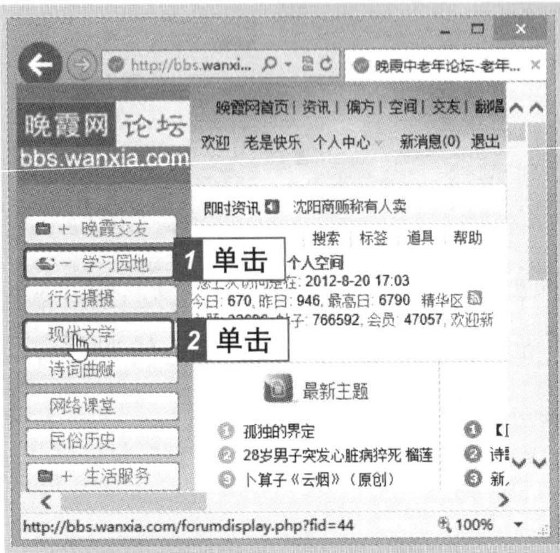

图7-12 单击按钮

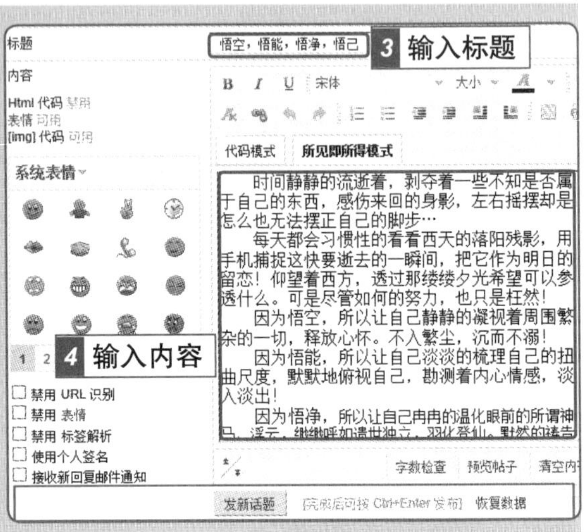

图7-13 输入帖子内容

步骤 03 在打开的页面中即可显示已发表的帖子。

7.2 加入网络摄影者联盟——太平洋摄影部落

小魔女：爷爷，听说您最近迷上摄影了，是吗？

爷 爷：呵呵，我觉得摄影很有意义，可以把一些美丽的风景、人和事物通过照片记录下来，只可惜我的摄影技术太差了。

小魔女：爷爷，摄影并不是很难，只要您勤学多练，就能很快学会的，而且网上有很多摄影论坛，其中不仅有丰富的摄影内容，还有很多优秀的摄影作品，对于您提高摄影技术有很大的帮助。

爷 爷：真的吗？那真是太好了，我正愁不知道怎么办呢？

小魔女：是呀！在摄影论坛中您不仅可以对其他摄友的作品进行评论，还可以将自己拍摄的照片发布在这些论坛中呢！不过前提是必须要先注册通行证。

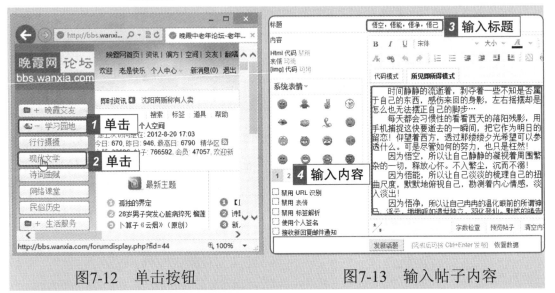

7.2.1　注册通行证和摄影博客账号

太平洋摄影部落是很多摄影爱好者喜欢的摄影论坛之一，其中有很多摄影知识和优秀的摄影作品，要想对他人的作品发表自己的意见，必须要有通行证登录到该论坛并开通自己的摄影博客后才能进行。下面在太平洋摄影部落注册通行证登录并开通摄影博客，其具体操作如下：

步骤 01 在IE浏览器地址栏中输入网址“http://digital.pconline.com.cn/photo”，按【Enter】键打开太平洋部落首页，单击“注册新用户”超链接，如图7-14所示。

步骤 02 在打开的页面中填写通行证注册信息，包括用户名、密码、邮箱以及验证码等，然后单击 注 册 按钮，如图7-15所示。

图7-14　单击超链接

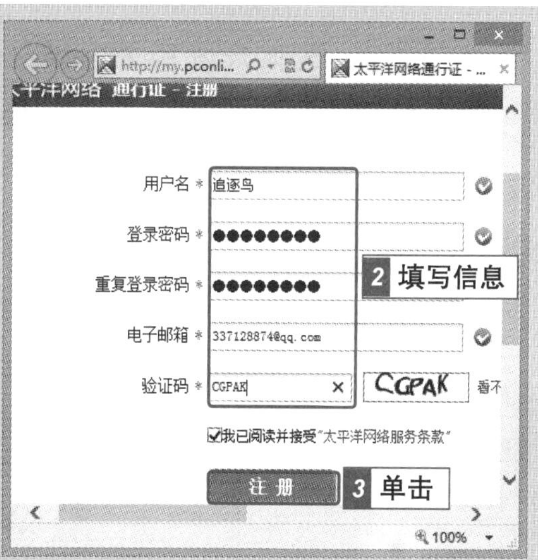

图7-15　填写注册信息

步骤 03 在打开的页面中单击 登录该邮箱 按钮，如图7-16所示。

步骤 04 在打开的页面中将提示无法进入邮箱页面，稍后将直接进入“我的管理首页”页面。

步骤 05 将鼠标光标移动到该页面的“个人中心”文本上，在弹出的下拉列表框中选择“我的摄影”选项，如图7-17所示。

步骤 06 打开太平洋部落摄影用户注册页面，在该页面中填写相应的资料。其中必填栏中的资料必须全部填写，选填栏中的资料可根据自己的需要选择性填写。

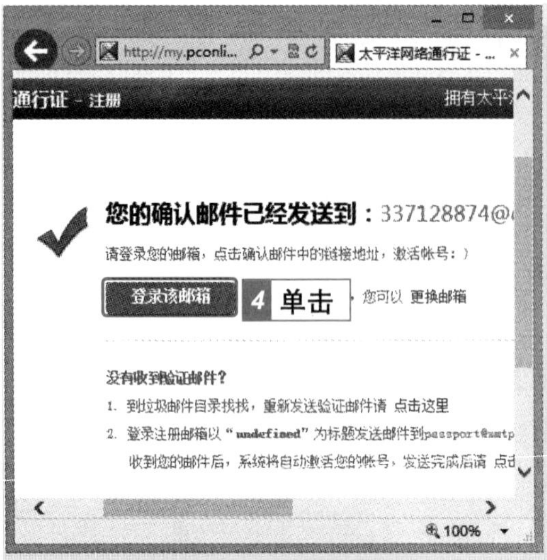

图7-16　单击按钮

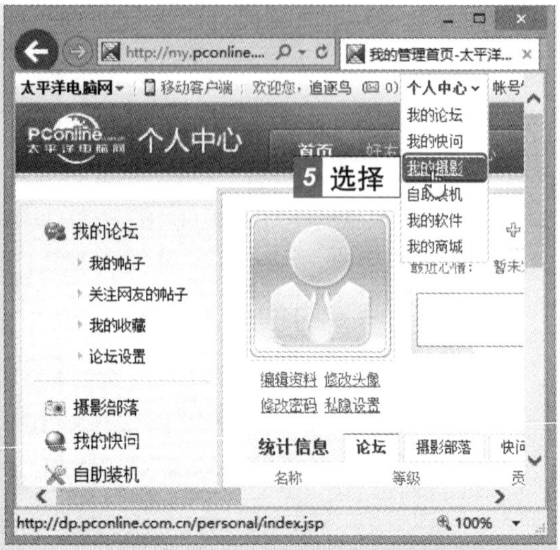

图7-17　选择“我的摄影”选项

步骤 07 这里只填写必填栏中的信息，如图7-18所示。

步骤 08 填写完成后单击 下一步 按钮，在打开的页面中提示注册成功等信息。单击不同的文本超链接，即可打开不同的页面，如图7-19所示。

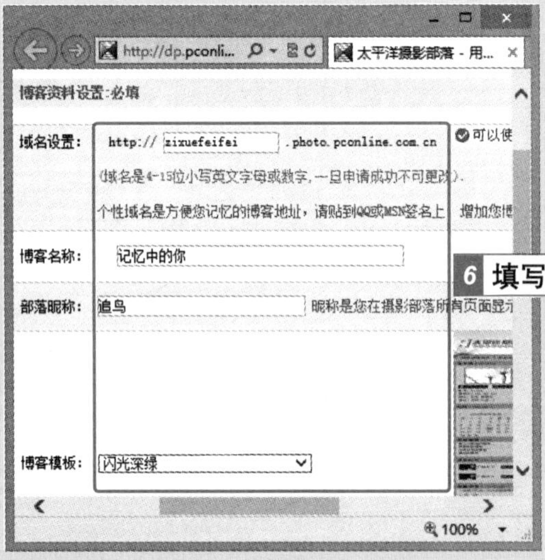

图7-18　填写资料

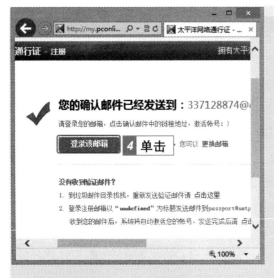

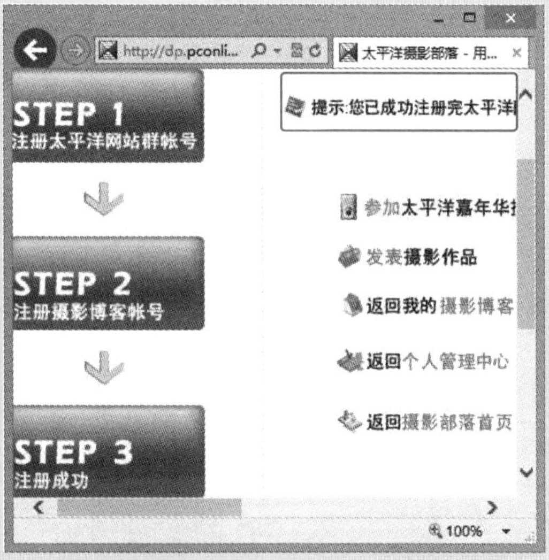

图7-19　提示注册成功

7.2.2 查看摄影知识

太平洋摄影部落论坛中提供了大量的摄影知识，在摄影技术方面也很全面，对学习摄影的中老年朋友帮助非常大。下面在太平洋摄影部落中查看摄影知识，其具体操作如下：

步骤 01 在太平洋部落首页单击摄影技巧按钮，如图7-20所示。

步骤 02 将鼠标光标移动到打开页面中的“摄影技巧”文本上，在下方列表框的“微距摄影”栏中单击“微距注意事项”超链接，如图7-21所示。

图7-20　单击按钮

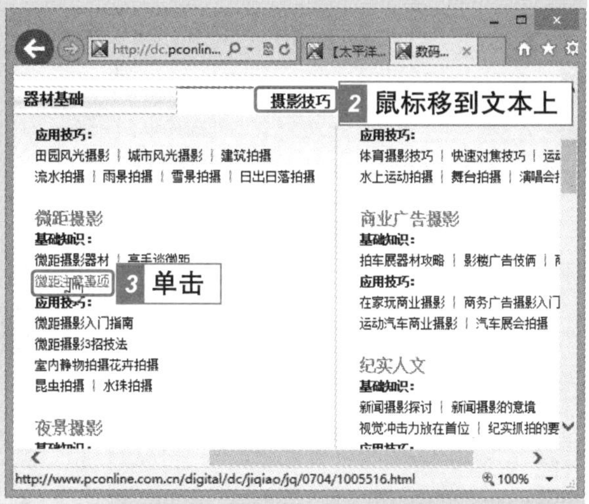

图7-21　选择查看的内容

步骤 03 在打开的页面中即可详细查看相关的摄影知识，如图7-22所示。

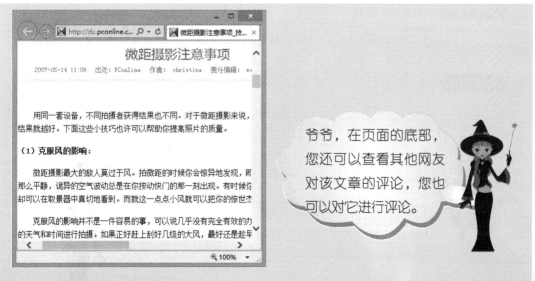

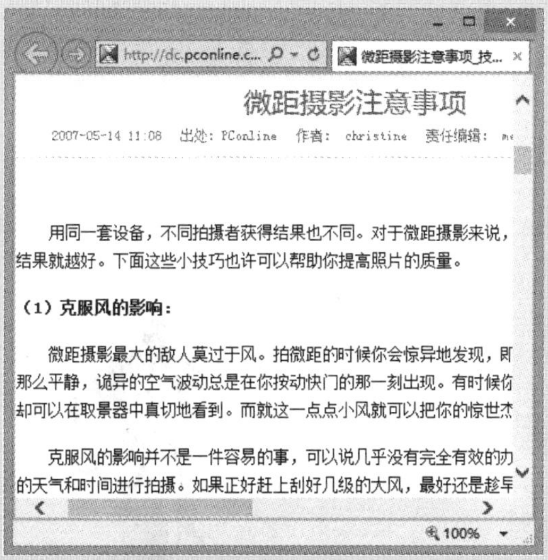

图7-22　查看摄影知识

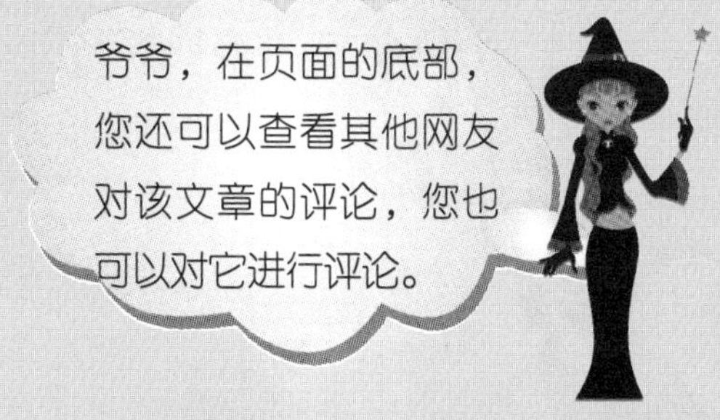

爷爷，在页面的底部，您还可以查看其他网友对该文章的评论，您也可以对它进行评论。

7.2.3 查看和评论摄影作品

您可以查看太平洋摄影部落中他人的摄影作品，也可以发表自己的感想。下面在太平洋摄影部落中查看摄影作品并发表感想，其具体操作如下：

步骤 01 太平洋摄影部落的首页分类显示了摄友们的作品，单击自己喜欢的作品的文本或图片超链接，这里单击“最新精华作品”栏中的“金丝桃”超链接，如图7-23所示。

步骤 02 在打开的页面中可查看选择的摄影作品，如图7-24所示。

图7-23 单击超链接

图7-24 查看摄影作品

步骤 03 将鼠标光标移动到查看图片上，当鼠标光标变成➡形状时，单击鼠标左键，可切换到下一张图片进行查看，如图7-25所示。

步骤 04 当该组图片查看完后，可对图片发表自己的感想或意见。在该页面下方的文本框中输入要发表的内容，单击提交按钮即可，如图7-26所示。

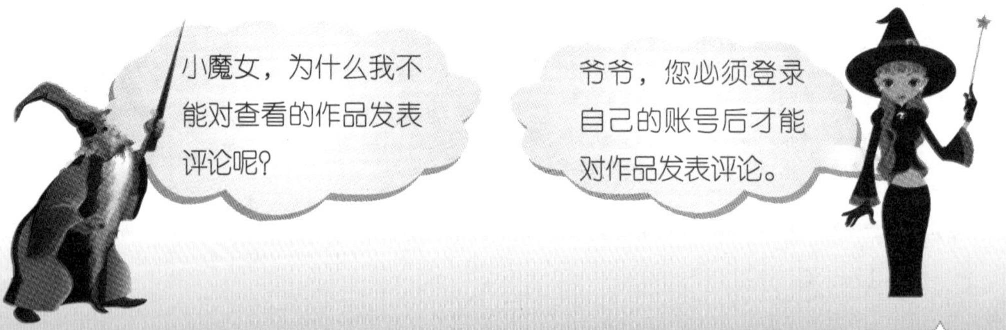

小魔女，为什么我不能对查看的作品发表评论呢？
爷爷，您必须登录自己的账号后才能对作品发表评论。

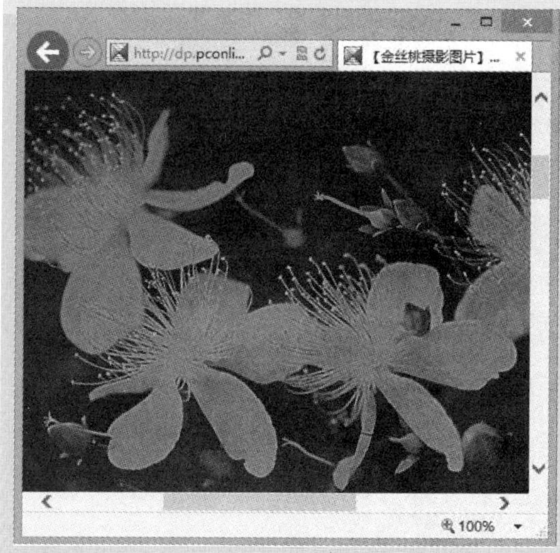

图7-25 查看下一张图片

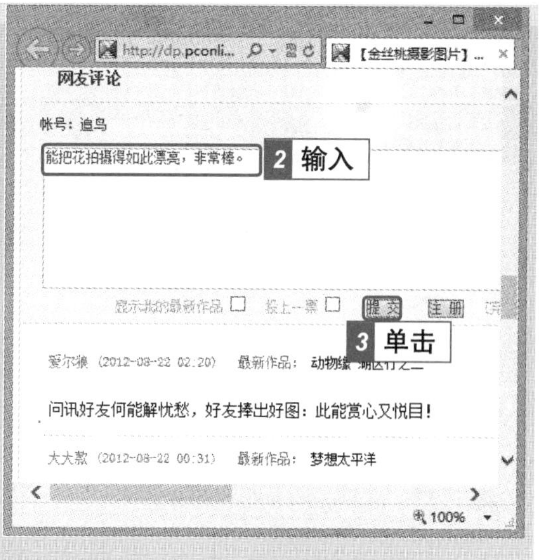

图7-26 发表评论

步骤 05 发表成功后，即可在该页面下方看到自己发表的评论。

晋级秘诀——发帖子

您还可以在太平洋摄影部落中发帖子，就和在论坛中发帖子的方法类似。其方法是：在太平洋摄影部落首页中单击 摄影论坛 按钮，在打开的页面中显示了与摄影相关的论坛，选择需要发帖的论坛，在打开的页面中单击 +发帖 按钮，再在打开的页面输入帖子的内容，然后单击 发表主题 按钮即可。

7.2.4 发布自己的摄影作品

如果您拍摄了很多作品却不知道这些照片拍摄的水平怎样，这时您可以将自己拍摄的作品发布到太平洋摄影论坛，让其他摄友查看并对作品进行评论，从评论中获取意见。下面在太平洋摄影部落中发布自己的摄影作品，其具体操作如下：

步骤 01 进入太平洋摄影部落首页，并登录用户账户，然后将鼠标光标移动到顶部的“个人中心”文本上，在弹出的下拉列表中选择“我的摄影”选项，如图7-27所示。

步骤 02 在打开的页面左侧单击“作品管理”后面的“发表”超链接，如图7-28所示。

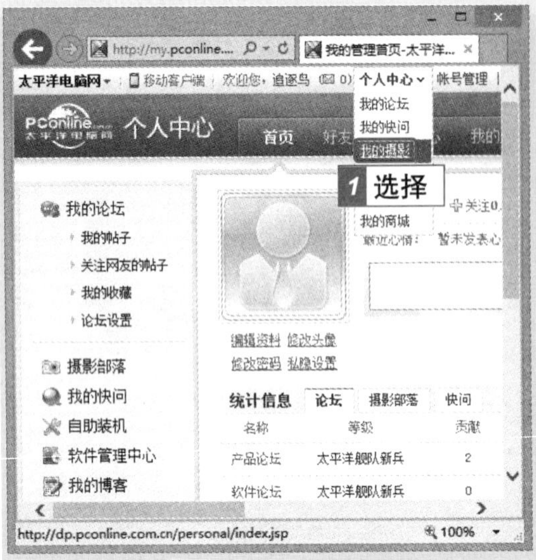

图7-27　选择“我的摄影”选项

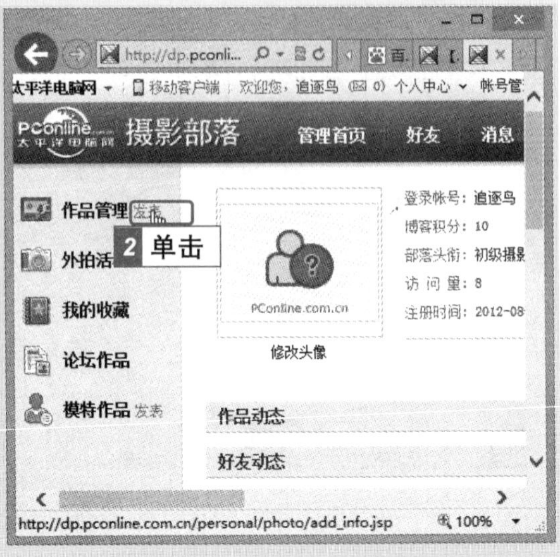

图7-28　单击超链接

步骤 03 在打开的页面中填写发表作品的专辑信息，包括作品标题、所属主题、拍摄日期以及作品简介等，填写完成后单击“保存，开始上传作品”按钮，如图7-29所示。

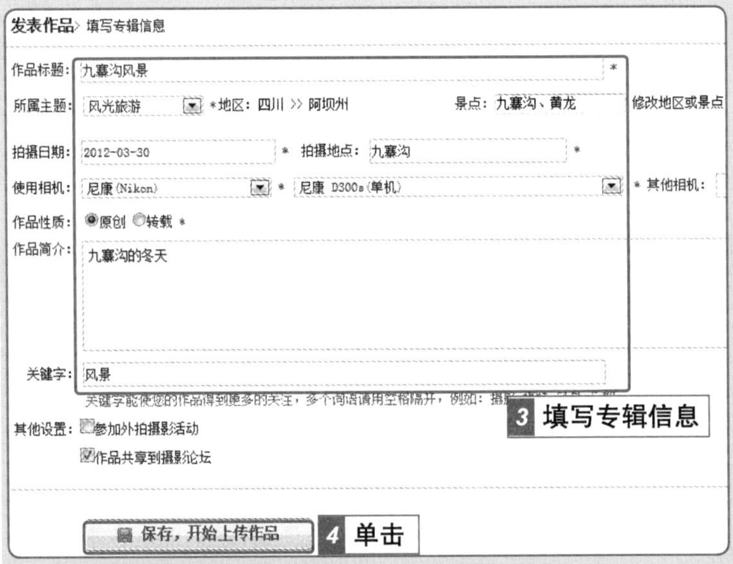

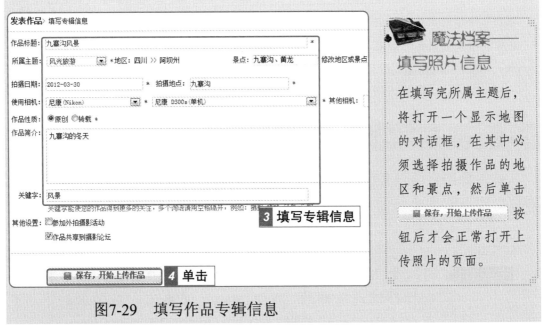

图7-29　填写作品专辑信息

魔法档案——填写照片信息

在填写完所属主题后，将打开一个显示地图的对话框，在其中必须选择拍摄作品的地区和景点，然后单击“保存，开始上传作品”按钮后才会正常打开上传照片的页面。

步骤 04 在打开的页面中单击“选择”按钮，再在打开的对话框中选择要上传照片的位置，在中间的列表框中选择要发表的作品，单击 打开(O) 按钮，如图7-30所示。

步骤 05 在打开页面的“预览图”列表框中显示了要发布的作品，单击 上传 按钮，如图7-31所示。

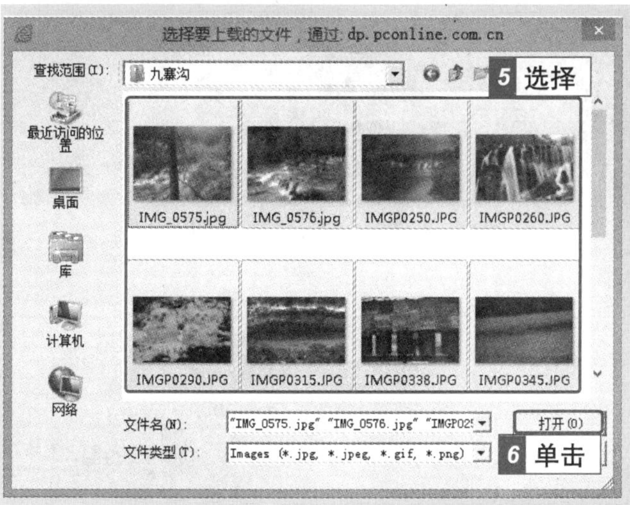

图7-30　选择作品

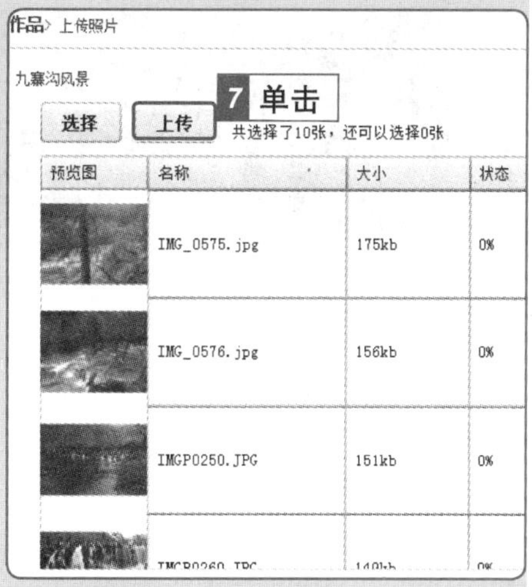

图7-31　单击按钮

步骤 06 开始上传作品。上传完成后，在打开的页面中可根据需要输入每张照片的简介文本，这里不输入简介文本，取消选中 同步到新浪微博（使用教程） 复选框，单击 保存作品 按钮，如图7-32所示。

步骤 07 返回到个人管理中心页面，在其中显示了发表的作品，如图7-33所示。

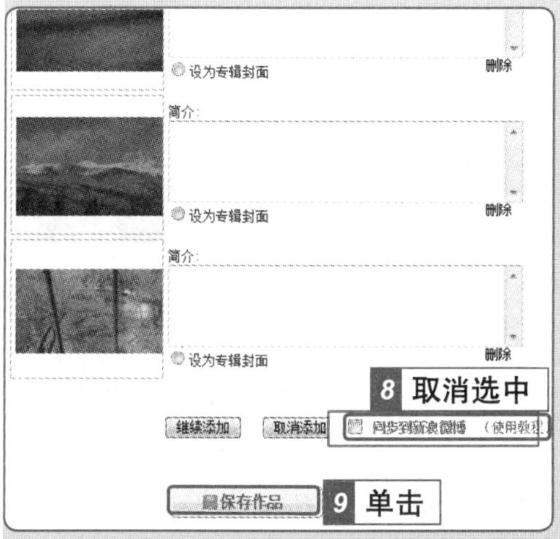

图7-32　单击“保存作品”按钮

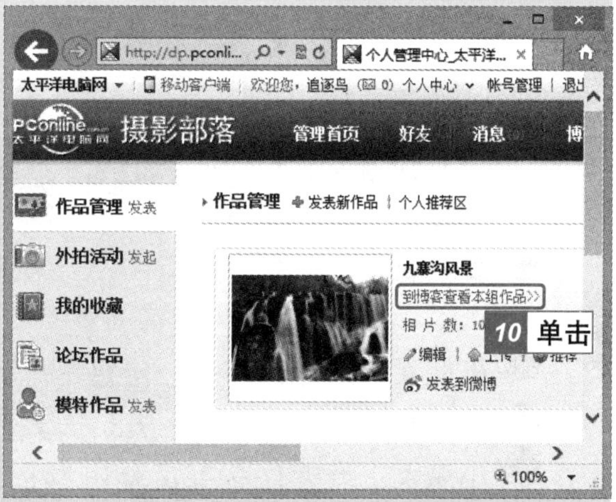

图7-33　显示发表的作品

步骤 08 单击“到博客查看本组作品”超链接，在打开的页面中不仅可看到自己发布的作品，还可看到其他摄友对自己作品的评论，如图7-34所示。

图7-34 在博客中查看作品和评论

晋级秘诀——编辑上传的作品

在个人管理中心页面中单击“编辑”超链接，在打开的页面中间可修改照片的信息，删除和替换某张照片，对照片进行排序等编辑操作；在页面右侧可修改专辑信息和删除专辑照片。

7.3 体验互动问答社区——百度知道

爷　爷：小魔女，我觉得从论坛中不仅能学到很多知识，还能享受到很多乐趣。

小魔女：是呀！爷爷，您想不想体验一下互动问答带来的乐趣呀！

爷　爷：当然想了，不用卖关子了，赶快带爷爷去体验一下吧！

小魔女：好呀！从百度知道社区中就能体验到互动问答的乐趣，在其中提问和回答问题还能挣积分呢！

7.3.1 免费注册“知道”用户

在百度知道中赚取的积分可以用来在百度文库中下载需要积分的文档资料，而要想通过提问和回答问题来赚取积分，您就必须要先注册一个账号，才能将赚取的积分存储在自己的账号中。下面在百度知道中注册一个账号，其具体操作如下：

步骤 01 在IE浏览器地址栏中输入网址“http://www.baidu.com”，按【Enter】键打开百度首页。

步骤 02 单击“知道”超链接，在打开的页面上方单击“注册”超链接，如图7-35所示。

步骤 03 在打开的页面中填写注册信息，如我的邮箱、用户名、密码以及验证码等信息，填写完成后单击 注册 按钮，如图7-36所示。

图7-35 单击“注册”超链接

图7-36 填写注册信息

步骤 04 在打开的页面中单击 立即进入邮箱 按钮，进入填写的邮箱首页。在页面左侧选择“收件箱”选项卡，在页面右侧单击百度账号激活邮件相应的超链接，如图7-37所示。

步骤 05 在打开的页面中开始阅读邮件，可单击链接地址激活账号，如图7-38所示。

步骤 06 在打开的页面中单击 继续访问 按钮，即可在打开的页面中提示注册成功。

图7-37　单击邮件超链接

图7-38　单击链接地址

7.3.2　搜索问题答案

百度知道中提供了很多网友的问题以及答案，如果您有什么问题也可以在百度知道中搜索答案。下面在百度知道中搜索中老年人上网可以做什么的答案，其具体操作如下：

步骤 01 在百度知道首页的文本框中输入要搜索的问题，单击 搜索答案 按钮，如图7-39所示。

步骤 02 在打开的页面中显示了相同或相关问题的答案，单击第2行的问题标题文本超链接，如图7-40所示。

图7-39　输入要搜索的问题

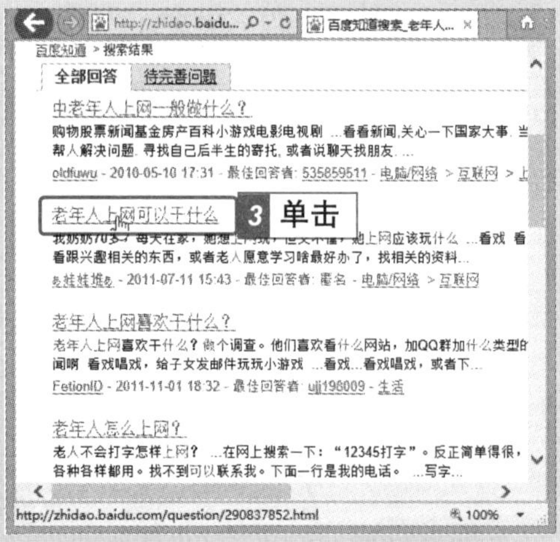

图7-40　选择问题进行查看

步骤 03 在打开的页面中查看相关的问题答案，如图7-41所示。

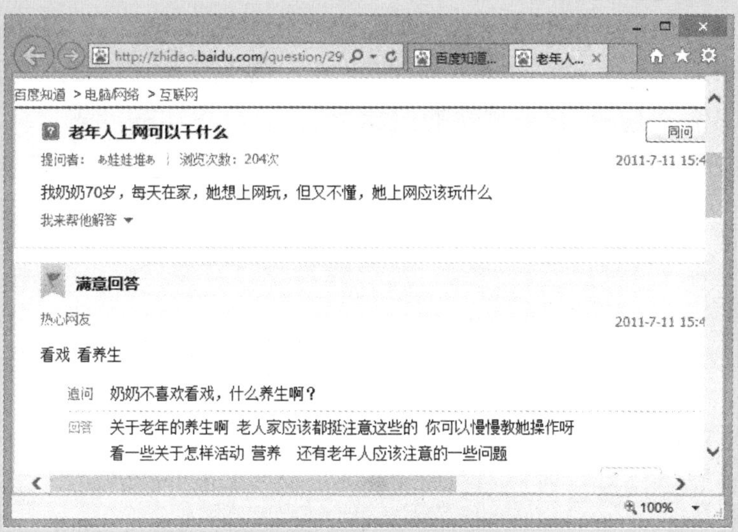

图7-41 查看问题答案

7.3.3 我要提一个新问题

如果您提的问题在百度知道中没有搜索到满意答案，您也可以将此问题作为新问题提出，等其他人来回答。在百度知道中提新问题的方法很简单，只需在文本框中输入要提的问题，单击 提交问题 按钮，在打开的页面中显示提示信息即表示提问成功，如图7-42所示。

图7-42 提新问题

7.3.4 我要回答问题

在百度知道中您也可以回答他人提出的问题。其方法是：在百度知道首页的文本框中输入您能回答问题的关键字或您感兴趣的问题，单击我要回答按钮，在打开的页面中显示了与搜索相关且未回答的问题，单击您要回答问题的超链接，在打开的页面的文本框中输入该问题的答案，单击提交回答按钮即可，如图7-43所示。

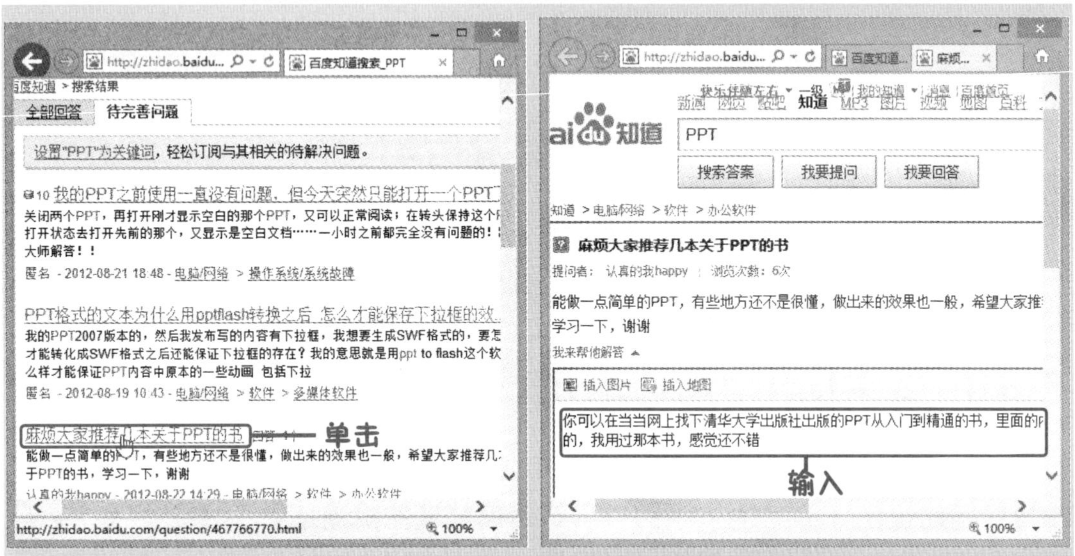

图7-43 回答问题

7.4 三十年后再相聚——网上校友录

小魔女：爷爷，您今天怎么了，看起来好像不高兴哟！

爷　爷：也没有什么，就是昨天晚上梦到十几年没见的老同学了，突然间好想念他们哟！但又没有他们的联系方式，不知道以后还能不能再见面。

小魔女：爷爷，您没有他们的联系方式，可以在网上的校友录上去找找看，说不定能给您个惊喜呢！

爷　爷：真的吗？那还等什么，你要急死爷爷呀！

小魔女：爷爷，不要急，我马上就教您如何在网上查找老同学。

爷　爷：快点，不要那么多废话，赶快教我，我可急着呢！

7.4.1 注册并登录网上校友录

要想通过网上校友录查找老同学，您需要先在网上校友录中注册，然后才能登录到校友录，这样您才能看到网上校友录中的详细信息。下面在chinaren校友录中注册，其具体操作如下：

步骤 01 在IE浏览器地址栏中输入网址“http://class.chinaren.com”，按【Enter】键打开校友录首页，单击 立即注册 按钮，如图7-44所示。

步骤 02 在打开的页面中根据提示填写注册信息，填写完成后单击 马上加入 按钮，如图7-45所示。

图7-44 单击按钮

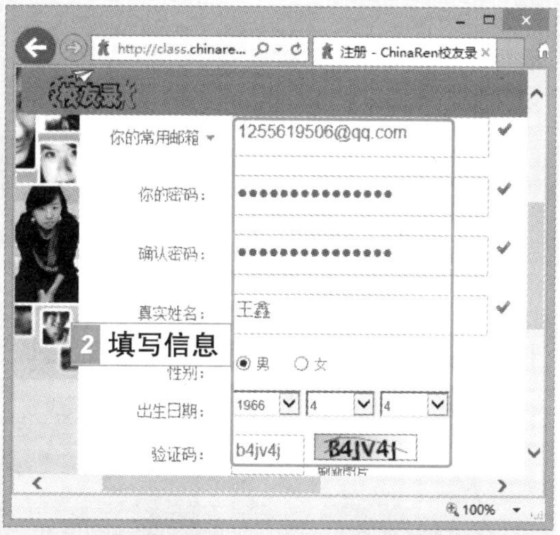

图7-45 填写注册信息

步骤 03 在打开的页面中提示注册成功，要想立即激活账户，可单击 登录QQ邮箱 发送激活邮件 按钮，如图7-46所示。

步骤 04 进入到填写的邮箱地址页面，在收件箱中单击需要阅读的邮件的超链接，在打开的页面中单击链接地址，如图7-47所示。

魔法档案——登录邮箱激活账户

在打开注册成功的页面后，您也可以不单击 登录QQ邮箱 发送激活邮件 按钮，直接登录到自己的邮箱，激活账户即可。

图7-46　单击按钮

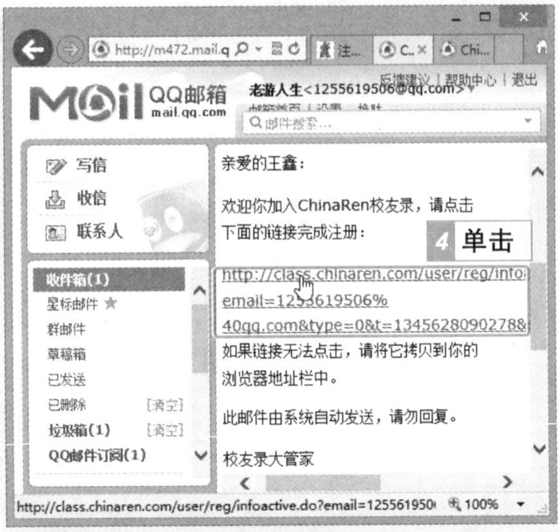

图7-47　单击链接地址

步骤 05　成功激活账号，并返回到校友录首页。在"账号"文本框中自动输入了登录的账号，在"密码"文本框中输入登录的密码，单击登录按钮，如图7-48所示。

步骤 06　打开我的校友录主页，如图7-49所示。

图7-48　登录账号

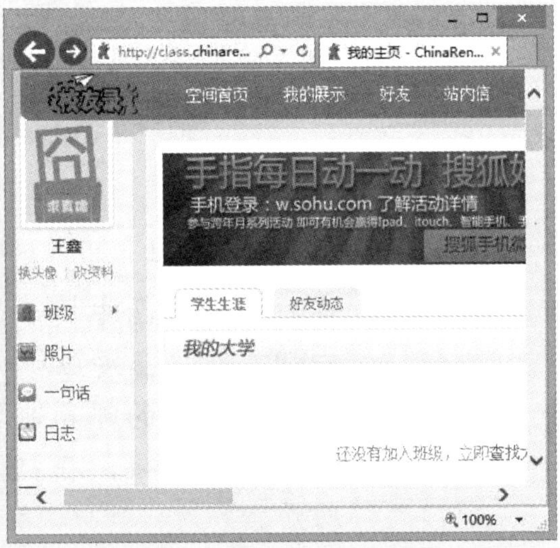

图7-49　我的校友录主页

7.4.2　搜索并加入班级

进入我的校友录主页后，就可根据条件搜索自己所在的学校和班级，然后加入到自己的班级中，加入成功后就可在班级中发布留言了。下面在chinaren校友录中搜索和加入自己所在的班级，其具体操作如下：

步骤 01 在我的校友录主页顶部单击同学按钮右侧的按钮，在弹出的下拉列表中选择“学校”选项，在后面的文本框中输入“至诚职业中学”，单击搜索按钮，如图7-50所示。

步骤 02 在打开的页面中显示了搜索的结果，单击第一个结果的文本超链接，如图7-51所示。

图7-50 填写搜索条件

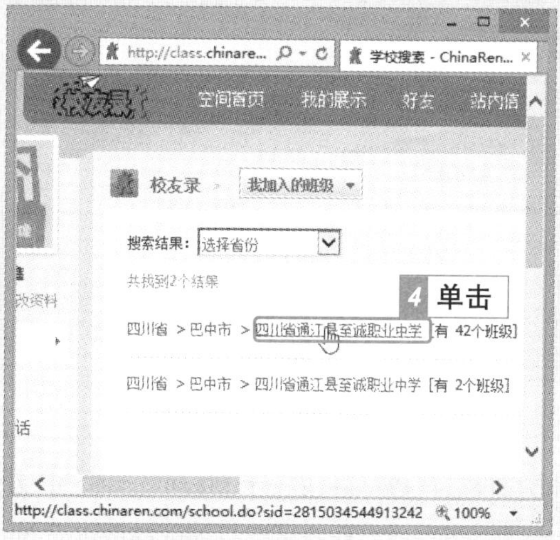

图7-51 单击搜索结果

步骤 03 在打开的页面中显示了该学校创建了校友录的班级，单击选择入学年份列表框右侧的按钮，在弹出的下拉列表中选择“2005”选项，如图7-52所示。

步骤 04 在打开的页面中显示了2005年入学的班级，单击自己班级的文本超链接，再在打开的页面中单击加入班级按钮，如图7-53所示。

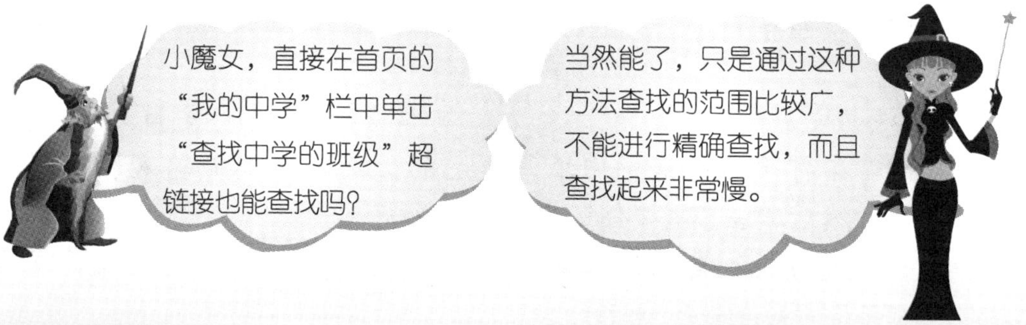

小魔女，直接在首页的“我的中学”栏中单击“查找中学的班级”超链接也能查找吗？
当然能了，只是通过这种方法查找的范围比较广，不能进行精确查找，而且查找起来非常慢。

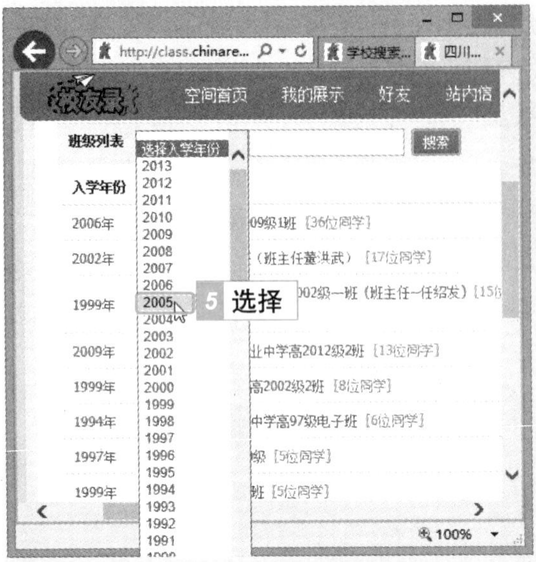

图7-52　选择入学年份

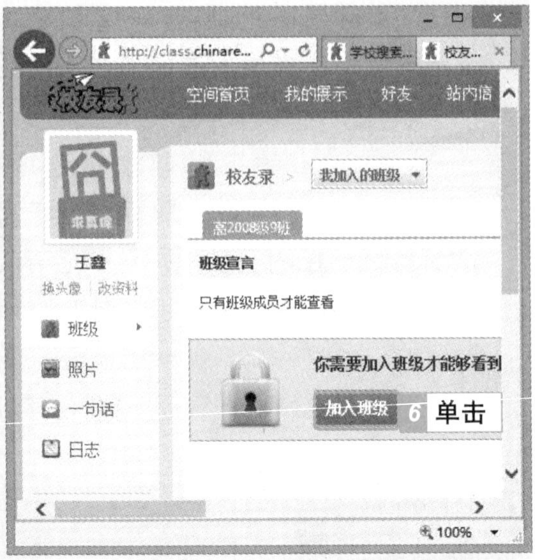

图7-53　单击按钮

步骤 05　在打开的对话框中先选中 ◉ 班级成员 单选按钮，然后再根据提示填写加入班级的理由、真实姓名、手机号码以及邮箱等信息，填写完后单击 下一步 按钮，如图7-54所示。

步骤 06　在打开的对话框中填写相关的信息，填写完成后单击 填写同学名字直接加入班级 按钮，如图7-55所示。

图7-54　填写真实资料

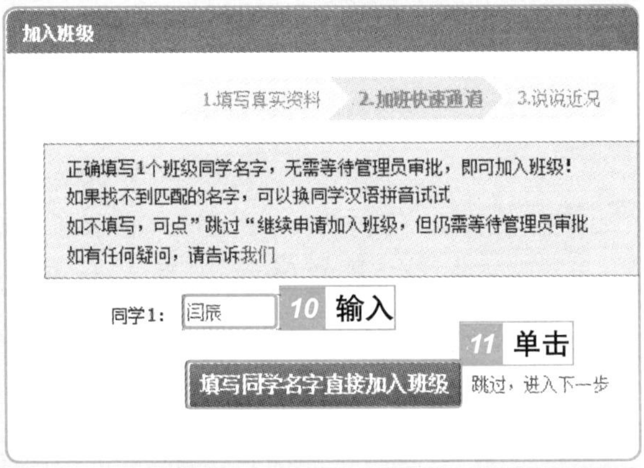

图7-55　填写同学名字

步骤 07　在打开的对话框中填写自己的近况信息，并输入验证码，然后单击 提交 按钮，如图7-56所示。

步骤 08　成功加入自己的班级，这时您就可以向班级中的成员发布留言了。

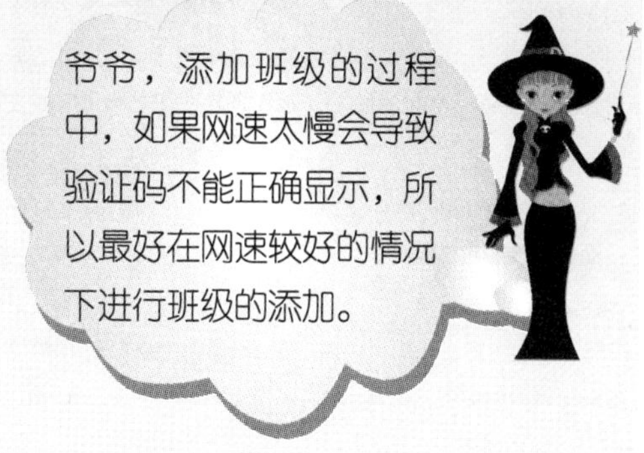
爷爷，添加班级的过程中，如果网速太慢会导致验证码不能正确显示，所以最好在网速较好的情况下进行班级的添加。

图7-56　填写自己近况

7.5　典型实例——评论和发表帖子

爷　爷：小魔女，我在论坛中结交了几个志趣相投的朋友，我们经常在论坛中讨论问题呢！

小魔女：是吗？爷爷，现在您知道我教您的知识对您是有用的了吧！

爷　爷：呵呵，小魔女，我一直都知道你教我的知识对我帮助很大，所以，你教的知识我都牢牢掌握了哟！

小魔女：是吗？那您能在注册的老年论坛中先对他人的帖子发表评论，然后再自己发表一个帖子吗？

爷　爷：没问题，我也正想去论坛瞧瞧呢！

小魔女：那就赶快行动吧！

其具体操作如下：

步骤 01　在IE地址栏中输入网址“http://www.lnlt.cn”，按【Enter】键打开夕阳红论坛，在“用户名”和“密码”文本框中输入用户名和密码，单击 登录 按钮，如图7-57所示。

步骤 02　然后在夕阳红论坛首页下方单击“摄影交流”超链接，如图7-58所示。

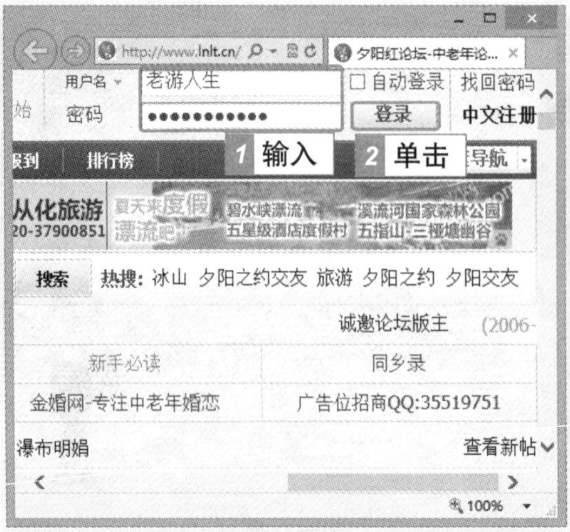

图7-57　登录论坛

图7-58　单击超链接

步骤 03 在打开页面的“版块主题”栏中单击“悠悠夕阳下”帖子，如图7-59所示。

步骤 04 在打开的页面中阅读该帖子，然后在页面下方的文本框中输入对帖子的评论，将鼠标光标定位到“验证码”文本框中，输入弹出图片中的文字，单击发表回复按钮，如图7-60所示。

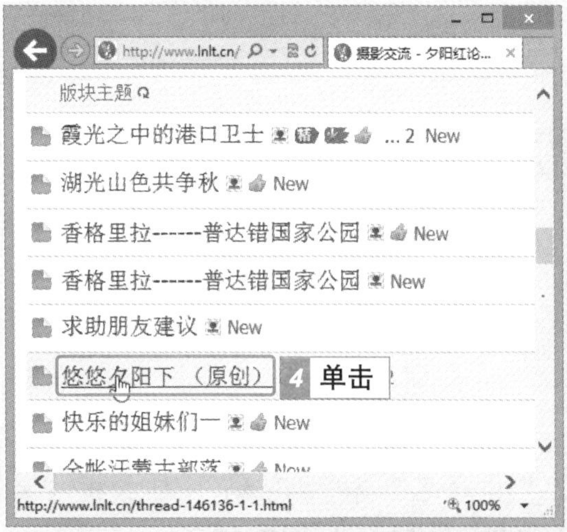

图7-59　选择需要查看的帖子

图7-60　发表评论

步骤 05 发表成功后，在该页面中单击发帖按钮，在打开的页面文本框中输入发表的内容，输入完成后单击发表帖子按钮，如图7-61所示。

步骤 06 在打开的页面中可查看自己发表的帖子，如图7-62所示。

图7-61 输入发帖内容

图7-62 查看发表的帖子

7.6 本章小结——发表和评论帖子的技巧

小魔女：爷爷，我看了您回复和发表的帖子，为什么每个帖子的字都很少呢？

爷 爷：呵呵，那是因为我对输入法不熟练，在输入文字时比较吃力，所以在回复和发表帖子时就只能尽量少些内容了。

小魔女：哦，很多中老年论坛都提供了手写输入的功能，如果您比较习惯写字，使用该功能输入文字非常方便。

爷 爷：是吗？那你给我说说怎么用吧！

小魔女：好呀！顺便我再教您设置发帖内容的文字格式，这样您可以将字体设置为适合老年人看的大小。

爷 爷：您怎么不早说呀！这两招对我太有用了。

小魔女：爷爷，现在说也不晚呀！呵呵……

第1招：设置发帖内容的文字格式

在各个论坛中发表和回复帖子时，您可对文字的大小、颜色等进行设置，这样不仅利于他人查看，也可以让自己发表的帖子在众多帖子中更加显眼。设置文字格式的方法与在QQ聊天窗口中设置的方法类似，单击相应的按钮或选择相应的选项即可。

第2招：手写输入

很多中老年论坛或网站中都提供了手写输入的功能，其输入方法就和平常写字差不多。在网站或论坛中使用手写输入功能输入文字的方法为：在论坛首页单击“手写输入”超链接，在打开的页面中单击“手写”超链接，在打开的对话框中鼠标光标变成✎形状，这时拖动鼠标开始写字，在右侧的小框中选择需要的字，选择的字将在页面中的文本框中显示，如图7-63所示。内容输入完成后，复制输入的内容在相应的位置进行粘贴即可。

图7-63　手写输入内容

7.7　过关练习

（1）在注册的中老年论坛中查看并回复帖子。

（2）在太平洋摄影部落中查看摄友发表的作品，然后查看一些摄影技巧，并发帖展示自己的作品。

（3）注册一个百度知道用户，然后在百度知道中搜索问题，查看有没有自己能回答的问题，并对其进行回答。

（4）在网上注册校友录，然后登录到校友录搜索自己的班级，并加入到班级中去。

Chapter 8

第8章

查询信息——网上生活面面观

爷　爷：小魔女，我和你陈爷爷约好了，下周去杭州旅游。但是我们还不知道杭州有哪些景点呢？

小魔女：爷爷，您可以在网上查询一下杭州的旅游信息呀！如景点、天气和酒店等。

爷　爷：在网上还能查询到这些信息？

小魔女：爷爷，在网上不仅可以查询旅游景点，还能查询一些与日常生活息息相关的信息。

学习要点：

- 网上查询旅游信息
- 网上查询日常生活信息
- 网上发布房屋出租信息

8.1 网上查询旅游信息

小魔女：爷爷，如果您要到一个陌生的城市去旅游，在出发前，一定要做好充分的准备，这样我们才能放心。

爷　爷：去旅游还需要做什么准备呀！

小魔女：您可以先去网上查询一下旅游城市有哪些旅游景点、天气以及要入住的酒店等相关信息。

爷　爷：旅游景点信息还能在网上查询？

小魔女：不仅能在网上查询，还能在网上预订门票呢！安全又方便。

爷　爷：真的，那我也想试试，你说怎么样呀？

小魔女：可以呀！我现在就教您。

8.1.1 查询旅游景点

当您和家人朋友一起去旅游时，如果没有明确的目的地，您可以通过一些旅游网站中的介绍来选择要去旅游的景点。下面在携程网中查询杭州的旅游景点，其具体操作如下：

步骤 01　在IE地址栏中输入网址“http://www.ctrip.com”，按【Enter】键打开网站首页，单击“旅游度假”超链接。

步骤 02　在打开的页面中单击 旅游攻略 按钮，如图8-1所示。

步骤 03　在打开页面的“旅游攻略”列表框中单击“全部景点列表”超链接，如图8-2所示。

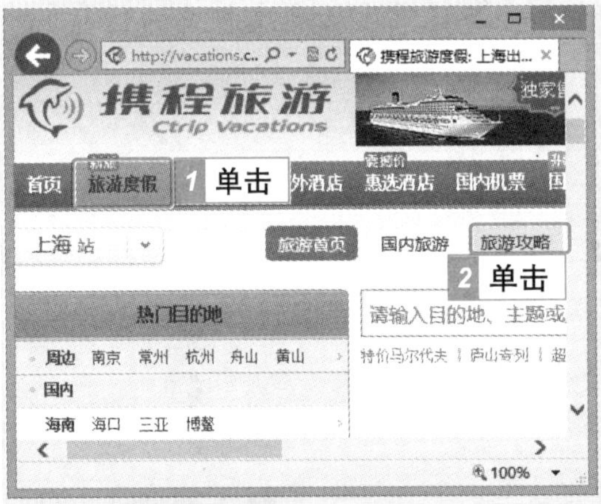

图8-1　单击按钮

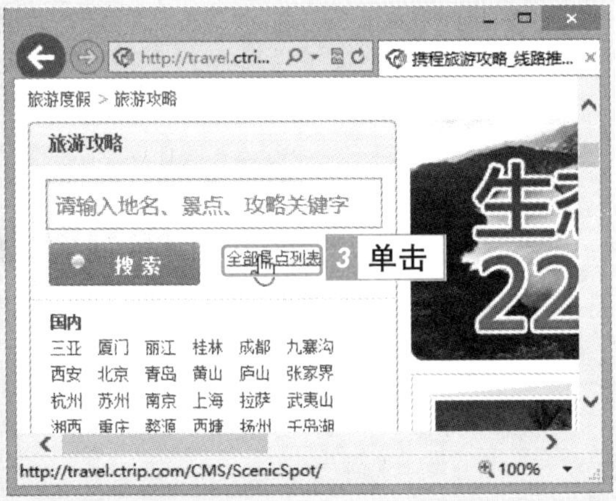

图8-2　单击超链接

步骤 04 在打开页面的文本框中输入“杭州”，单击 搜索 按钮，如图8-3所示。

步骤 05 在打开页面右侧的“搜索分类”列表框中单击“景点（55）”超链接，如图8-4所示。

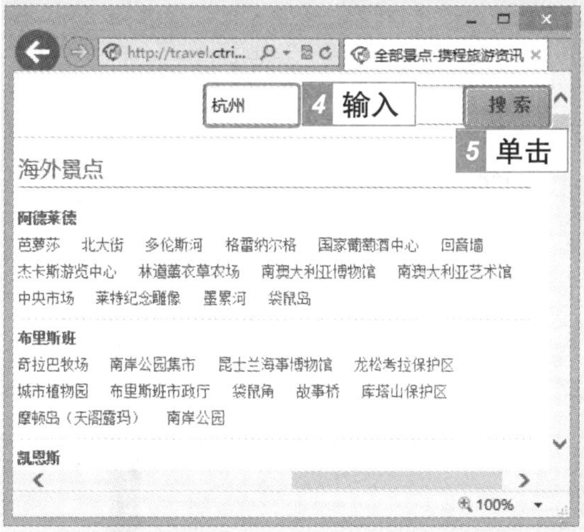

图8-3　单击按钮

图8-4　搜索要查看的景点

步骤 06 在打开的页面中显示了杭州所有景点的相关图片和名称，单击要查看景点的相应图片或名称超链接，这里单击“西溪湿地公园”文本超链接，如图8-5所示。

步骤 07 在打开的页面中即可查看介绍景点的文字内容和图片，如图8-6所示。

图8-5　选择要查看的景点

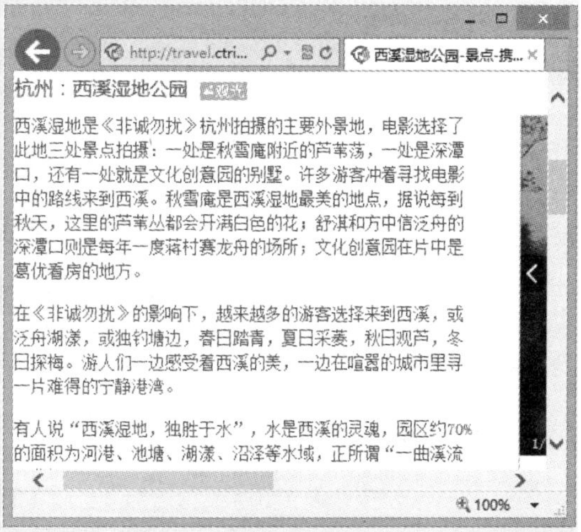

图8-6　查看景点详细介绍

8.1.2 查询旅游城市天气

了解旅游景点的信息后，提前了解旅游景点的天气情况也是非常必要的，而且很多旅游网站也提供了查询天气的功能。下面在携程网首页查询杭州的天气情况，其具体操作如下：

步骤 01 在携程网首页单击“天气预报”超链接，如图8-7所示。

爷爷，在其他网站中查询旅游景点天气的方法与此类似。

图8-7 单击超链接

步骤 02 在打开页面的“今日天气”列表框中的“快速查询”文本框中输入“杭州”，再单击go按钮，在该页面中国地图下方的列表框中将显示杭州最近3天的天气情况，如图8-8所示。

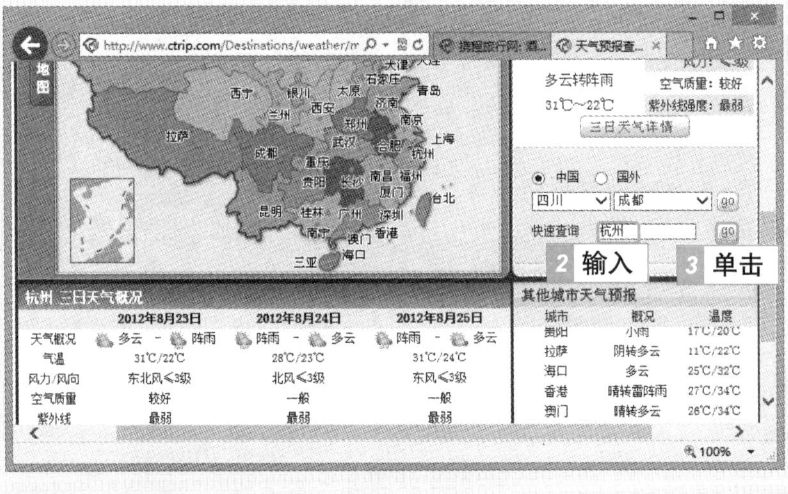

图8-8 查看天气情况

8.1.3　预订酒店和机票

要想外出旅行更省心省事，您可以提前在网上预订好机票和要在旅游城市入住的酒店。现在有很多网站都具备在线预订机票和酒店的功能，操作简单，安全可靠，可省去很多麻烦。下面对预订机票和酒店的方法分别进行介绍。

1. 预订机票

在网上预订机票不仅快速，而且还省去了到机票代售点排队购票的麻烦，非常方便。下面在携程网中预订机票，其具体操作如下：

步骤 01 在携程网首页单击“国内机票”超链接，在打开的页面左侧的“查询国内航班”列表框中根据提示填写相应的信息，单击 搜索 按钮，如图8-9所示。

步骤 02 在打开的页面中显示了根据条件搜索到的结果，然后根据需要选择航班，单击其后的 预订 按钮，如图8-10所示。

图8-9　填写基本信息

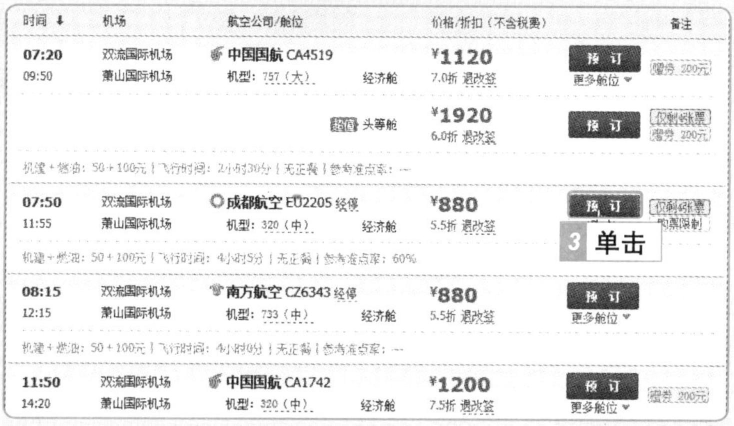

图8-10　预订航班

步骤 03 在打开的对话框右侧单击 直接预订 按钮，如图8-11所示。

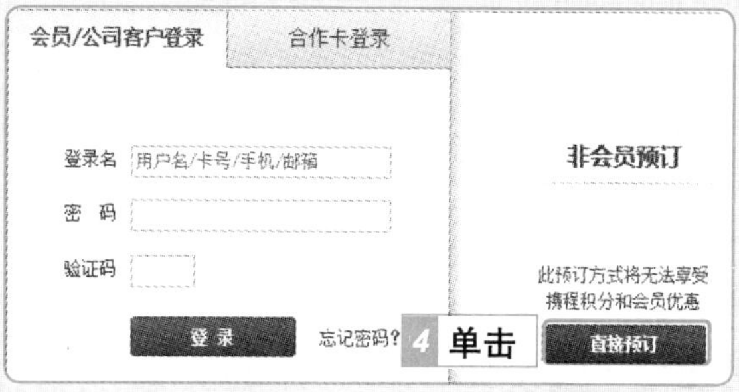

图8-11　直接预订

步骤 04 在打开的页面中填写机票预订单，根据实际情况在对应的文本框中输入真实的信息，填写完成后单击 下一步 按钮，如图8-12所示。

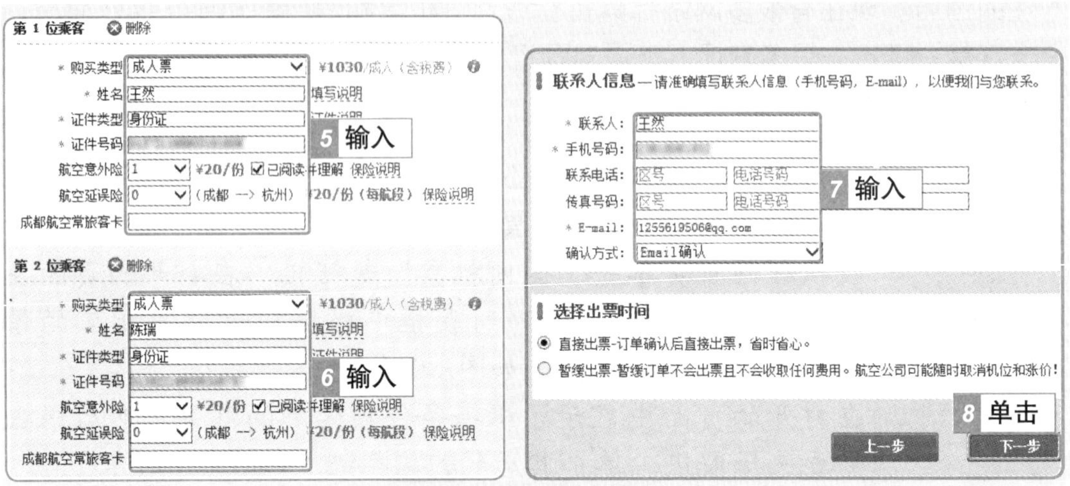

图8-12　填写机票订单

步骤 05 在打开页面的"选择配送方式"列表框中选择机票配送的方式，这里选中 市内自取 单选按钮，在展开的列表中显示了自取城市、自取地址以及自取时间，如图8-13所示。

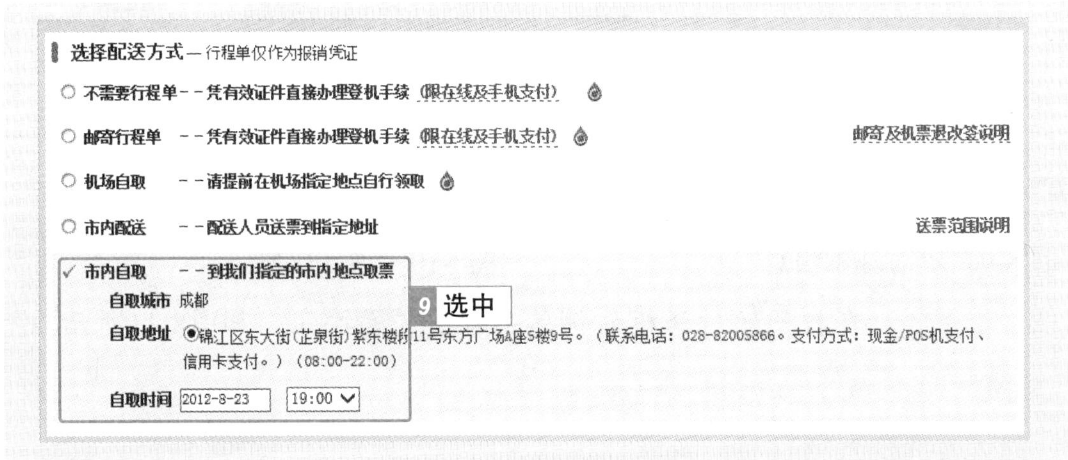

图8-13　选择配送方式

步骤 06 在"选择支付方式"列表框中选中 网上银行 单选按钮，在展开的列表中选中 中国农业银行 单选按钮，如图8-14所示。

步骤 07 单击 下一步 按钮，在打开的页面中核对填写的预订单信息，核对完成后单击 下一步 按钮。

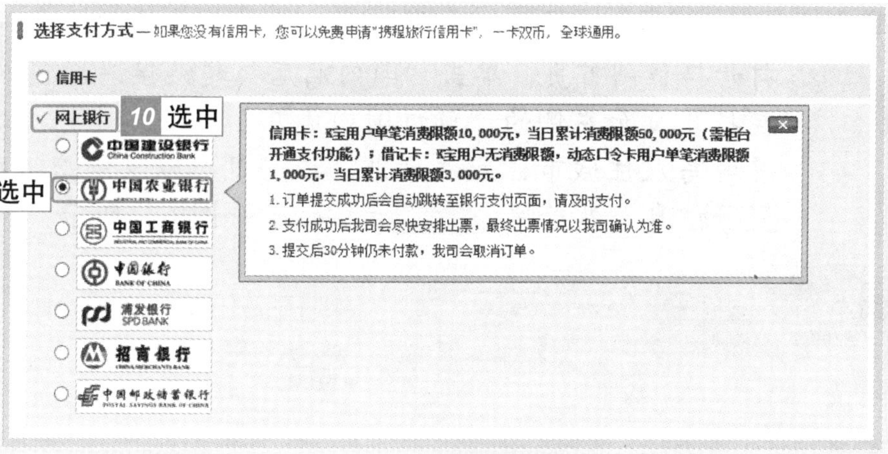

图8-14 选择支付方式

步骤 08 在打开的页面左侧阅读网上银行支付的提示信息，右侧显示了网上银行的使用步骤，阅读完成后单击 提交 按钮，如图8-15所示。

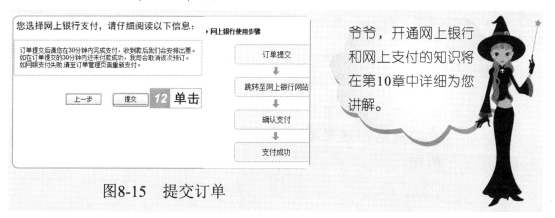

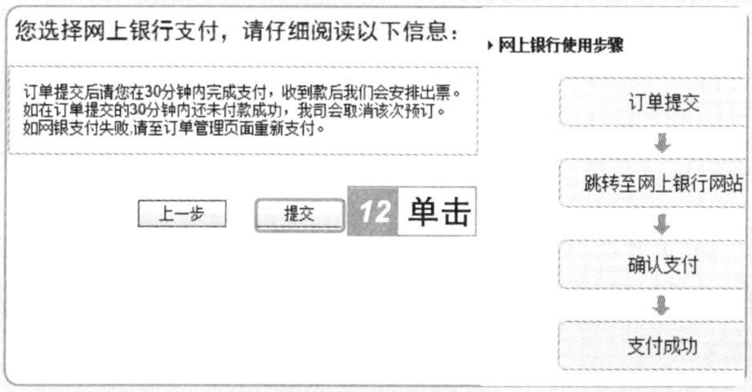

图8-15 提交订单

步骤 09 在打开的页面中根据提示支付预订机票的费用，支付完成后就完成了机票的预订。

魔法档案——网上银行支付的注意事项

如果用户是在网络上预订的机票，而且是通过网上银行支付的，则需要用户提前两小时到达机场凭有效证件换取登机牌。

2. 预订酒店

在网上预订酒店，需要填写入住和离开酒店的时间，还需要填写入住人的详细真实信息等。下面在携程网中预订酒店，其具体操作如下：

步骤 01 打开携程网首页，单击“国内酒店”超链接。

步骤 02 在打开页面左侧的“预订国内酒店”列表框中根据实际情况填写入住城市、入住日期、退房日期以及酒店级别、位置等信息，然后单击 搜索 按钮，如图8-16所示。

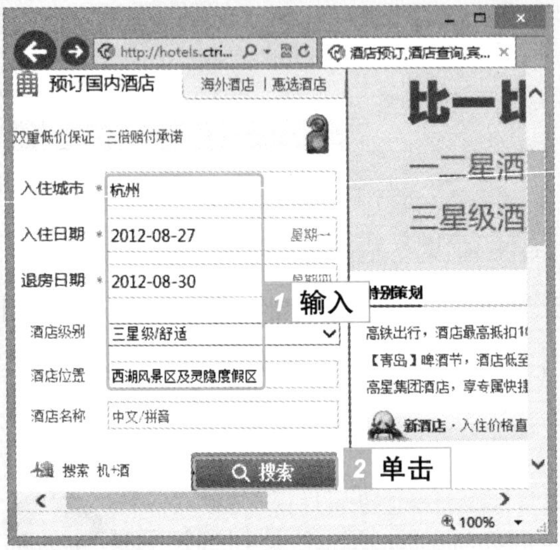

图8-16 填写相应的信息

魔法档案——快捷预订酒店

在填写酒店的搜索条件时，如果您对该城市的地理位置和酒店不熟悉，可以将鼠标光标定位到相应的文本框中，然后在打开的对话框中提供了相关信息，您可以根据需要直接进行选择。

步骤 03 在打开的页面中显示了按条件搜索到的酒店，选择需要查看的酒店，这里单击“桔子水晶酒店”超链接，如图8-17所示。

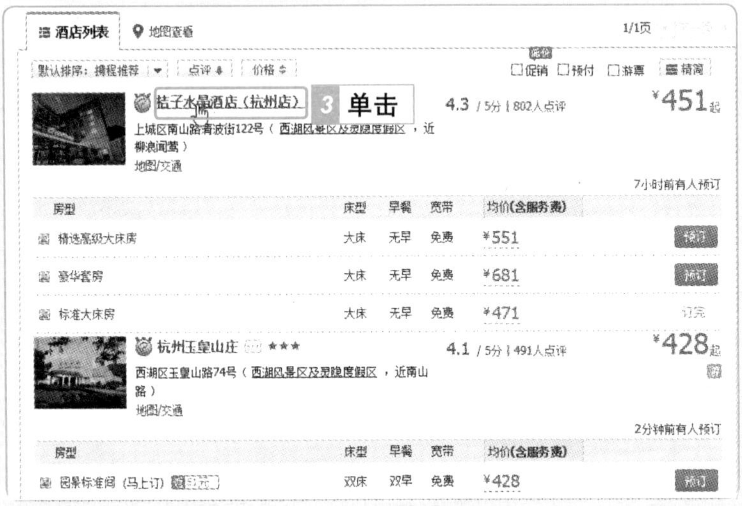

图8-17 选择酒店

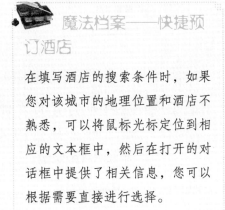

步骤 04　在打开的页面中即可查看该酒店提供的图片信息以及酒店名称、酒店位置、房型和价格等信息，如果对酒店感到满意，单击其后的 预订 按钮，如图8-18所示。

图8-18　预订酒店

步骤 05　在打开的对话框中单击 直接预订 按钮，再在打开的页面中根据提示填写相关的个人信息，填写完成后，单击 提交订单 按钮，如图8-19所示。

图8-19　填写并提交预订单

步骤 06 在打开的页面中显示订单已提交等信息，完成酒店的预订，如图8-20所示。

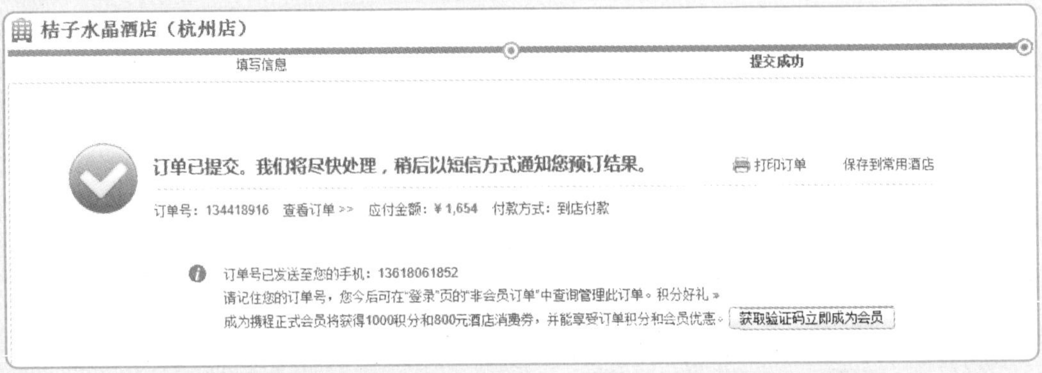

图8-20　完成酒店的预订

8.2　网上查询日常生活信息

爷　爷：小魔女，我明天要去芷泉街取预订的飞机票，你知道从我这里到芷泉街应乘坐几路公交车吗？

小魔女：爷爷，我也不知道，您可以去网上查查。

爷　爷：公交车路线信息在网上都能查到呀？

小魔女：这有什么难的，不要说是查公交车线路，就连成都有哪些美食、您买的彩票有没有中奖等信息都能在网上查询到。

爷　爷：这么方便？那你快教教我吧！这样晚上我就能从网上查询我买的彩票有没有中奖了。

8.2.1　查询公交线路

如果想查询公交线路，可以使用百度地图进行搜索，这样不仅可以清晰地看到各个地方的详细位置，还可以快速地查询到相应的公交线路信息。下面以在百度地图上查询成都营门口立交桥东到芷泉街的公交线路为例，介绍查询公交路线的方法，其具体操作如下：

步骤 01 在IE浏览器地址栏中输入网址“http://map.baidu.com”，按【Enter】键打开百度地图首页，在文本框下面选择“公交”选项卡。

步骤 02 再在起点和终点文本框中分别输入“营门口立交桥东”和

“芷泉街”，单击百度一下按钮，如图8-21所示。

步骤 03 在打开的页面左边显示了相关地理信息和坐车需要的大致时间，在右边显示了搜索到的公交线路。

步骤 04 在右边显示的多种乘车方案中，可根据自己的需要进行选择查看，默认选择第一种方案，如图8-22所示。

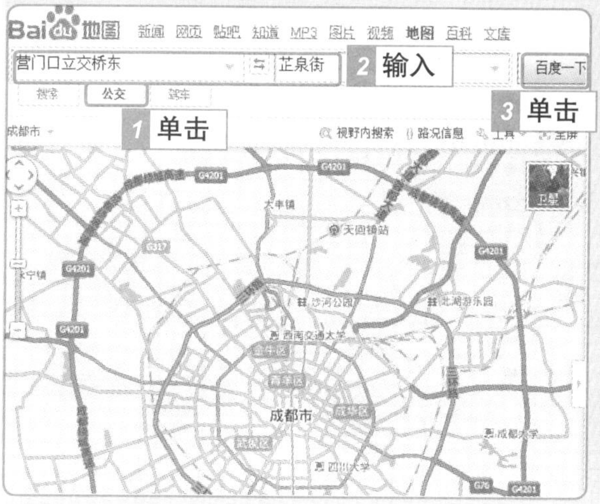

图8-21　输入公交站点

图8-22　查看公交线路信息

8.2.2　查询美食信息

当家里来了亲戚朋友后，常常会为吃什么而发愁，也不知道什么地方有美食，这时，您还可以在网上先查询该城市的美食以及位置，这样就不会因此而发愁了。下面以在口碑网中查找成都金牛区的美食为例，介绍查询美食信息的方法，其具体操作如下：

步骤 01 在IE地址栏中输入网址“http://www.koubei.com”，按【Enter】键打开口碑本地生活首页。

步骤 02 在“热门分类”栏中单击“餐饮美食”超链接，如图8-23所示。

步骤 03 在打开页面的“类目”栏中单击“川菜”超链接，如图8-24所示。

步骤 04 在打开页面的“区域”栏中单击“金牛”超链接。

步骤 05 在打开的页面中显示了成都金牛区的川菜美食店，并将搜索到的结果按好评率进行排序。

图8-23 单击“餐饮美食”超链接

图8-24 选择菜系类别

步骤 06 单击好评率排名第一的“夫妻肺片（北站店）”超链接，如图8-25所示。

步骤 07 在打开的页面中可查看美食的详细信息，如图8-26所示。

图8-25 单击美食店名超链接

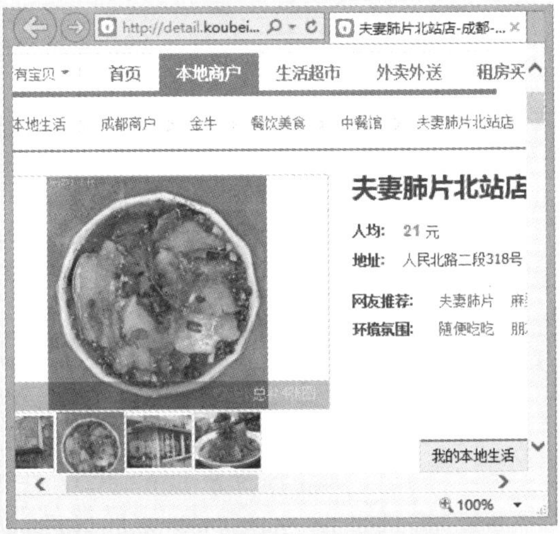

图8-26 查看美食详细信息

晋级秘诀——查询其他城市的美食

在打开的口碑网首页单击[成都·]按钮，在打开的“选择城市”对话框中选择其他城市，可打开其他城市的口碑网首页，在其中根据上述方法也可以查询其他城市的美食。

8.2.3 查询彩票信息

在彩票点购买彩票后，要在开奖的第二天才能看到结果，如果您想第一时间知道购买彩票的开奖信息，可通过更新速度较快的网站进行查询。在网上查询彩票信息的方法是：在IE地址栏中输入网址“http://www.zhcw.com”，按【Enter】键打开网站首页，在网站首页即可看到最新的彩票新闻和彩票开奖公告，如图8-27所示。

图8-27 查询彩票信息

8.3 网上发布房屋出租信息

爷　爷：小魔女，我想把空置的房间出租出去，你有没有什么熟人要在这一带租房子的？

小魔女：这个我也不知道，我只有先问问。

爷　爷：哦，如果没有我就直接找房屋中介帮我出租出去了。

小魔女：爷爷，您怎么不试试将房屋出租信息发布在网上呀！这样既方便又省事。

爷　爷：是呀！但我忘了怎么操作。不过虽然我忘了怎么操作，但有你这个上网高手的指点，我相信我能很快就学会。

8.3.1 注册赶集网会员

在赶集网中，每个人每天可以免费发布一条信息，但是要想更好地管理自己发布的信息，最好注册成为赶集网会员，这样可方便管理自己发布的信息。下面在赶集网中注册会员，其具体操作如下：

步骤 01 在IE地址栏中输入网址“http://cd.ganji.com”，按【Enter】键打开该网页，单击“注册”超链接，如图8-28所示。

步骤 02 在打开的页面中根据提示填写注册信息，填写完成后单击立即注册按钮，如图8-29所示。

图8-28 单击“注册”超链接

图8-29 填写注册信息

步骤 03 在打开的页面中将提示注册成功，如图8-30所示。

图8-30 注册成功

在成功注册页面中单击蓝色文字对应的文本超链接，即可进入到不同的页面。

魔法档案——会员登录

在赶集网中注册成功后将自动登录，如果退出后再次登录就需要在赶集网首页单击“登录”超链接，在打开的页面中输入正确的账户和密码，单击 登录赶集 按钮即可。

8.3.2　完善个人资料

在注册会员时填写的信息并不一定完整，要想提高自己发布信息的信誉度，您可以将自己的资料填写完整。

在赶集网注册会员后，完善个人资料的方法是：在赶集网首页单击注册的用户名或在注册成功页面中单击“进入会员中心”超链接，在打开的页面中单击“完善个人信息”超链接，在打开的“我的资料”页面中根据提示将个人资料填写完整，然后单击 完成修改 按钮即可，如图8-31所示。

图8-31　完善个人资料

8.3.3　发布出租信息

在赶集网中注册会员并成功登录后，您就可以发布房屋出租的信息了。下面在赶集网中发布房屋出租信息，其具体操作如下：

步骤 01 在赶集网首页单击 免费发布信息 按钮，如图8-32所示。

步骤 02 打开免费发布信息页面，单击“房产”超链接，在展开的“选择房产小类”栏中单击“租房”超链接，如图8-33所示。

图8-32　单击按钮

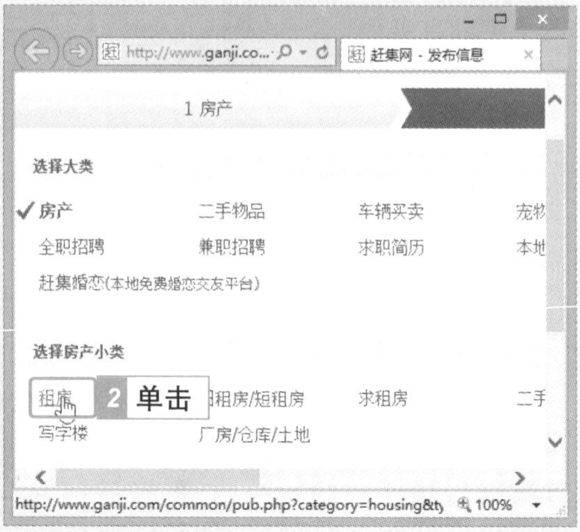

图8-33　单击超链接

步骤 03　打开发布出租信息页面，在该页面中根据提示对需要出租的房屋信息进行描述，填写完成后单击 立即发布 >> 按钮，如图8-34所示。

图8-34　发布出租信息

步骤 04　在打开的页面中提示发布成功，如图8-35所示。发布成功后，网友看到信息会根据您填写的电话号码与您联系。

图8-35　发布成功

魔法档案——编辑和删除信息

在该页面中单击顶部的用户名，打开会员中心，在“我发布的信息”栏中显示发布的信息，再单击其后的“编辑”超链接可对发布的信息进行编辑；单击“删除”超链接，可删除发布的信息。

8.4　典型实例——查询丽江景点和住宿信息

小魔女：爷爷，您觉得在网上查询信息感觉怎么样？

爷　爷：只要掌握了查询信息的方法，就能轻松、快速地查询各种信息，非常方便。

小魔女：是呀！爷爷，我们不是说国庆去丽江游玩吗？您可以先在网上查询一下丽江的旅游景点以及酒店信息吧！这样我也可以看看您对知识的掌握程度。

爷　爷：好呀！这样我也可以提前大饱眼福哟！

小魔女：爷爷，不要忘了还要查询丽江的酒店哟！

爷　爷：知道啦！小魔女，你真唠叨。

其具体操作如下：

步骤 01 在IE地址栏中输入网址“http://www.ctrip.com”，按【Enter】键打开携程网首页。

步骤 02 单击“旅游度假”超链接，在打开的页面中单击旅游攻略按钮，在左侧“旅游攻略”列表框的文本框中输入“丽江”，单击搜索按钮，如图8-36所示。

步骤 03 在打开的页面中将显示搜索的结果，在右侧的“搜索分类”列表框中单击“景点”超链接。

步骤 04 在打开的页面中将显示丽江的所有景点信息，单击“玉龙雪山”超链接，如图8-37所示。

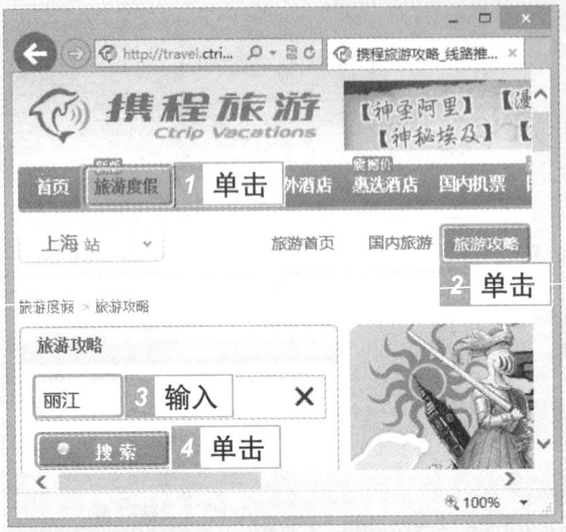

图8-36　输入旅游景点

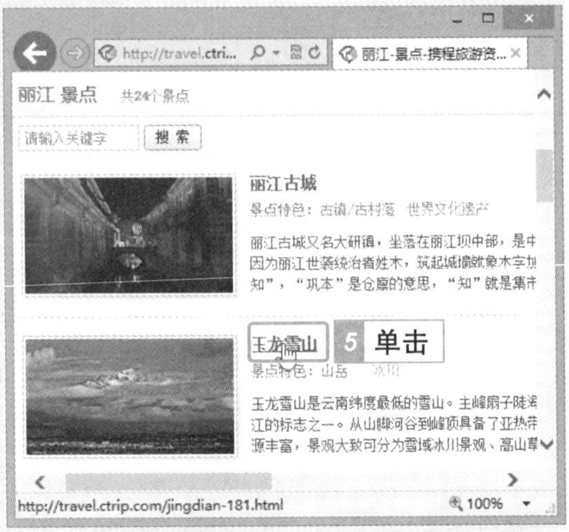

图8-37　选择要查看的旅游景点

步骤 05 在打开的页面中即可查看景点的详细介绍。单击“国内酒店”超链接，在打开页面的“热门酒店”栏中单击“更多主题查询”超链接，如图8-38所示。

步骤 06 在打开的页面“入住城市”栏中单击“显示更多”超链接，在展开的选项中单击“丽江”超链接，如图8-39所示。

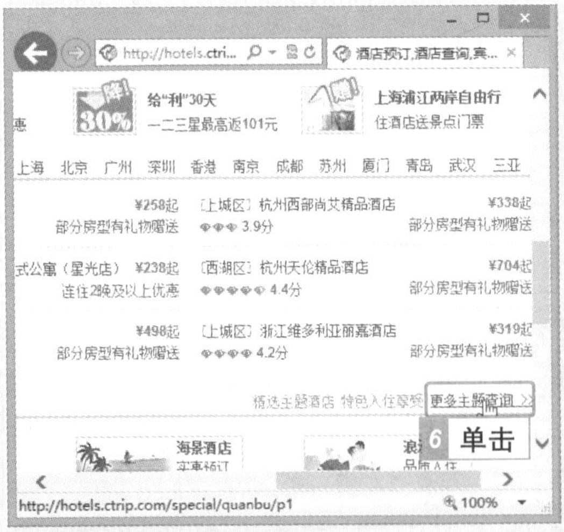

图8-38　单击超链接

图8-39　选择入住城市

步骤 07 在打开的页面中显示了具有特色的酒店信息，在需要查看的酒店列表框中单击 酒店详情 按钮，在打开的页面中即可查看该酒店的详情，如图8-40所示。

图8-40　查看酒店详情

8.5　本章小结——网上查询其他信息

小魔女：爷爷，网上可查询的信息很多，而且查询方法都类似，只要您灵活运用掌握的知识，就能快速查询出您需要的信息。

爷　爷：嗯，那网上还可以查询哪些日常生活中常用的信息呢？

小魔女：还有很多，如租房信息、家政服务以及菜品制作方法等。

爷　爷：呵呵，太好了！看来我得好好利用网络哟！

小魔女：是呀！下面我就再给您说说网上查询租房信息和菜品制作的方法吧！

第1招：查询租房信息

在房屋租赁网站中，除了可自己发布房屋出租信息外，您还可以查看其他人发布的出租信息。其方法是：打开赶集网首页，单击“出租房”超链接，在打开的页面中显示了查找的租房信息，单击相应的文本超链接，在打开的页面中即可对发布的信息进行详细查看，如图8-41所示。

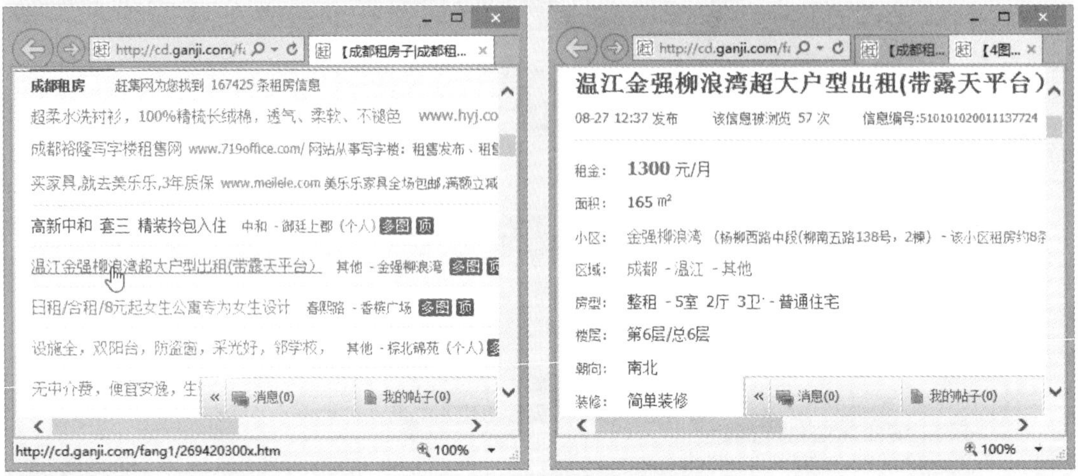

图8-41　查看租房信息

第2招：查询菜品制作方法

在网上查询菜品制作信息，其方法是：在百度搜索文本框中输入菜名名称，单击百度一下按钮，在打开的页面中单击相应的超链接，在打开的页面中即可查看到关于搜索菜品的详细制作方法。

8.6　过关练习

（1）在同程旅游网（http://www.17u.cn）中查询重庆的旅游景点，并预订在重庆旅游时入住的酒店。

（2）查询成都未来几天的天气情况。

（3）在百度地图中查询成都金沙车站到十里店的公交车线路。

（4）在中国体彩网（http://www.lottery.gov.cn）中查看相关的彩票新闻和最新开奖公告。

Chapter 9

第9章

健康生活——网上求医与保健

爷　爷：小魔女，我最近经常头痛，好像生病了。

小魔女：爷爷，生病了可不能马虎，要及时到医院就医哟！

爷　爷：我这里离医院太远了，去了还要排队挂号，非常不方便。能不能在网上预约呀？

小魔女：爷爷，您可以先在网上查询疾病的防治方法和预约门诊。不仅能在网上寻医，还能在网上查看健康饮食、保健信息以及一些健康运动的视频呢！

学习要点：

- 网上寻医问药
- 查看健康饮食与保健信息
- 健康运动多自在

9.1 网上寻医问药

爷　爷：小魔女，网上“医院”究竟能做些什么呢？

小魔女：爷爷，能做的事情可多了，如查看疾病信息、网上健康咨询以及测试常见疾病等，最重要的是还可以在网上进行就诊预约。

爷　爷：小魔女，这些知识我也想学，这样以后看病就会方便很多。

小魔女：爷爷，就算您不说我也会教您的，您掌握了这些知识，我们也会放心很多。

爷　爷：那就不多说了，赶快开始。

9.1.1 查看疾病信息

中老年朋友平时可以通过一些网站多了解一些常见疾病的症状以及治疗方法等，以便及时对疾病进行防治。下面在99健康网中查看常见疾病的相关信息，其具体操作如下：

步骤 01 在IE地址栏中输入网址“http://www.99.com.cn”，按【Enter】键打开99健康网，单击“疾病”超链接，如图9-1所示。

步骤 02 在打开的页面中显示了多个疾病的查询版块，这里在“人群常见疾病”版块中单击与老年人相关疾病的超链接，如图9-2所示。

图9-1　单击“疾病”超链接

图9-2　单击老人疾病超链接

步骤03 在打开的页面中不仅显示了疾病的症状、就诊科室以及身体检查等信息，还显示了疾病的“病因”、“检查”、“预防”以及“治疗”等相关内容的超链接。

步骤04 单击“预防”超链接，如图9-3所示。

步骤05 在打开的页面中即可查看与疾病预防相关的信息，如图9-4所示。

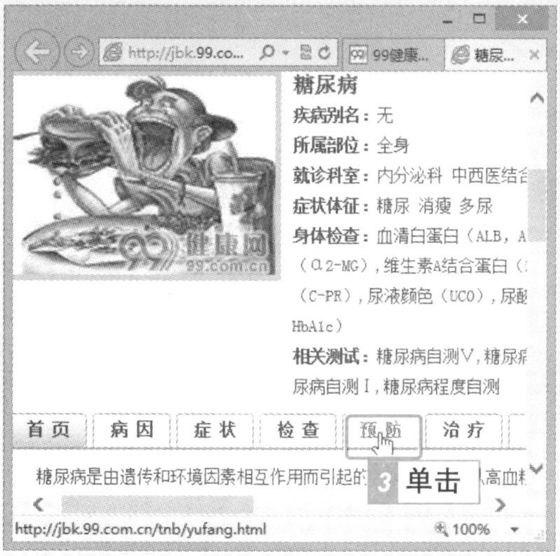

图9-3 单击“预防”超链接

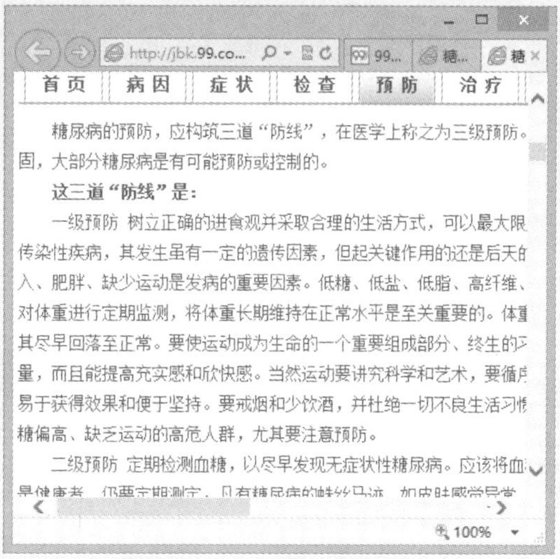

图9-4 查看预防知识

9.1.2 测试常见疾病

随着年龄的增长，各种疾病也会尾随而来，要注意预防各种疾病。当感觉身体稍微有什么不适时，您可以先到网上测试自己的身体情况，对自己的身体进行一个简单的检查，这样不仅能及时治疗疾病，还能让自己放心。下面在99健康网中进行身体健康自测，其具体操作如下：

步骤01 在99健康网首页单击“互动”栏中的“自测”超链接，打开健康自测页面。

步骤02 将鼠标光标移动到左侧的“健康自测直通车”列表框中的“老人专区”文本上，在弹出的列表中选择“糖尿病”选项，如图9-5所示。

步骤03 在打开的自测页面中将要求检测者答题，然后根据实际情况选中对应答案前面的单选按钮，答题后将自动进入到下一题，如图9-6所示。

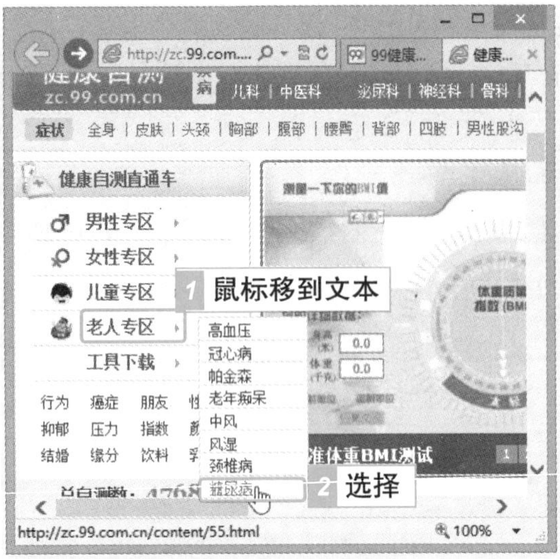

图9-5　选择自测的疾病

图9-6　开始测试

步骤 04 答完所有题目后，将提示完成测试，在下方将显示检测的结果，如图9-7所示。

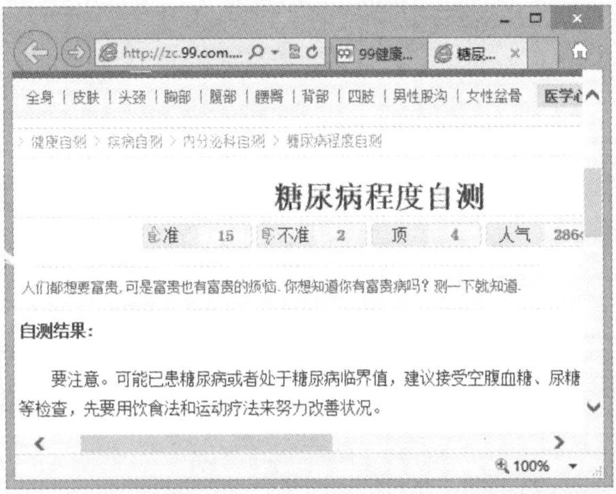

若测试结果是建议到医院检查，为了健康起见，最好到医院进行一些相关的检查。

图9-7　显示自测结果

9.1.3　网上健康咨询

在网上自测身体健康后，如果您对自测的结果有所疑惑，或在生活中遇到了健康问题，都可以在网上找医生进行咨询，既方便又能快速地解决健康问题。在咨询前，需要在该网站中进行注册，其方法和在其他网站注册的方法类似，这里不再赘述。下面在好大夫在线网中进行网上咨询，其具体操作如下：

步骤 01 在IE地址栏中输入网址“http://www.haodf.com”，按【Enter】键打开该网页，单击“请登录”超链接。

步骤 02 在打开页面的“用户名”和“密码”文本框中分别输入用户名和密码，单击登录按钮，如图9-8所示。

步骤 03 成功登录该网站，并返回网站首页，单击“网上咨询”超链接，如图9-9所示。

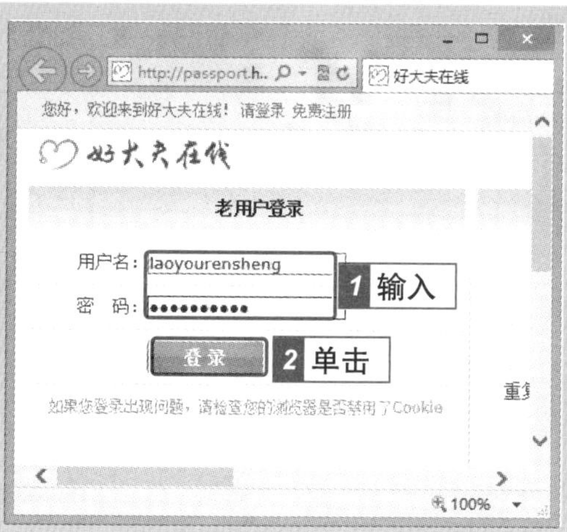

图9-8 登录账号

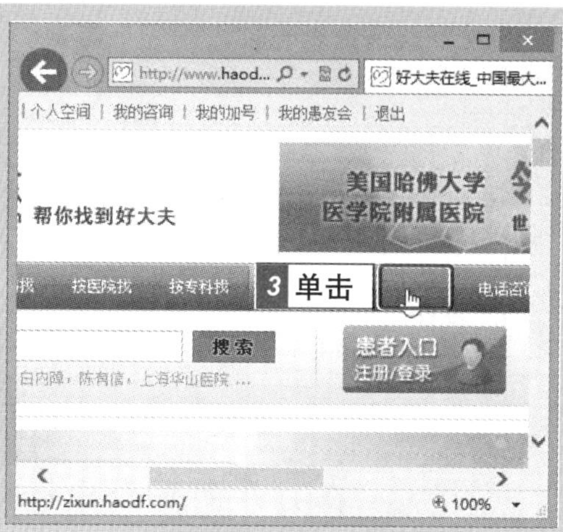

图9-9 单击超链接

步骤 04 在打开的页面中单击“在线咨询”超链接，在“输入所患疾病”文本框中输入“哮喘”，如图9-10所示。

步骤 05 单击按钮，在打开的页面中选择需要咨询的医生，并单击咨询我按钮，如图9-11所示。

图9-10 输入咨询的疾病

图9-11 选择咨询的医生

步骤 06 在打开的页面中填写咨询内容和患者信息，填写完成后单击 填完了，提交给大夫! 按钮，如图9-12所示。

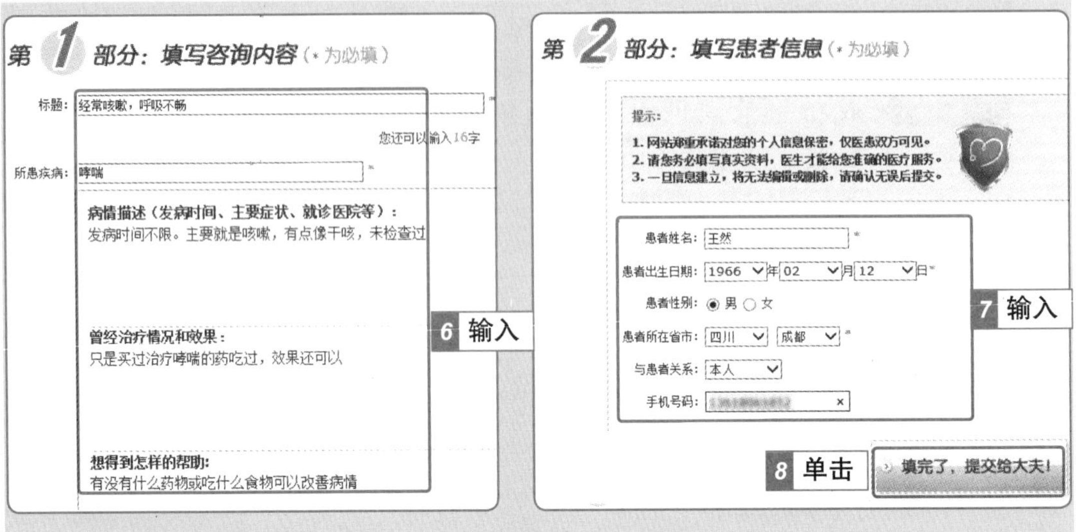

图9-12　填充并提交咨询信息

步骤 07 在打开的页面中设定查看回复的方式，选中自己手机种类的单选按钮，这里选中 其他手机 单选按钮，单击 下一步 按钮，如图9-13所示。

步骤 08 在打开的页面中提示提问提交成功。

步骤 09 等待一段时间，如果医生有回复，会给您发手机短信，同时在网页上方出现闪烁的图标，并弹出“您有新的站内消息”对话框，单击其中的咨询链接，如图9-14所示。

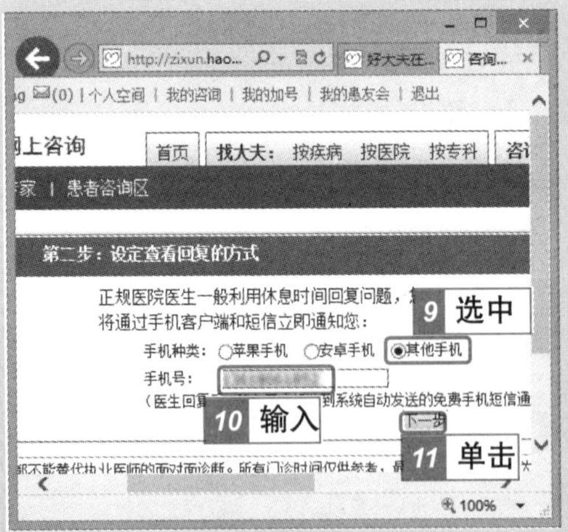

图9-13　确定查看回复的方式

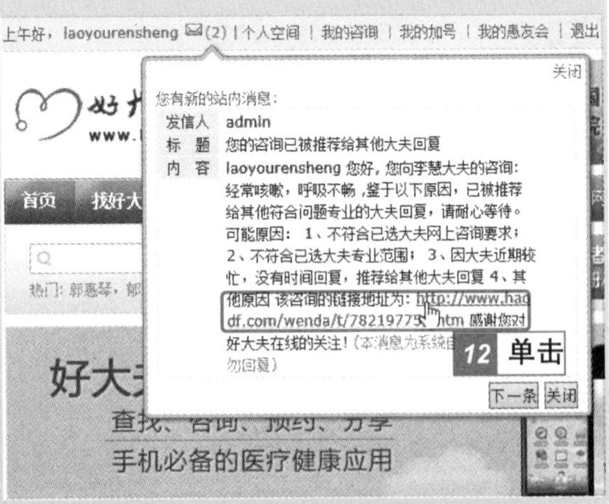

图9-14　打开收到的信息

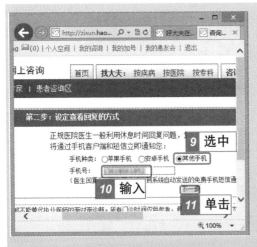

步骤 10　在打开的页面中可看到医生回复的意见，如图9-15所示。

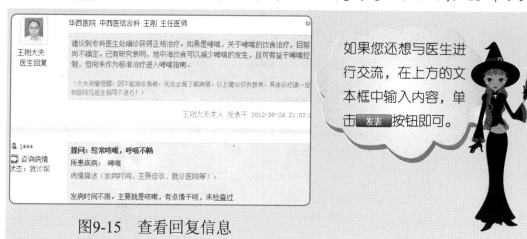

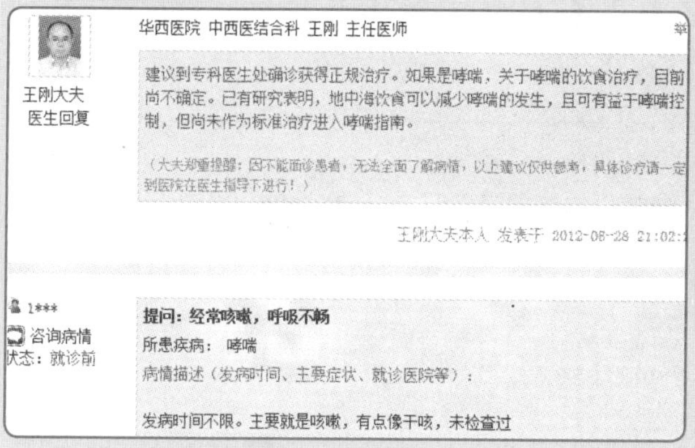

如果您还想与医生进行交流，在上方的文本框中输入内容，单击 发表 按钮即可。

图9-15　查看回复信息

9.1.4　网上预约门诊

网上咨询后，医生回复的信息可作为重要的参考，然后根据病情到医院就医或买药。如果需要到医院就医，您也可以提前在网上进行预约，这样可省去很多时间和麻烦。下面在好大夫在线网中预约挂号，其具体操作如下：

步骤 01　在好大夫在线网首页单击“转诊预约”超链接，如图9-16所示。

步骤 02　在打开页面中的“其他地区可网上预约专家”版块中单击“华西医院”超链接，如图9-17所示。

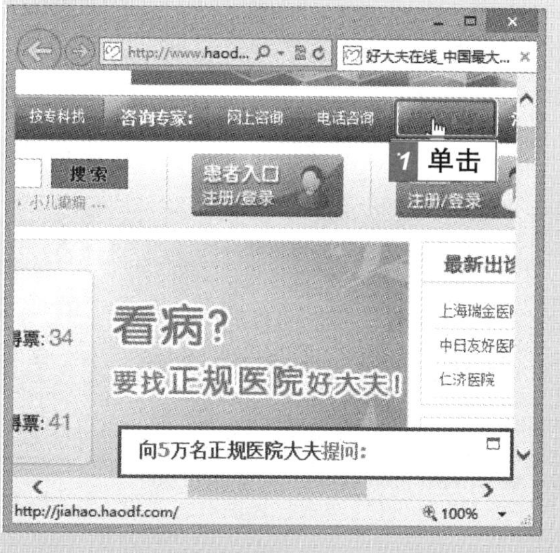

图9-16　单击超链接

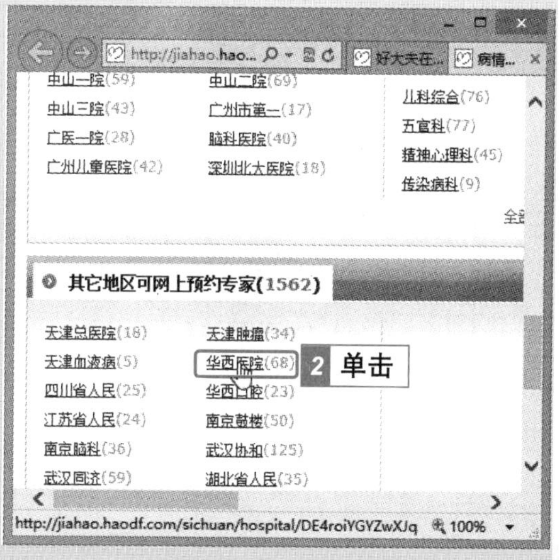

图9-17　选择医院

步骤 03 在打开的页面中查看医生姓名、预约条件和预约时间等，然后确定要预约的大夫和科室，单击其后的立刻预约按钮，如图9-18所示。

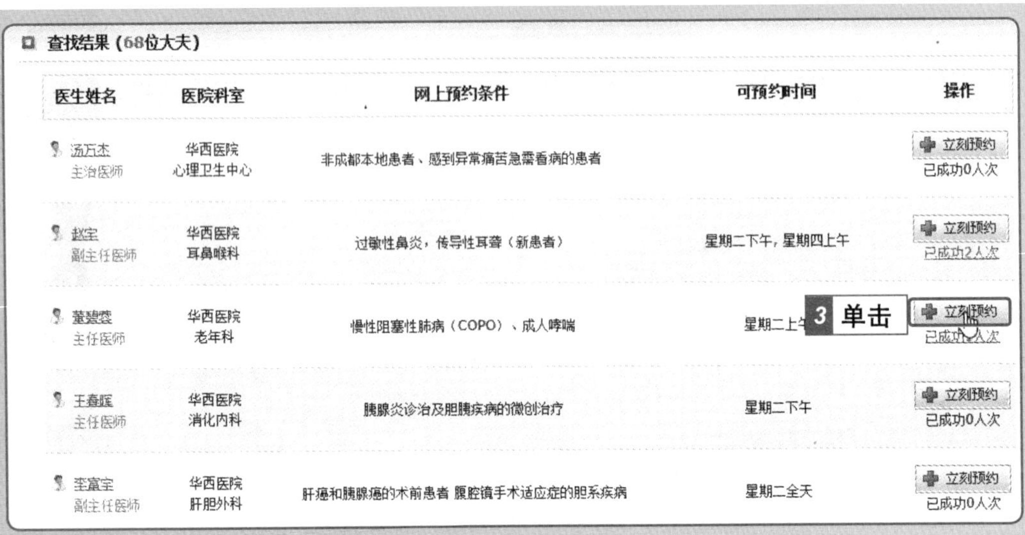

图9-18 查看预约信息和预约大夫

步骤 04 在打开的页面“加号条件和申请”列表框中选择就诊时间，这里选中 ◉ 2012-09-04星期二上午单选按钮，单击申请按钮，如图9-19所示。

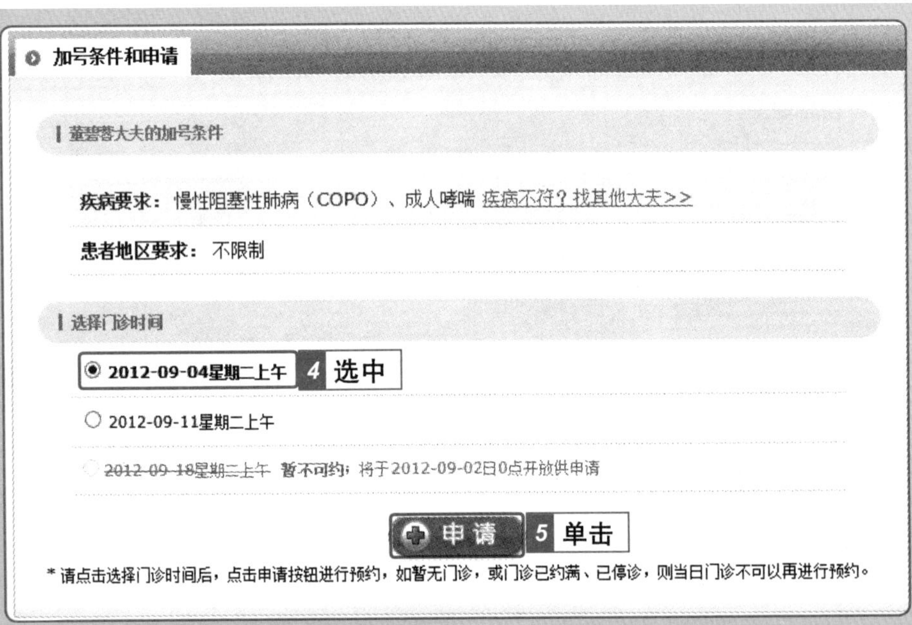

图9-19 选择门诊时间

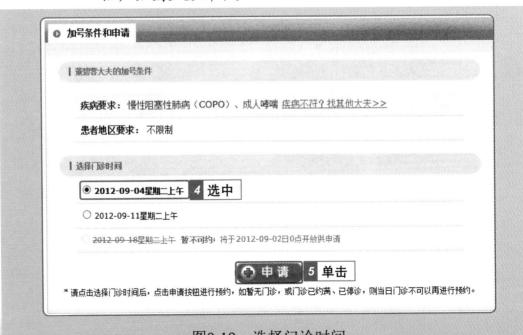

步骤 05 在打开的页面中根据实际情况填写个人基本信息，完成后单击 提交 按钮即可，如图9-20所示。

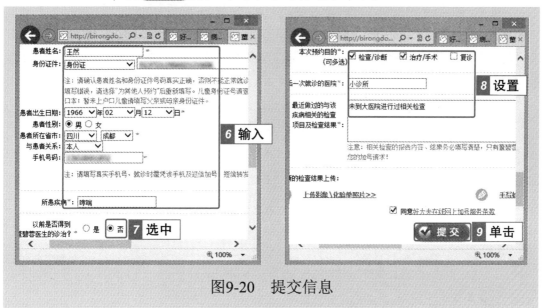

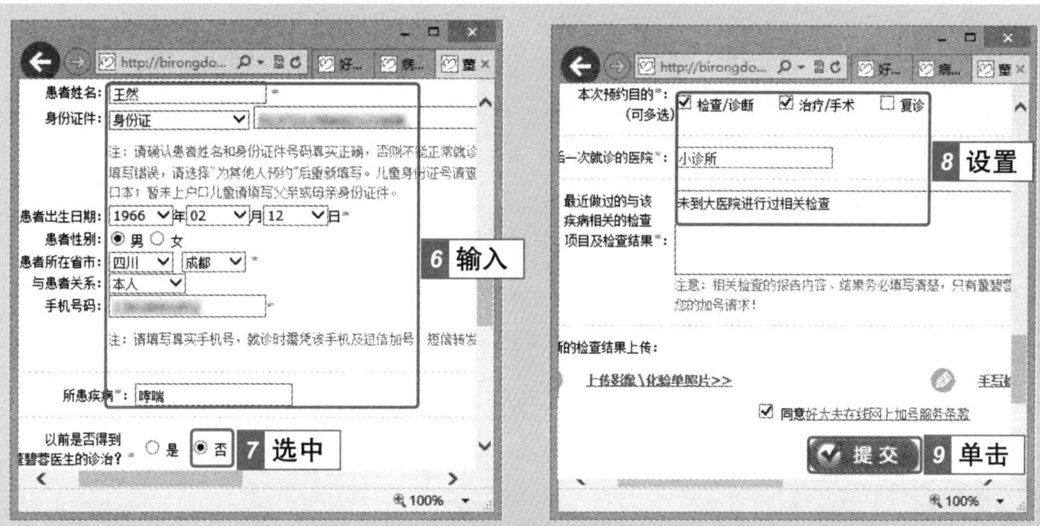

图9-20　提交信息

魔法档案——加号凭证短信

提交预约信息后，手机将收到加号凭证短信，凭此短信可到医院找到医生领取加号单，然后凭此加号单挂号就诊。

9.2　查看健康饮食和保健信息

小魔女：爷爷，除了平时生病要及时医治外，还要注意饮食健康并了解常见疾病的保健信息，这样才能更好地预防疾病。

爷　爷：小魔女，什么样的饮食才算是合理、健康的呢？

小魔女：爷爷，这个不瞒您说，我也不知道，不过，您可以到网上去查一些健康饮食信息和保健信息。

爷　爷：这关系到健康，网上查询的信息可靠吗？

小魔女：爷爷，放心吧！

爷　爷：既然你都这样说了，那你就教教我怎么在网上查询吧！

小魔女：好的，下面我就带您去网上查看健康饮食和保健信息。

9.2.1 查看养生食谱信息

要想有健康的身体，健康、合理的饮食是非常重要的。很多中老年朋友一般都是通过电视、书籍等媒介来获取健康饮食的信息，其实在网上同样可以快速、便捷地查看相关的信息。下面在美食杰网中查看养生食谱信息，其具体操作如下：

步骤 01 在IE地址栏中输入网址“http://www.meishij.net”，按【Enter】键打开美食杰网首页，单击顶部的“健康”超链接，如图9-21所示。

步骤 02 打开健康频道首页，将鼠标光标移动到“食疗药膳”选项卡上，在弹出的列表框中选择“痛风”选项，如图9-22所示。

图9-21 单击超链接

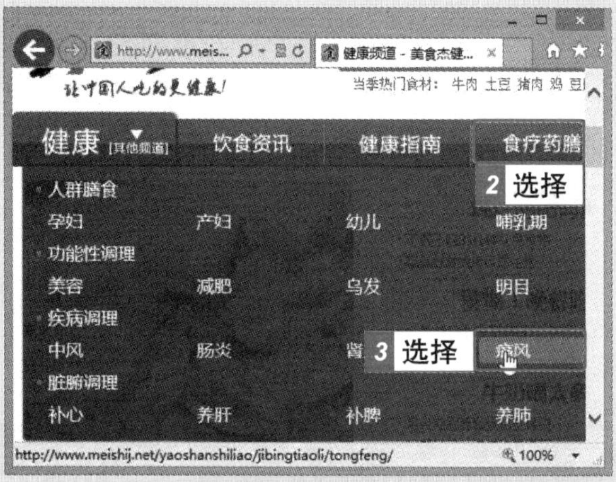

图9-22 选择选项

步骤 03 在打开的页面中显示了关于痛风的食谱，单击食谱对应的图片或文字超链接，这里单击“土豆炖茄子尖椒”超链接，如图9-23所示。

步骤 04 在打开的页面中即可查看相关的食谱信息，如该食谱需要的材料和制作方法等信息，如图9-24所示。

> **魔法档案——获得更多的健康饮食信息**
>
> 在打开的痛风食谱页面中单击“中医保健”或“养生妙方”或“食物宜忌”超链接，在打开的页面中可获得更多的健康饮食信息。

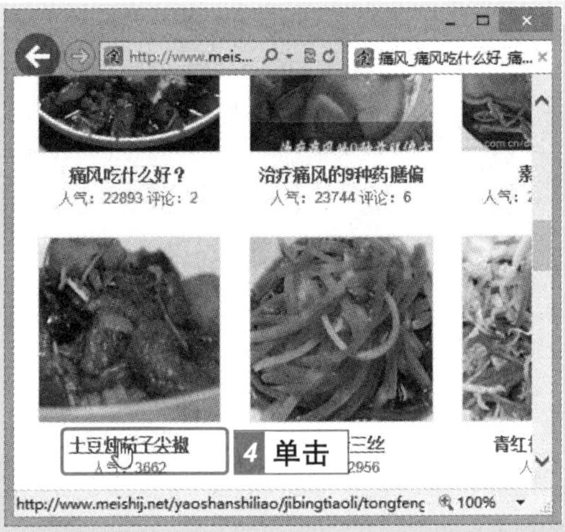

图9-23　选择食谱

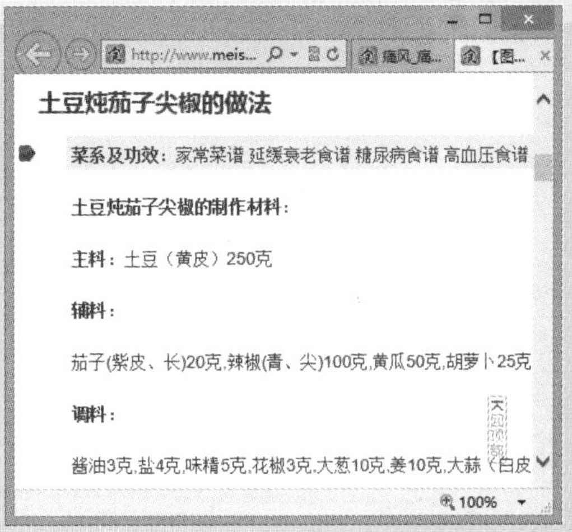

图9-24　查看食谱信息

9.2.2　查看饮食禁忌

很多中老年朋友因为不清楚食物的合理搭配，经常因搭配错误而造成身体不适。如果您不知道如何合理搭配饮食，可以先在网上查看一些饮食的搭配禁忌。下面在美食杰网中查看饮食的禁忌，其具体操作如下：

步骤 01 打开美食杰健康频道首页，将鼠标光标移动到“健康指南”选项卡上，在弹出的列表中选择“饮食禁忌”选项，如图9-25所示。

步骤 02 在打开的页面中显示了与饮食禁忌相应的文章，单击“六大速食多吃伤身体”超链接，如图9-26所示。

图9-25　选择选项

图9-26　选择查看的内容

步骤 03 在打开的页面中即可查看相关饮食的禁忌信息，如图9-27所示。

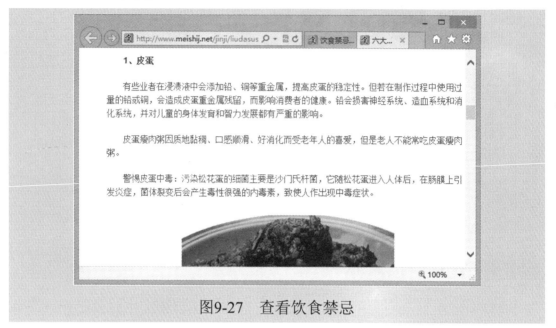

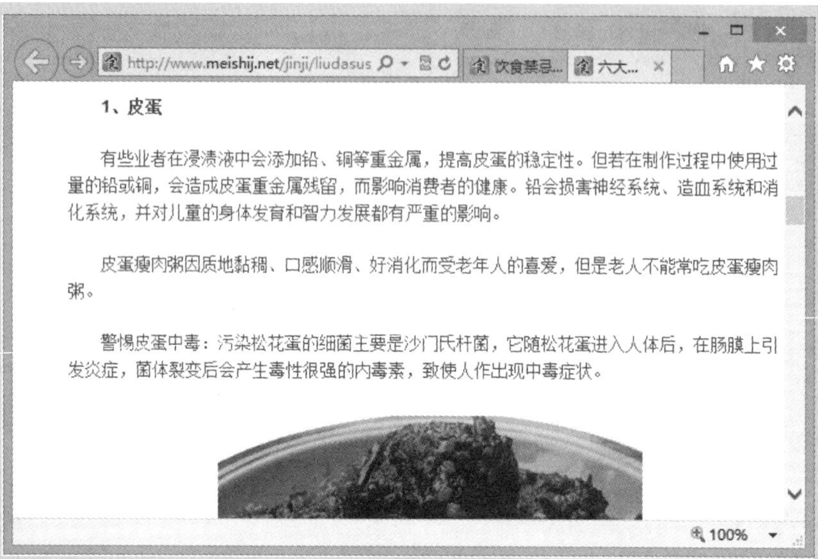

图9-27 查看饮食禁忌

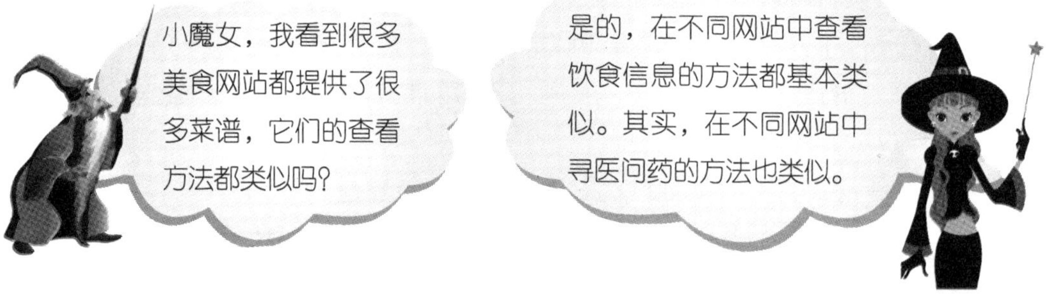

小魔女，我看到很多美食网站都提供了很多菜谱，它们的查看方法都类似吗？
是的，在不同网站中查看饮食信息的方法都基本类似。其实，在不同网站中寻医问药的方法也类似。

9.2.3 查看日常保健信息

中老年朋友在注意饮食的同时，还需多了解一些保健信息。很多网站都提供了保健版块，在其中可以查看日常生活中的很多保健信息。下面在39健康网中查看保健信息，其具体操作如下：

步骤 01 在IE地址栏中输入网址“http://www.39.net”，按【Enter】键打开该网页，单击“保健”超链接，如图9-28所示。

步骤 02 在打开的保健频道页面中单击“老人”超链接，如图9-29所示。

图9-28　单击超链接

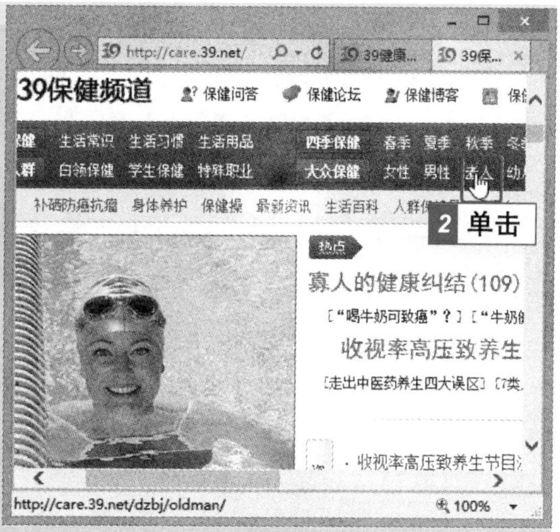

图9-29　选择保健人群

步骤 03 在打开的老人保健页面中显示了老年人日常保健信息，单击"夏季老人中暑急救5字诀"超链接，如图9-30所示。

步骤 04 在打开的页面中可查看相关的保健信息，如图9-31所示。

图9-30　单击超链接

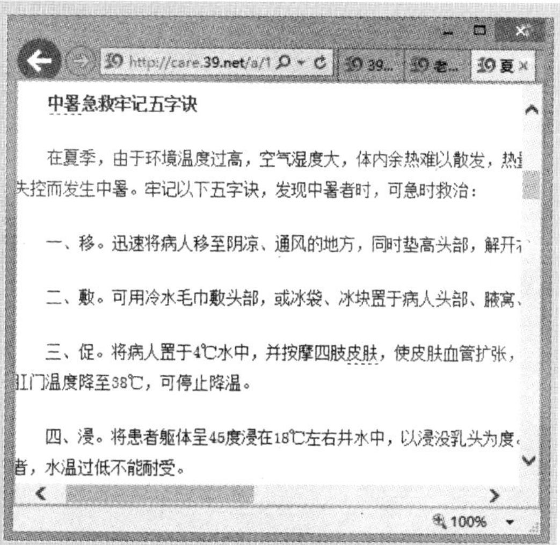

图9-31　查看保健信息

9.2.4　查看疾病疗养知识

有些健康网站中除了可查询日常保健信息外，还可以查询常见疾病的疗养知识，如自身有些疾病，可在网上查看相关的疗养知识。下面在大众健康网中查看心血管疾病的疗养知识，其具体操作如下：

步骤 01 在IE地址栏中输入网址“http://www.dzjkw.com”，按【Enter】键打开大众健康网首页，单击“疾病疗养”超链接，如图9-32所示。

步骤 02 在打开的页面中单击要查看疗养知识对应的超链接，这里单击“诱发心血管疾病的四大危险因素”超链接，如图9-33所示。

图9-32 单击超链接

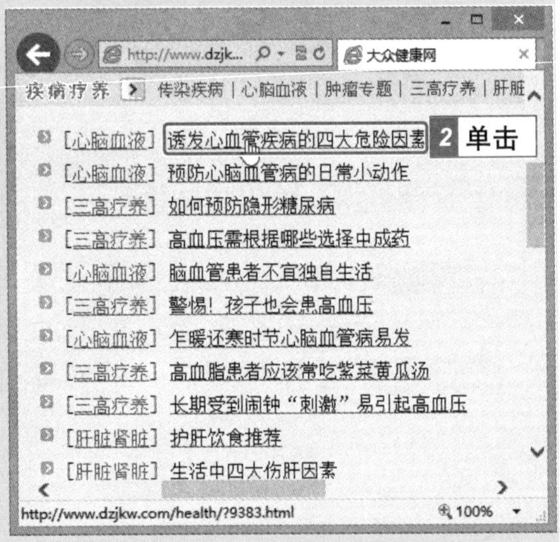

图9-33 选择要查看的疗养知识

步骤 03 在打开的页面中即可查看相关的疾病疗养知识，如图9-34所示。

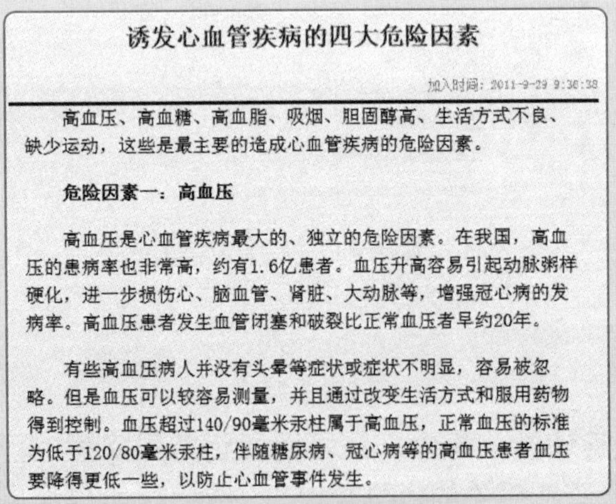

诱发心血管疾病的四大危险因素

加入时间：2011-9-29 9:36:38

高血压、高血糖、高血脂、吸烟、胆固醇高、生活方式不良、缺少运动，这些是最主要的造成心血管疾病的危险因素。

危险因素一：高血压

高血压是心血管疾病最大的、独立的危险因素。在我国，高血压的患病率也非常高，约有1.6亿患者。血压升高容易引起动脉粥样硬化，进一步损伤心、脑血管、肾脏、大动脉等，增强冠心病的发病率。高血压患者发生血管闭塞和破裂比正常血压者早约20年。

有些高血压病人并没有头晕等症状或症状不明显，容易被忽略。但是血压可以较容易测量，并且通过改变生活方式和服用药物得到控制。血压超过140/90毫米汞柱属于高血压，正常血压的标准为低于120/80毫米汞柱，伴随糖尿病、冠心病等的高血压患者血压要降得更低一些，以防止心血管事件发生。

图9-34 查看疾病疗养知识

魔法档案——查看更多的信息

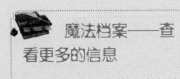

在大众健康网中使用类似的方法单击其他的超链接，还可以查看食疗食补、饮食危害、心理健康以及一些生活常识等知识。

9.3 健康运动多自在

小魔女：爷爷，平时除了要注意饮食搭配，了解常见疾病的保健信息外，还要多运动，这样才能强身健体。

爷　爷：小魔女，你说爷爷都这把年纪了，还能做什么运动？

小魔女：爷爷，年纪不是问题，您可以做的运动很多，但主要还是要根据自身的情况来进行选择。

爷　爷：就算要运动，但我什么运动都不会呀？

小魔女：爷爷，不用担心，网上不仅有各种运动的图解，还提供有相应的运动视频哟！

爷　爷：看来为了我的健康，我只有豁出去了。

小魔女：呵呵，爷爷，没有您说的那么严重，其实运动也很简单的。

9.3.1 学习太极拳

太极拳速度缓慢，动作柔和，对于中老年人及慢性病病人来说，能有效地起到健身、疗疾和延缓衰老的作用。网上有专门的太极拳网站，其中提供了很多太极拳相关信息，如太极拳拳谱、太极拳图解以及太极拳视频等信息，为中老年人学习太极拳带来了很大的便利。下面以在中国太极拳网中查看太极拳图解为例讲解查看有关太极拳文字信息和视频的方法，其具体操作如下：

步骤 01 在IE地址栏中输入网址“http://www.cntaijiquan.com”，按【Enter】键打开中国太极拳网首页，单击“太极拳图解”超链接，如图9-35所示。

步骤 02 在打开的页面中单击相应的超链接，这里单击“陈式太极拳图解教学65-74式”超链接，如图9-36所示。

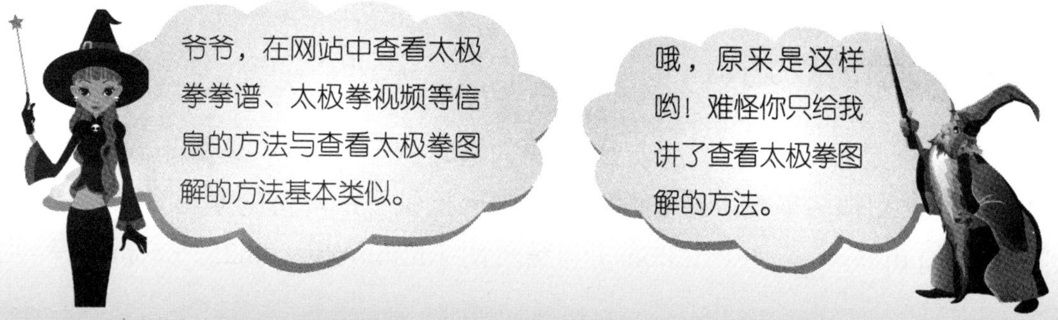
爷爷，在网站中查看太极拳拳谱、太极拳视频等信息的方法与查看太极拳图解的方法基本类似。
哦，原来是这样哟！难怪你只给我讲了查看太极拳图解的方法。

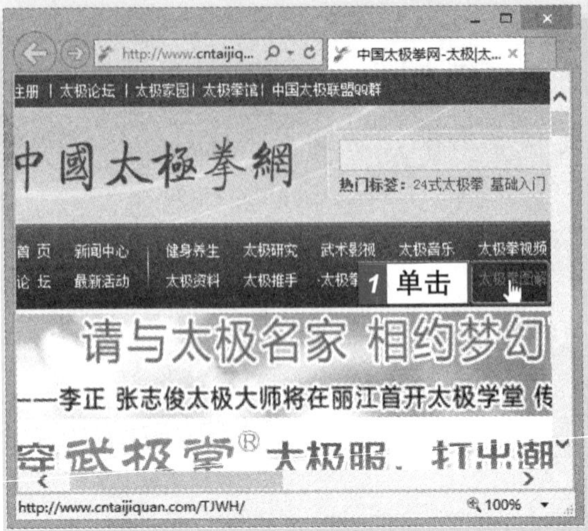

图9-35　单击超链接

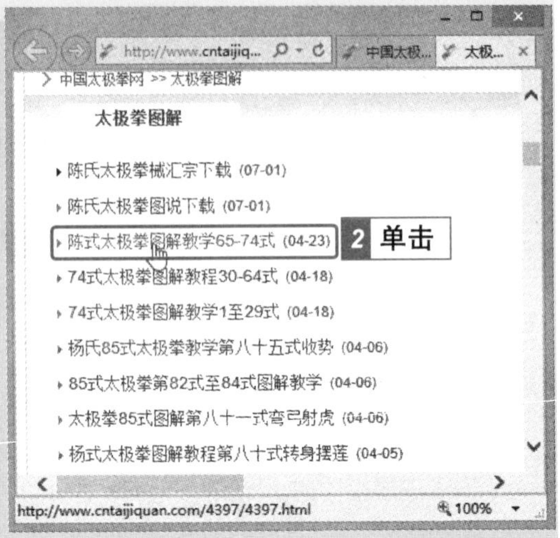

图9-36　选择要查看的太极拳图解

步骤 03 在打开的页面中即可查看太极拳相关的文字信息和图解，然后根据文字和图解学习太极拳即可，如图9-37所示。

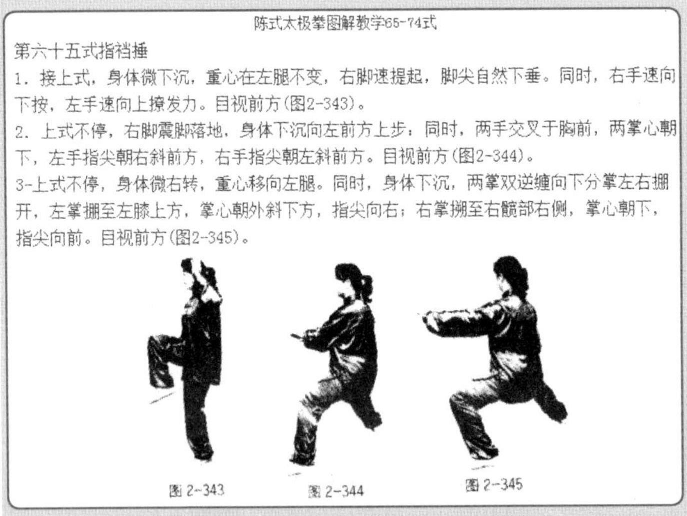
陈式太极拳图解教学65-74式

第六十五式指裆捶

1. 接上式，身体微下沉，重心在左腿不变，右脚速提起，脚尖自然下垂。同时，右手速向下按，左手速向上撩发力。目视前方(图2-343)。

2. 上式不停，右脚震脚落地，身体下沉向左前方上步；同时，两手交叉于胸前，两掌心朝下，左手指尖朝右斜前方，右手指尖朝左斜前方。目视前方(图2-344)。

3-上式不停，身体微右转，重心移向左腿。同时，身体下沉，两掌双逆缠向下分掌左右掤开，左掌掤至左膝上方，掌心朝外斜下方，指尖向右；右掌掤至右髋部右侧，掌心朝下，指尖向前。目视前方(图2-345)。

图9-37　查看太极拳图解

魔法档案——欣赏太极音乐

在中国太极拳网首页单击“太极音乐”超链接，再在打开的页面中单击相应的超链接，即可在打开的页面中欣赏到太极音乐。

9.3.2 学习广场舞

广场舞是很多中老年朋友最喜爱的运动之一，跳广场舞不仅能强身健体，还能交到很多朋友。现在很多网站中也提供了广场舞的学习资料，如中华舞蹈网（http://www.zhwdw.com）、精舞网（http://www.hn2525.com）等。下面在精舞网中通过查看广场舞视频来学习广场舞，其具体操作如下：

步骤 01 在IE地址栏中输入网址“http://www.hn2525.com”，按【Enter】键打开精舞网社区首页，单击“广场舞视频”超链接，如图9-38所示。

步骤 02 在打开的页面中选择广场舞类型，这里单击“广场秧歌舞”超链接，如图9-39所示。

图9-38　单击超链接

图9-39　选择广场舞类型

步骤 03 在打开的页面中选择需要学习的广场舞的帖子，单击如图9-40所示的超链接。

步骤 04 在打开的网页视频的图标上单击▶按钮，即可开始播放视频，跟着视频就可开始学习广场舞，如图9-41所示。

图9-40　选择帖子

图9-41　广场舞视频

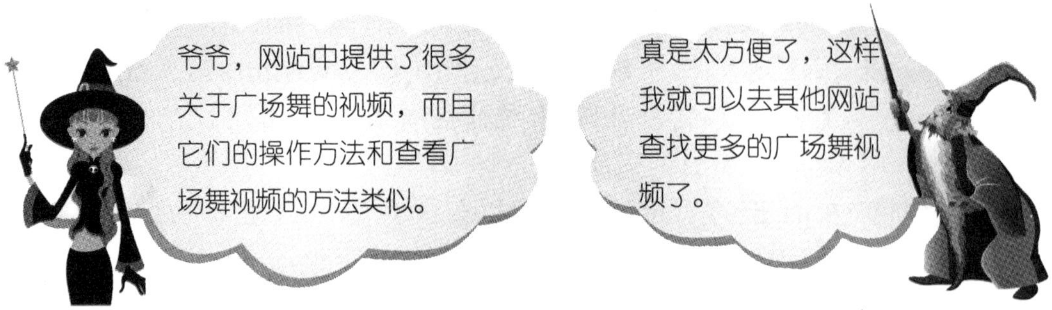

爷爷，网站中提供了很多关于广场舞的视频，而且它们的操作方法和查看广场舞视频的方法类似。
真是太方便了，这样我就可以去其他网站查找更多的广场舞视频了。

9.4 典型实例——网上查看疾病和饮食信息

爷　爷：小魔女，我觉得网上问诊很方便，虽然咨询的结果和病情比不上医院专业设备的检查，但能很好地起到预警作用。

小魔女：是呀！而且操作也很简单，只要灵活运用我给您讲的知识，就能轻松地在各大健康网站中进行咨询了。

爷　爷：你给我讲的根本就不用怎么记，只要多操作几次就可以了。

小魔女：爷爷，那您现在练习得怎么样了，我考考您。

爷　爷：这有什么难的，放心吧！我绝对经得起你严格的考验。

小魔女：呵呵，那您就在39健康网中先查看和测试疾病，然后查看一下相关疾病的保健信息。

其具体操作如下：

步骤 01 在IE地址栏中输入网址“http://www.39.net”，按【Enter】键打开39健康网，单击“诊疗”栏中的“查疾病”超链接。

步骤 02 在打开页面的“人群常见疾病”版块的“老”栏中单击“老年人睡眠障碍”超链接，如图9-42所示。

步骤 03 在打开的页面中单击与需要查看内容相关的超链接，这里单击“病因”超链接，如图9-43所示。

魔法档案——查看更多的疾病信息

在该页面“综述”选项卡左侧的列表框中单击“老年科”超链接，在打开的页面中可以查看更多的疾病类型。

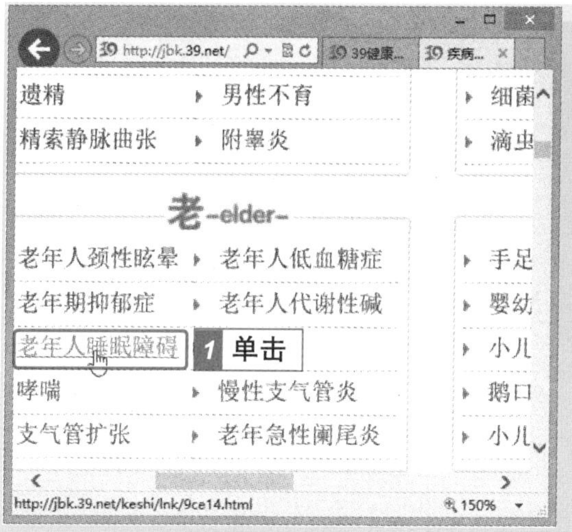

图9-42　选择要查看的疾病

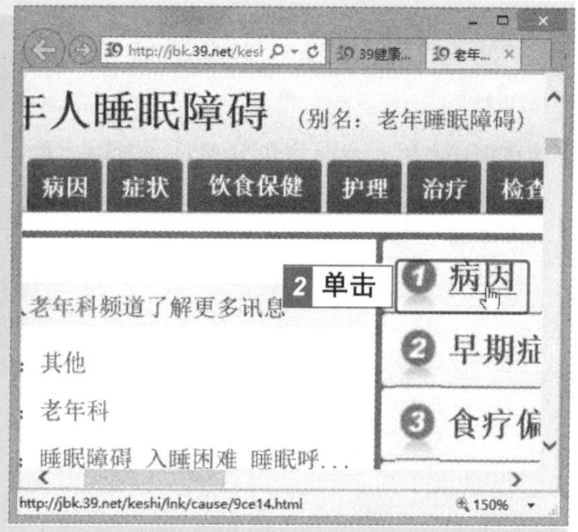

图9-43　选择要查看的疾病病因

步骤 04　在打开的页面中即可查看“老年人睡眠障碍病”的病因信息，如图9-44所示。

步骤 05　查看完成后，单击页面顶部的“自测”超链接，在打开的页面中单击“消化科”超链接，如图9-45所示。

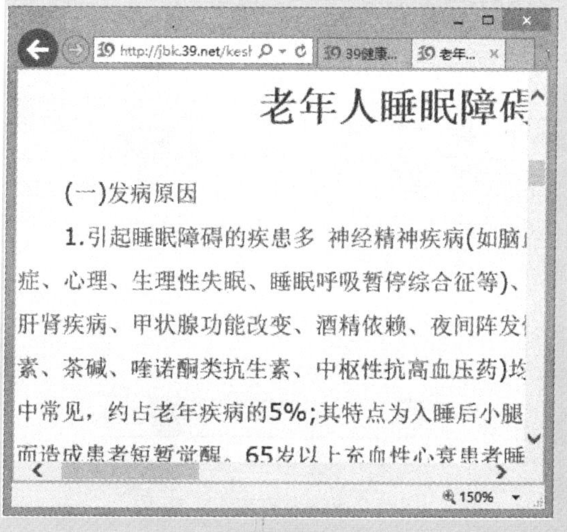

图9-44　查看相关信息

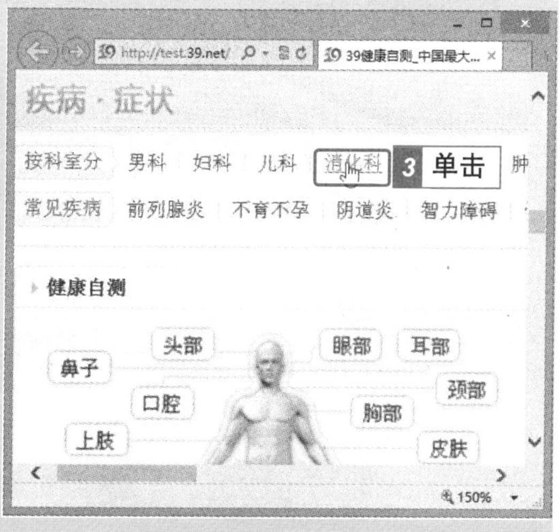

图9-45　单击超链接

步骤 06　在打开的页面中单击“肝病早期自测”超链接，如图9-46所示。

步骤 07　在打开的页面中根据实际情况答题，答题完成后将自动进入到下一题，如图9-47所示。

图9-46　单击超链接

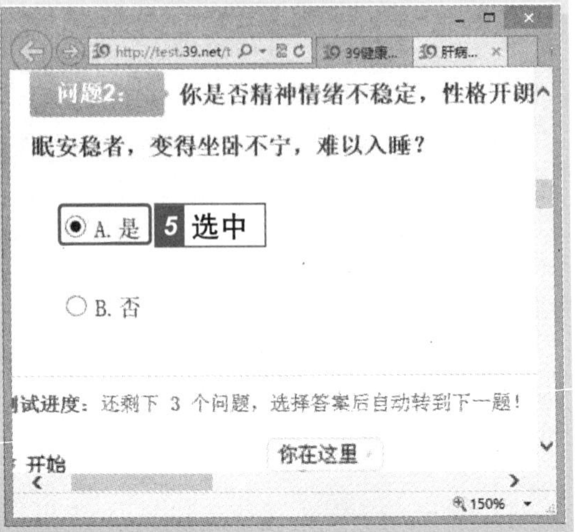

图9-47　答题

步骤 08 答完所有题目后，将提示完成测试，并在下方显示出测试的结果，阅读完成后单击页面顶部的“饮食”超链接。

步骤 09 在打开的页面中单击“疾病调理”超链接，如图9-48所示。

步骤 10 再在打开的页面中单击“预防心血管老化的饮食”超链接，如图9-49所示。

图9-48　单击超链接

图9-49　选择需要查看的知识

步骤 11 在打开的页面中即可查看与预防心血管老化的饮食相关的信息内容，如图9-50所示。

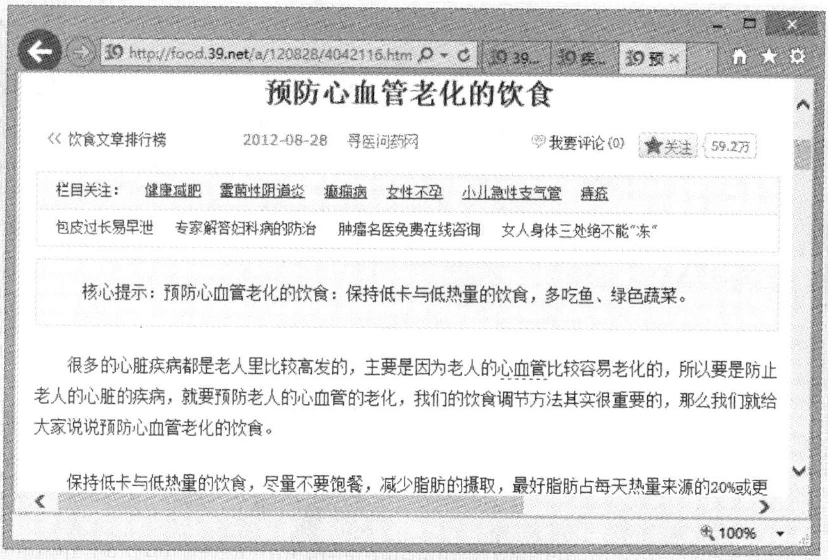

图9-50　查看内容

9.5　本章小结——网上健康咨询小窍门

爷　爷：小魔女，网上向医生咨询，回复好慢哟！我昨天早上咨询的问题，结果今天下午才给我回复。

小魔女：呵呵，爷爷，你不要着急嘛！医生一般都是有空闲时间时才会给予回复的。

爷　爷：有时候想快点知道结果的嘛！你有没有什么提高医生回复问题速度的技巧呢？

小魔女：呵呵，爷爷，您还真猜对了，我知道有些网站（如看病网"http://www.kanbing.com"）提供了文字咨询和视频咨询的功能，咨询完成后就能马上知道结果。

爷　爷：那还等什么，你还不给我讲。

小魔女：爷爷，别急，现在就给您讲解。

第1招：文字咨询

有些网站中提供了文字咨询的功能，不仅方便，而且咨询完成后就能知道结果。文字咨询的方法是：打开看病网站，如看病网，在“在线看病”列表框中选择要看病的医生，然后单击对应的文字咨询按钮，在打开的页面“在线医生咨询”对话框下方的列表框中输入要咨询的内容，单击发送按钮即可进行互动问答，就像平时聊天一样，如图9-51所示。

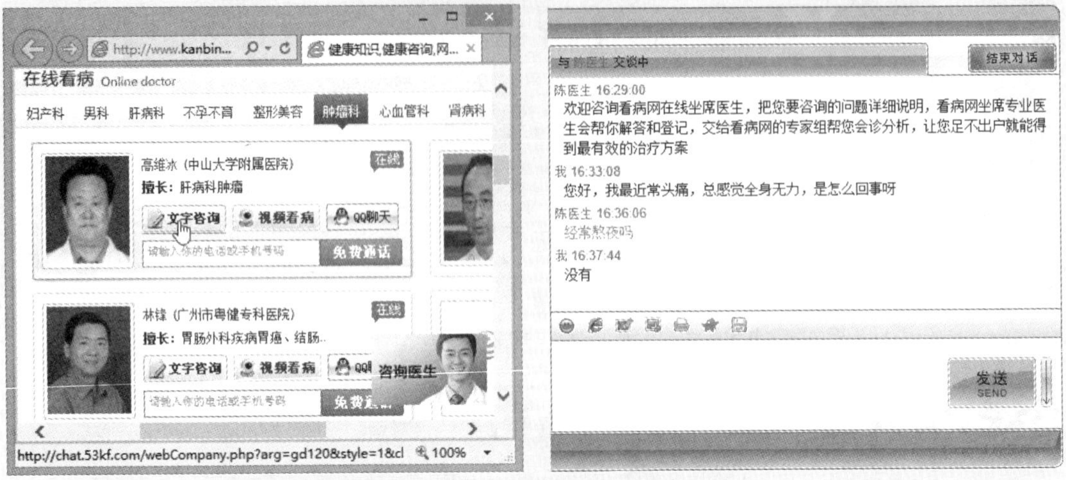

图9-51　与医生进行文字交流

第2招：视频看病

在提供视频咨询的网站中，您还可以与医生进行约定，与医生进行视频聊天，通过视频进行看病。其方法是：在看病网站中选择要咨询的医生，单击对应的“视频看病”按钮，在打开的页面中根据提示填写预约的资料，经过审核后，就可以在约定的时间与医生进行面对面的交流了。

9.6　过关练习

（1）在看病网（http://www.kanbing.com）中先查看常见疾病信息，然后查看一些疾病保健信息。

（2）在39健康网（http://www.39.net）中找医生进行健康咨询，并根据咨询的结果在网上进行预约。

（3）在一些美食网站中查看养生食谱信息和一些饮食禁忌。

（4）在中华舞蹈网（http://www.zhwdw.com）中根据自己的爱好学习各种舞蹈。

Chapter 10

第10章

足不出户——网上轻松购物

爷　爷：小魔女，你不是答应明天陪我去买鞋吗，怎么还没过来？

小魔女：爷爷，我在网上查了一下，明天很热，您直接在网上购买嘛！

爷　爷：网上购物不是你们年轻人的专利吗？我们赶不上了。

小魔女：爷爷，像你们这个年龄的人在网上购物的很多。

爷　爷：听说网上的商品不仅种类多，而且比实体店的还便宜呀！

学习要点：

- 网上商店自由逛
- 做好上网购物的准备
- 开始网上购物

10.1 网上商店自由逛

爷　爷：小魔女，你不是要教我如何在网上购物吗，怎么给我讲起了购物网站呢？

小魔女：爷爷，要想在网上购物，首先要了解和打开购物网站，这样才能对网站中出售的商品有所了解。

爷　爷：哦，原来是这样哟！

小魔女：是呀！只有对各个购物网站有所了解，才能快速在网站中找到自己需要的商品。

爷　爷：好吧！那就根据你的思路给我进行讲解吧！

10.1.1 常用的购物网站

现在的购物网站很多，但并不是所有的购物网站出售的商品都一样，要想在购物网站中快速找到自己需要的商品，首先要对常用的购物网站有所了解，这样才能知道自己需要的商品在哪个网站中可以买到。下面分别介绍常用的购物网站。

- 淘宝网（http://www.taobao.com）：淘宝网是全球最大的交易网站，它允许买卖双方直接公布任何联系方式，并且还可以通过即时通信工具进行交流。淘宝网中经营的项目很多，如网上充值、服装、鞋包配饰、珠宝手表、家电、数码以及日用百货等多种类型的商品，如图10-1所示为淘宝网首页。
- 当当网（http://www.dangdang.com）：当当网主要面向全世界网上购物人群提供近百万种商品的在线销售，包括图书、音像、家居、化妆品、数码和饰品等数十精品种类，当当网的使命是坚持“更多选择、更多低价”，让越来越多的网上购物顾客享购互联网。如图10-2所示为当当网的首页。
- VANCL（http://www.vancl.com）：VANCL（凡客诚品）主要经营男装、女装、童装、鞋、配饰和家居等六大类商品，提倡简约、纵深、自在和环保的理念。凡客诚品与京东商城、当当网、卓越网的区别主要是经营自己品牌的商品和其广受欢迎的营销模式。如图10-3所示为VANCL（凡客诚品）的首页。

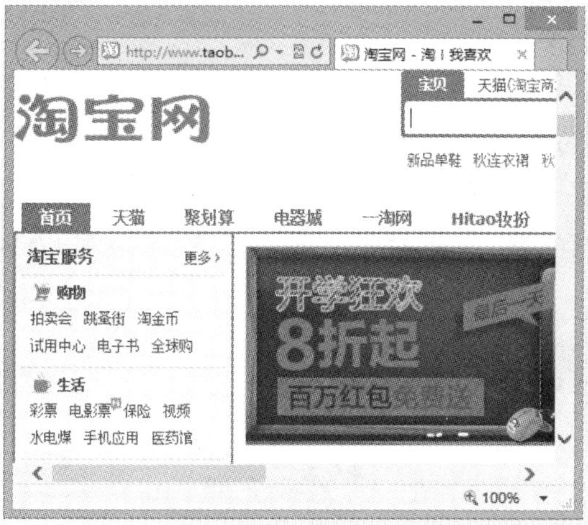

图10-1 淘宝网

图10-2 当当网

● 京东商城（http://www.360buy.com）：京东商城主要在线销售家电、数码通信工具、手机电脑、家居百货、服装服饰、母婴、图书、汽车用品和食品等多种商品。如图10-4所示为京东商城首页。

图10-3 凡客诚品

图10-4 京东商城

10.1.2 浏览并查看商品详情

对各大购物网站有所了解后，您就可以进入购物网站，对该网站中的商品进行浏览，查看浏览商品的详细信息。下面在淘宝网中浏览并查看商品的详细信息，其具体操作如下：

步骤 01 在IE浏览器地址栏中输入网址“http://www.taobao.com”，

按【Enter】键打开淘宝网首页。

步骤 02 在“所有类目”栏中选择需要浏览的商品类型，这里单击“鞋包配饰”栏中的“男鞋”超链接，如图10-5所示。

步骤 03 在打开的页面中显示了搜索的男鞋商品，选择需要查看的商品，这里单击“帆布鞋男鞋韩版”超链接，如图10-6所示。

图10-5 选择要查看商品的类型

图10-6 选择商品

步骤 04 在打开的页面中即可查看商品的详情，如图10-7所示。

爷爷，在其他购物网站中浏览和查看商品详情的方法与此类似。

图10-7 查看商品详情

10.2　做好网上购物的准备

爷　爷：小魔女，你现在是不是准备教我如何购买商品呢？

小魔女：爷爷，不要着急，您知道在网上购买商品如何付款吗？

爷　爷：我听说刷卡就可以了。

小魔女：爷爷，并不是您想象得那么简单，在网上可直接刷卡，不过必须要开通网上银行并激活网上银行后才能进行支付。

爷　爷：原来网上购物这么麻烦呀！

小魔女：爷爷，第一次网上购物需要做很多准备工作，所以才比较麻烦，但以后在网上购物就方便了，直接选择商品后进行购买就可以了。

爷　爷：那你现在就给我讲讲网上购物需要做的准备吧！

10.2.1　新用户注册会员

如果只是在购物网站中浏览商品不需要注册，但要在网站中购物、订阅信息以及在购物网站上浏览留言，就必须要注册成为网站的会员。在不同的购物网站购物，需要在相应的购物网站上进行注册，在不同的购物网站上注册会员的方法基本类似。下面以在淘宝网上注册会员为例，讲解在购物网站注册会员的方法，其具体操作如下：

步骤 01　在IE地址栏中输入网址“http://www.taobao.com”，按【Enter】键打开淘宝网首页，单击免费注册按钮，如图10-8所示。

步骤 02　打开“新会员免费注册”页面，依次填写“会员名”、“登录密码”、“确认密码”和“验证码”，然后单击同意协议并注册按钮，如图10-9所示。

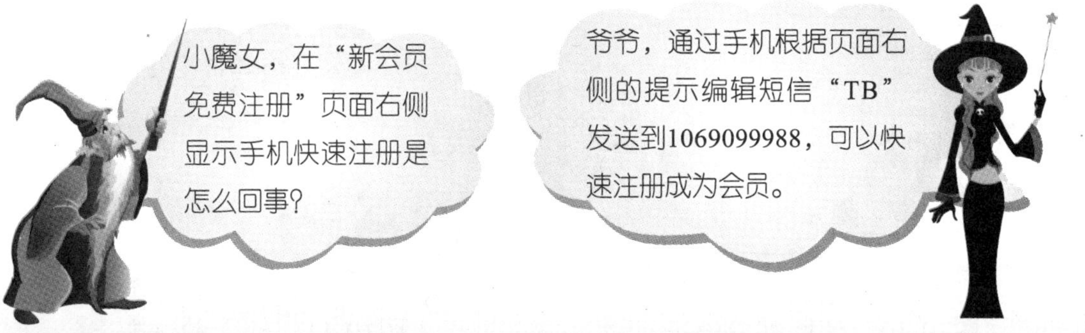

小魔女，在“新会员免费注册”页面右侧显示手机快速注册是怎么回事？
爷爷，通过手机根据页面右侧的提示编辑短信“TB”发送到1069099988，可以快速注册成为会员。

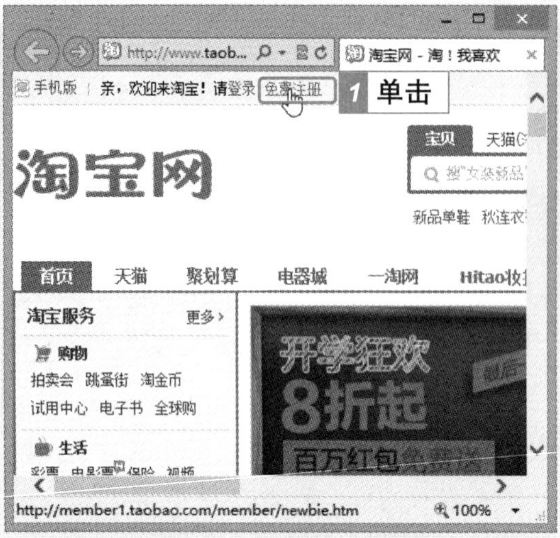

图10-8　打开淘宝网

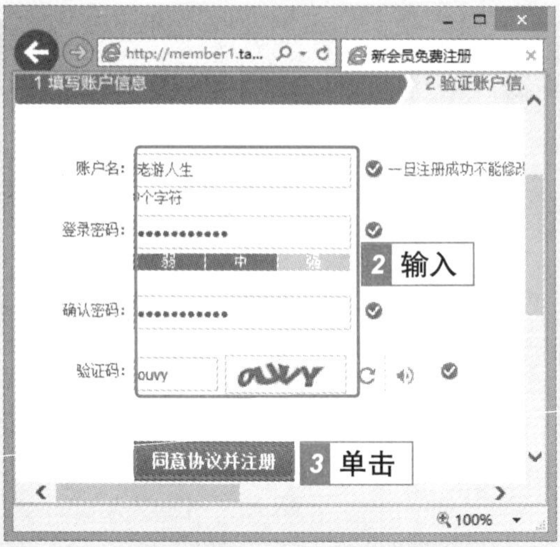

图10-9　填写注册信息

步骤 03 打开“验证账户信息”页面，在该页面中可直接输入电话号码进行验证；也可单击“使用邮箱验证”超链接，使用邮箱验证。这里选择使用邮箱验证，即单击“使用邮箱验证”超链接，如图10-10所示。

步骤 04 在打开的页面中输入注册的电子邮箱，然后单击提交按钮，打开“短信获取验证码”提示对话框，在其中输入手机号码，然后单击提交按钮。

步骤 05 在弹出提示框的“验证码”文本框中输入手机收到的验证码，然后单击验证按钮，如图10-11所示。

图10-10　使用邮箱验证

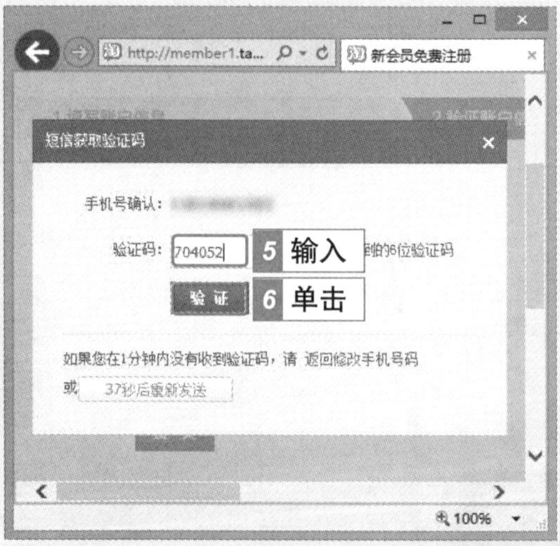

图10-11　输入验证码

步骤 06 在打开的页面中单击 去邮箱激活账户 按钮，如图10-12所示。

步骤 07 在打开的邮箱登录界面分别输入邮箱的账号和密码，单击 登录 按钮。然后在打开的界面中选择“收件箱”选项卡，在其页面右侧再单击“淘宝网”超链接，如图10-13所示。

图10-12　单击按钮

图10-13　打开邮件

步骤 08 打开淘宝网发送的邮件，单击 完成注册 按钮，完成淘宝会员的注册，如图10-14所示。

步骤 09 系统自动跳转到淘宝网，并提示用户注册成功，如图10-15所示。

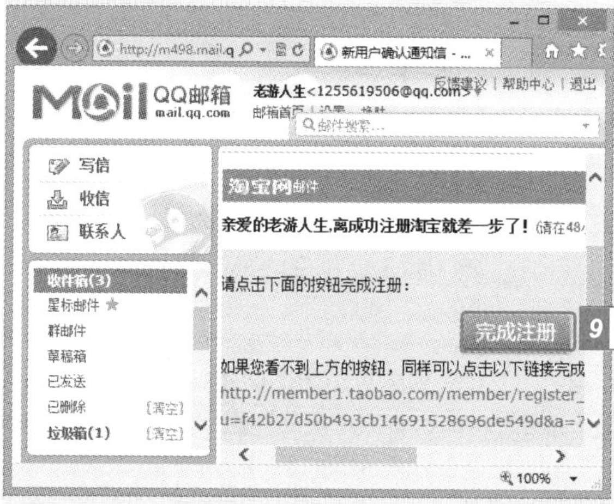

图10-14　完成注册

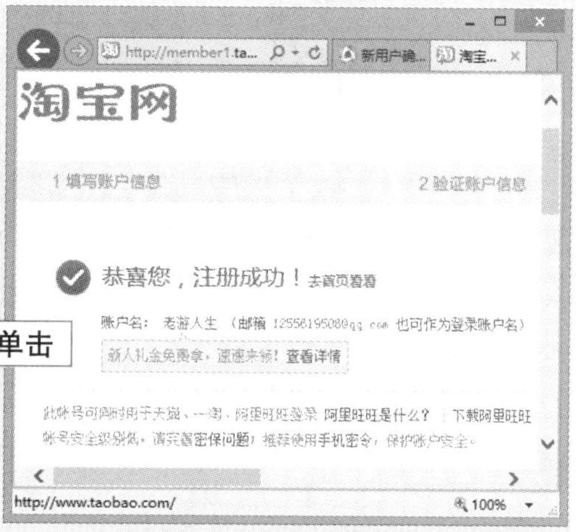

图10-15　注册成功

10.2.2 开通网上银行

如果您要在网上购物，就必须开通网上银行。开通网上银行是免费的，需要携带您的有效证件前往银行储蓄所，先咨询银行工作人员办卡和开通网上银行业务的相关事宜，然后根据提示填写申请即可，其中在工作人员进行办理过程中需根据提示设置网上银行卡的密码，待办理完毕后，即可获得电子银行口令卡或U盾，如图10-16所示即为开通建设银行的网上银行后所获得的U盾。

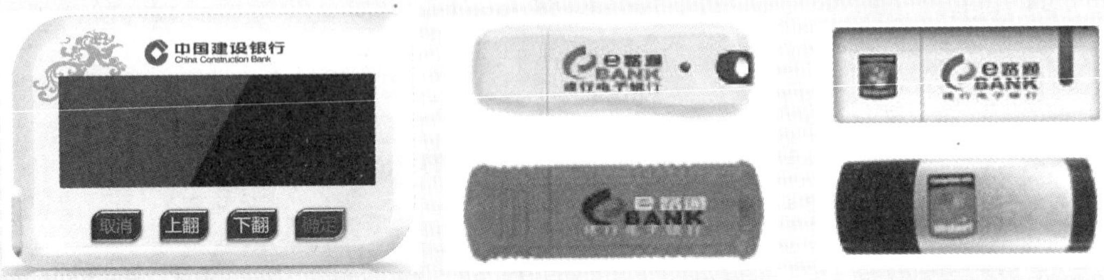

图10-16　开通网上银行

魔法档案——网上开通网上银行

部分银行可以直接在网上进行开通，如建设银行、招商银行等，由于各个银行的相关规定和安全措施不一样，所以开通的方法也有所差异，为了慎重起见，最好是到柜台进行开通。

10.2.3 激活网上银行

开通网上银行以后，首先需要登录网上银行的官方网站，将网上银行的登录和支付密码更改为字母和数字的组合（开通网上银行时所设置的6位初识密码不能在网上交易时使用）。下面将登录工商银行，修改登录和支付密码，并激活口令卡，其具体操作如下：

步骤 01 在IE地址栏中输入网址“http://www.icbc.com.cn/icbc”，按【Enter】键打开工商银行首页，然后单击个人网上银行登录按钮，如图10-17所示。

步骤 02 打开“中国工商银行个人网上银行”页面，单击“工行网银助手”超链接，下载工行网银助手，如图10-18所示。

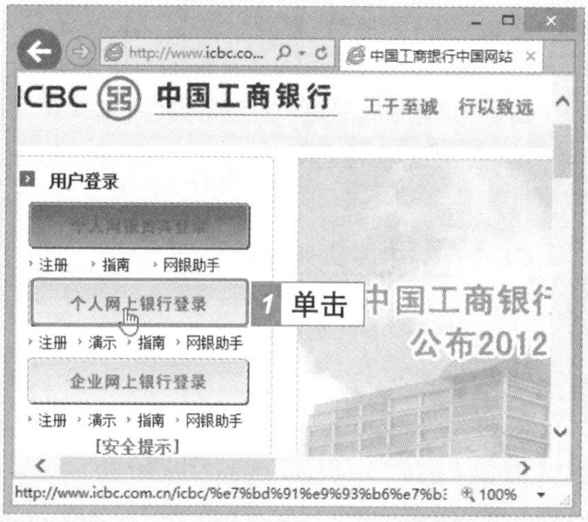

图10-17 单击按钮

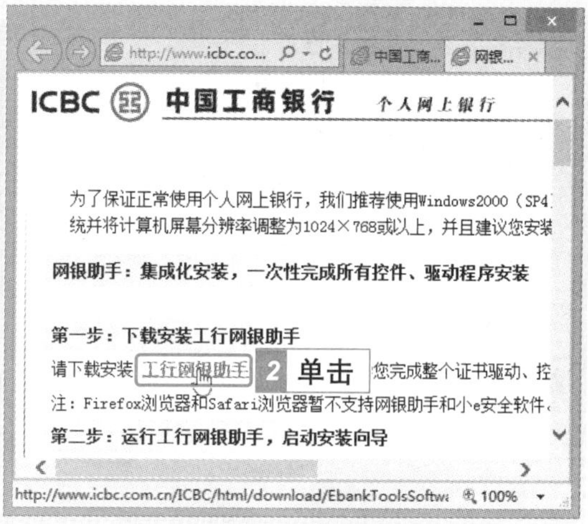

图10-18 单击超链接

步骤 03 弹出下载页面，单击运行(R)按钮，开始扫描和下载该工具，如图10-19所示。

步骤 04 下载完毕后，打开“工商网银助手 安装”对话框，单击下一步(N) >按钮，根据提示进行安装，如图10-20所示。

图10-19 下载文件

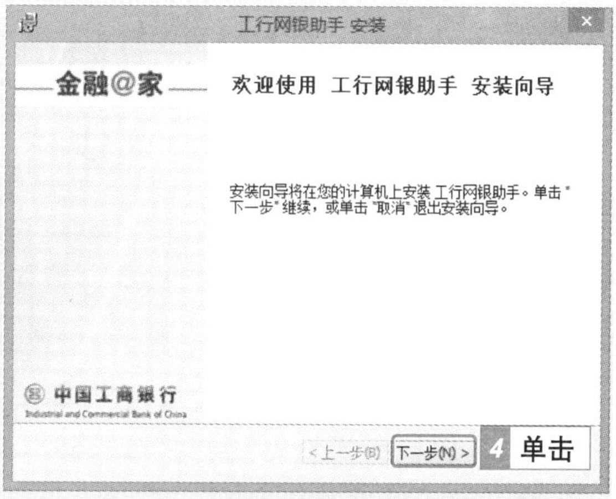

图10-20 安装文件

步骤 05 根据提示完成工行网银助手的安装后，系统自动返回到“网银系统”页面，单击页面底部的确定按钮。

步骤 06 打开“个人网上银行登录”页面，输入银行卡卡号、登录密码和验证码，然后单击登录按钮，登录个人网上银行，如图10-21所示。

步骤 07 登录成功将打开修改密码的页面，在文本框中输入相应的内容后单击[确定]按钮，修改成功后电子口令卡自动激活，如图10-22所示。

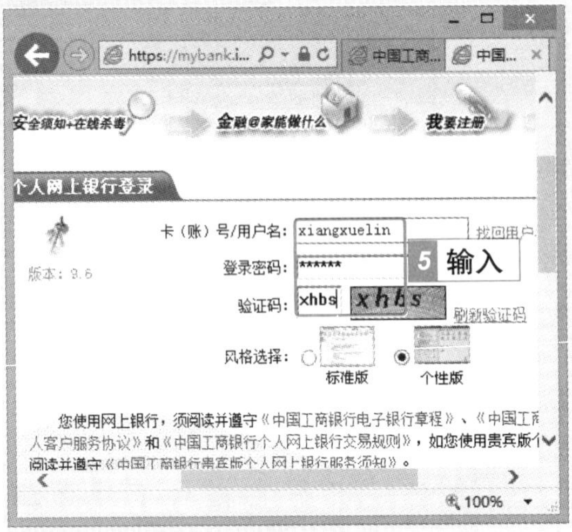

图10-21　登录个人网上银行

图10-22　设置登录密码

魔法档案——直接使用网上银行的情况

在银行柜台开通网上银行后，有些银行会有专门的人员帮您激活网上银行，激活后，您就不用再到网上去激活，可以直接进行使用。

10.3　开始网上购物

爷　爷：小魔女，我把网上购物需要做的准备工作都做好了，是不是就可以进行网上购物了。

小魔女：是呀！爷爷，您可以进入网站搜索自己想要购买的商品了，购买并收到商品后，只需去网站中进行确认即可。

爷　爷：说这么多干嘛，教我操作才是最重要的！我也想快点体验网上购物的乐趣。

小魔女：呵呵，爷爷，不要着急嘛，你只有先了解了这些知识，在操作的过程中才能快速掌握相关的操作。

爷　爷：呵呵！

10.3.1 搜索商品

在购物网站上注册账户后，就能购买商品了，但网站中的商品很多，要想快速找到需要的商品并不是件容易的事，这时可以通过商品名称快速搜索商品。下面以在淘宝网中通过商品名称搜索购买的商品为例，讲解在购物网站中快速搜索商品的方法，其具体操作如下：

步骤 01 在淘宝网首页的搜索文本框中输入需要购买的商品名称，这里输入“休闲帆布男鞋”，单击其后的 搜索 按钮，如图10-23所示。

步骤 02 在打开的页面中显示了与商品名称有关的商品，选择需要购买的鞋子即可，如图10-24所示。

图10-23 输入商品名称

图10-24 选择购买的商品

晋级秘诀——通过“高级搜索”功能搜索商品

每个购物网站中的商品都很多，难免会遇到名称相似的商品，若不记得明确的商品名称时，可使用网站中提供的“高级搜索”功能来搜索信息。在打开的商品网站首页的搜索文本框后单击“高级搜索”超链接，在打开的页面中可通过填写商品的详细信息来进行搜索，填写完成后单击 搜索 按钮，在打开的页面中显示了搜索的结果，选择需要购买的商品即可。

10.3.2 购买商品

选择好商品后，就可以开始购买了。购买后网店会把购买的商品通过快递或邮寄到您填写的地址。在网店上购买商品的流程都基本相同，下面以在淘宝网上购买女装裤裙为例，讲解在网店上购买商品的常用流程，其具体操作如下：

步骤 01 先进入淘宝网首页，然后选择需要购买的商品，如图10-25所示。

步骤 02 在打开的页面中查看购买商品的详细信息，确定要购买后单击 立刻购买 按钮，如图10-26所示。

图10-25 选择需要购买的商品

图10-26 单击“立刻购买”按钮

步骤 03 打开“确认订单信息”页面，在其中根据提示填写个人的详细地址和联系方式，再单击 确定 按钮，如图10-27所示。

步骤 04 在打开的页面中显示了填写的信息，确认订单信息，单击 提交订单 按钮，如图10-28所示。

步骤 05 在打开的支付宝页面“付款方式”栏中选择付款方式，这里在“网上银行”栏中选中“中国建设银行”单选按钮，然后单击页面下方的 下一步 按钮，如图10-29所示。

图10-27　填写收货人信息　　　图10-28　确定订单信息

步骤 06 在打开的页面中单击「登录到网上银行付款」按钮，再在打开的页面中输入证件号码、密码等信息，登录到自己的网上银行。然后像连接手机和电脑一样使网银U盾和电脑相连接。

步骤 07 在打开的页面中显示了网上银行支付信息，单击「支付」按钮，在打开的对话框中输入网银盾密码，单击「确定」按钮，如图10-30所示。

图10-29　选择付款方式　　　图10-30　输入密码

步骤 08 根据打开对话框的提示查看网银盾屏幕上显示的信息是否正确，确认无误后按所持网银盾上的“确认”按钮，如图10-31所示。

步骤 09 在打开的页面中提示付款成功，如图10-32所示，完成商品的购买。

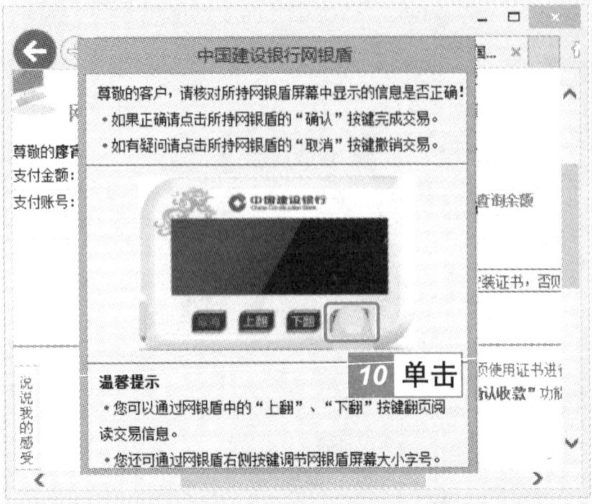

图10-31　确认购买

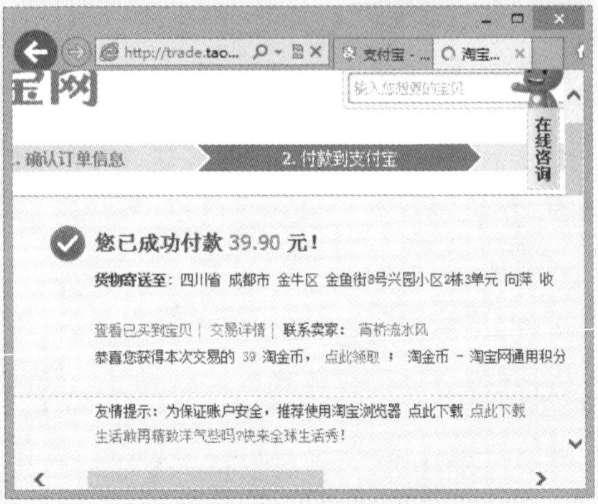

图10-32　完成购买

10.3.3 查收商品

当签收货物后，就可以到淘宝网上进行确认，将款项从支付宝上转给卖家。淘宝网上确认付款的方法很简单，登录到淘宝网首页，将鼠标光标移动到“我的淘宝”选项上，在弹出的下拉列表中选择“已购买到的宝贝”选项，在打开的页面中显示了购买的商品，单击确认收货按钮，在打开页面的“支付宝支付密码”文本框中输入支付宝的密码，也就是淘宝会员密码，单击确定按钮即可，如图10-33所示。

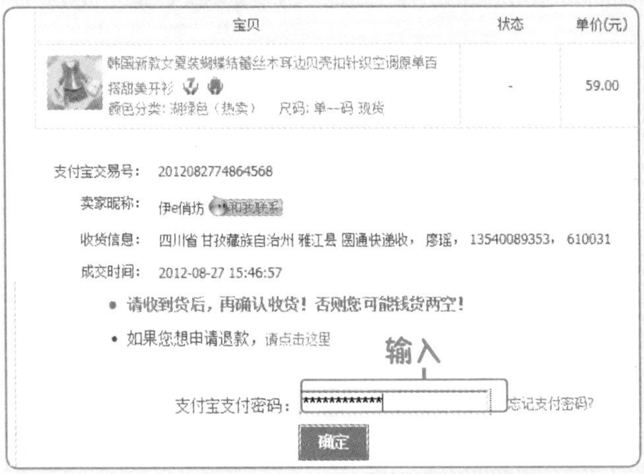

图10-33　确认收货

魔法档案——支付宝账户

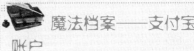

成功注册淘宝会员后，系统会自动生成一个对应的支付宝账户，其账户名就是注册淘宝会员时提交的电子邮箱，其对应的密码默认情况下和淘宝会员密码相同。

10.4　典型实例——在当当网买书

小魔女：爷爷，您觉得网上购物和在实体商店购物有什么不一样。

爷　爷：从付款来说，网上付款比在实体商店购买商品付款相对简单；从选购物品来说，网上选购比逛商店选购方便多了，特别是对我们年龄稍大的朋友来说。

小魔女：爷爷，您总结得很到位，在网上购买商品只是第一次稍有点麻烦，需要做很多准备工作，下次购物就方便很多了。

爷　爷：是呀！我觉得再次购物就简单很多了。

小魔女：爷爷，您不是要买书吗？您现在就到当当网上去购买吧！有什么不懂，我随时可以给您指点指点。

爷　爷：嘿嘿，好呀！

其具体操作如下：

步骤 01　在IE地址栏中输入网址“http://www.dangdang.com”，按【Enter】键打开当当网首页，单击“图书”超链接，如图10-34所示。

步骤 02　打开图书页面，在搜索文本框中输入“红楼梦”，单击 搜 索 按钮，如图10-35所示。

图10-34　单击超链接

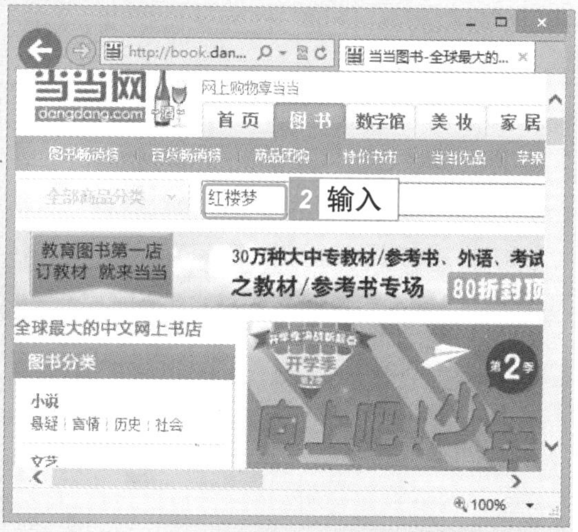

图10-35　输入图书名称

步骤 03　在打开的页面中显示了搜索的结果，单击第一个搜索结果的文本超链接，如图10-36所示。

步骤 04 在打开的页面中查看图书的详细情况，确定要购买后，单击购 买按钮，如图10-37所示。

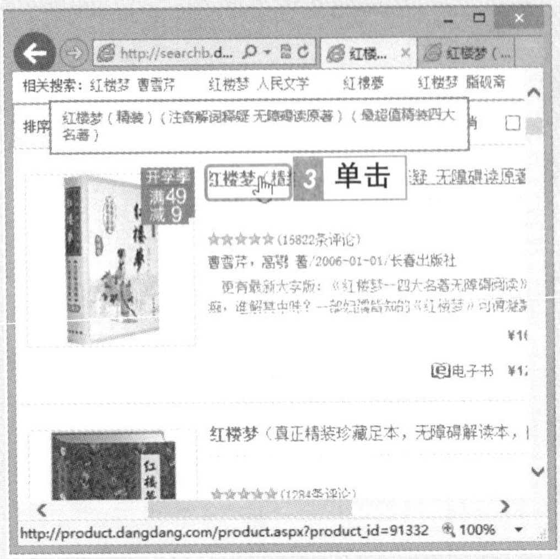

图10-36 选择要购买的书

图10-37 确认购买

步骤 05 将购买的书籍成功添加到购物车，在打开的页面中单击去购物车结算按钮，如图10-38所示。

步骤 06 打开“我的购物车”页面，在其中可以查看需要购买图书的信息，单击下方的结 算按钮。

步骤 07 打开登录对话框，在“用户名”和“密码”文本框中输入邮箱账号和密码，单击登 录按钮，如图10-39所示。

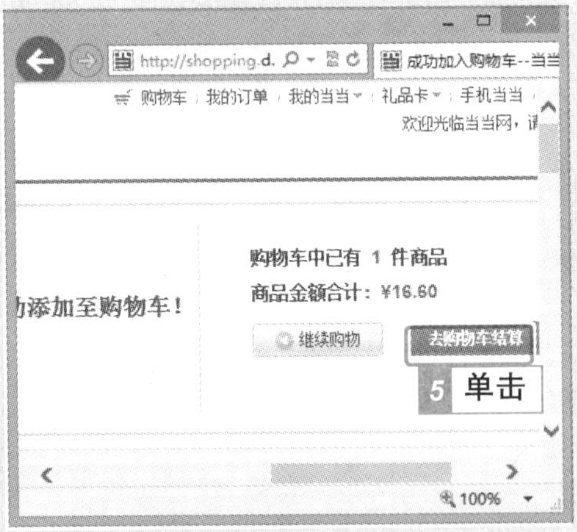

图10-38 将商品放入购物车

图10-39 登录用户账户

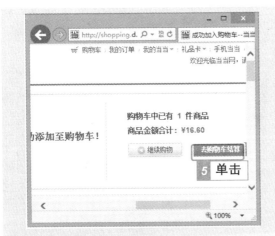

步骤 08 打开“确认订单信息”页面，在其中根据提示填写相应的信息，完成后单击确认收货人信息按钮，如图10-40所示。

步骤 09 在打开页面的“送货方式”栏中选中◉普通快递送货上门（支持货到付款）单选按钮，在“送货上门时间”下拉列表中选择“周一至周五”选项，单击确认送货方式按钮，如图10-41所示。

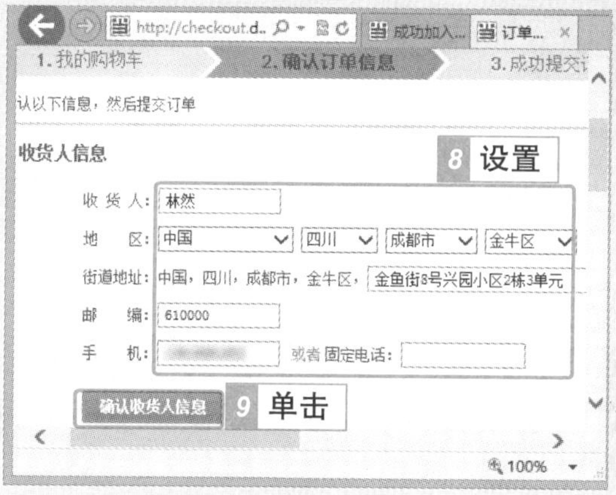

图10-40　填写收货人信息

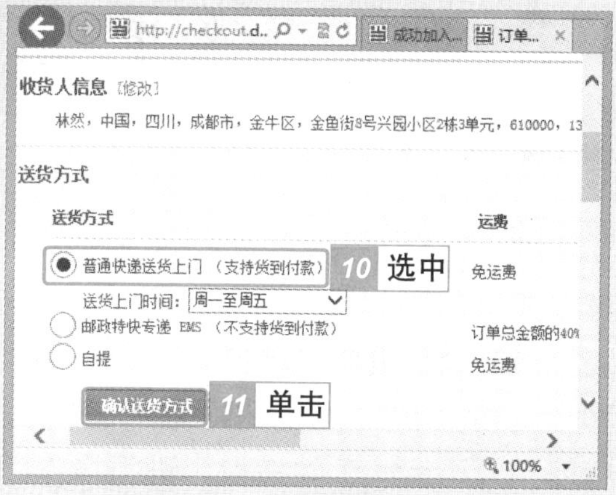

图10-41　选择送货方式

步骤 10 在打开页面的“付款方式”栏中选择付款方式，这里选中◉银行转帐单选按钮，在其下方显示了转账的账号、账户名等信息，并将其记住，单击确认付款方式按钮，如图10-42所示。

步骤 11 在打开页面的“商品清单”栏中查看需购买的图书是否正确，然后在“发票抬头”后面选中◉个人单选按钮，在“发票内容”下拉列表中选择“图书”选项，单击确认按钮，然后单击提交订单按钮付款即可，如图10-43所示。

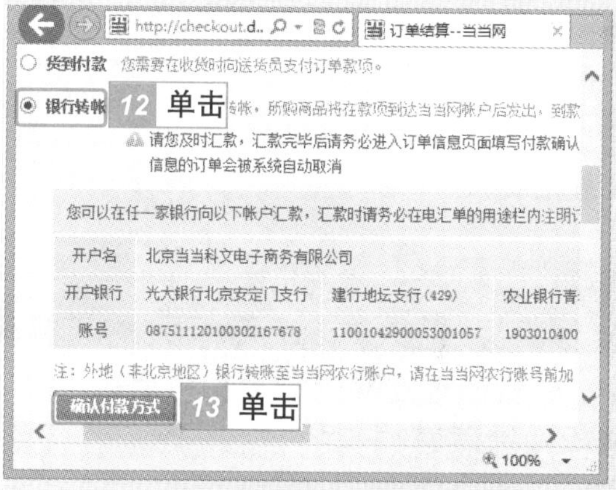

图10-42　选择付款方式

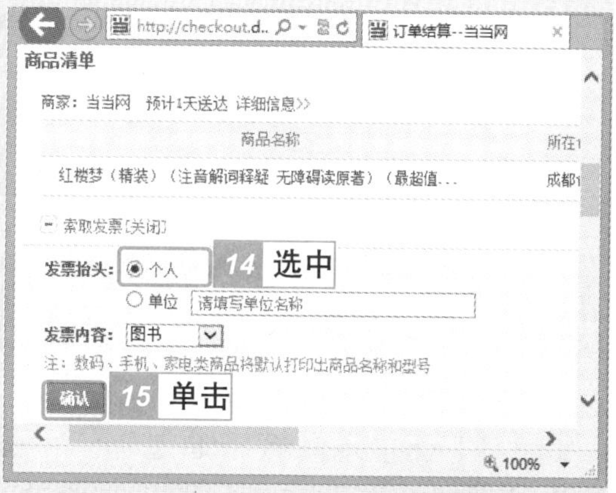

图10-43　确认商品清单

10.5 本章小结——网上购物小技巧

小魔女：爷爷，通过您在当当网上购书的过程，看得出来您对本章的知识掌握得很牢固。

爷　爷：那当然了，虽然我人老了，可我动手能力还是很强的。

小魔女：呵呵，为了方便您在网上购物更加便利和安全，我再教您几招网上购物的技巧。

爷　爷：好呀！那你快说吧！

第1招：找回淘宝账号的密码

如果您忘记或丢失淘宝账号的密码，可以通过相应的方法找回密码。在淘宝网的登录页面中单击“忘记密码”超链接，在打开的页面中输入淘宝账号和验证码，单击登录按钮，在打开的页面中选择找回的方式（如使用手机号码找回和人工审核）并按提示进行操作即可。

第2招：网上选择店铺小技巧

在网上购买商品时，最好先看卖家店铺的信誉度，信誉度越高的卖家越值得信赖。在网上查看卖家信誉度的方法是：先进入卖家店铺首页，单击信用评价按钮，在打开的页面中即可查看到该店铺的信誉度，如图10-44所示。

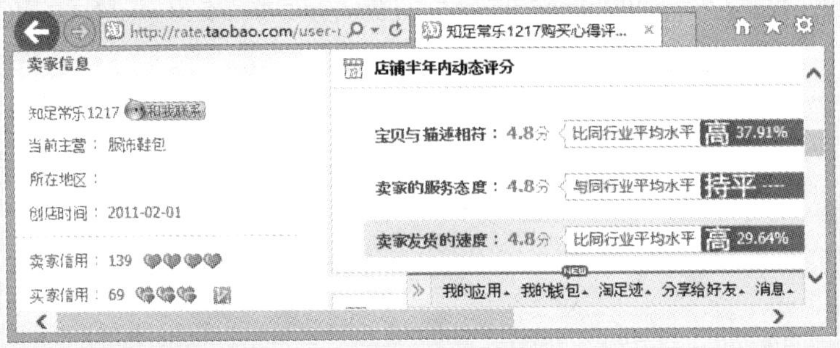

图10-44　查看信誉度

10.6 过关练习

（1）在淘宝网中注册一个淘宝账号，然后在淘宝网中浏览相机商品。

（2）在京东商城中通过输入商品名称搜索需要购买的商品，然后在该网站中注册一个账号，最后购买浏览的商品。

Chapter 11

第11章

坐守阵地——网上轻松理财

小魔女：爷爷，爸爸让我给您寄钱，您把您的卡号发给我吧！

爷　爷：算了，我还有钱用，再说了，你们家离银行又那么远。

小魔女：爷爷，我开通了网上银行的，我直接在网上给您转账就可以。

爷　爷：真的吗？那你快教教我，这样我就可以自己管理存款了。

小魔女：是呀！不仅如此，网上还可以炒股、买卖基金赚钱呢。

学习要点：

- 登录网上银行管理资金
- 网上炒股
- 网上买卖基金

11.1 登录网上银行管理资金

爷　爷：小魔女，通过网上银行可以转账，那能不能取钱呢！

小魔女：爷爷，网上银行可以实现查询、转账以及缴纳家庭费用等功能，但并没有提供取钱的功能。

爷　爷：那是不是水、电、气费都可以通过网上银行进行缴纳呢？

小魔女：嗯，还可以给手机充话费呢！在网上银行进行交易时，需插上U盾，它可确保网上交易的保密性、真实性和完整性等。

爷　爷：没想到网上银行这么方便，那你也教教我怎么使用吧！

小魔女：呵呵，爷爷，当然可以了。

11.1.1 查询网上银行明细

您使用网上银行进行理财时，为了随时掌握投资情况和所用的金额，应定期对账户余额以及交易明细进行查询。下面登录建设银行并查询该账户余额和交易明细，其具体操作如下：

步骤 01 进入中国建设银行登录页面，单击 个人网上银行登录 按钮，再在打开的页面中依次输入证件号、密码以及验证码，然后单击 登 录 按钮，如图11-1所示。

步骤 02 在打开的个人网上银行页面中将显示自己的账户，在其后单击 余额 按钮，在页面下方显示的信息中查看当前的余额，如图11-2所示。

图11-1　登录网上银行

图11-2　查看账户余额

步骤 03 单击明细按钮，在打开的页面中默认选择账户，单击“起止日期”文本框后面的按钮，在弹出的日期列表框中选择合适的日期，这里选择“10”，单击确认按钮，如图11-3所示。

步骤 04 在打开的页面中即可查看设置的查询日期内的交易明细，如图11-4所示。

图11-3 设置查询明细参数

签约分行：四川省 币种：人民币 账号： 别名：

交易日期	交易时间	交易地点	支出	账户余额
2012/08/10	18:27:31	510001702省分行中心金库	300.00	1,837.59
2012/08/13	14:59:32	301110054111299银行卡总中心	299.00	1,538.59
2012/08/13	19:54:34	442000801支付宝快捷支付	1,002.50	536.09
2012/08/13	21:39:01	442000801支付宝快捷支付	179.10	356.99
2012/08/14	15:27:30	105110054111368支付宝（中国）网	10.00	346.99
2012/08/15	15:25:38	105110073991378京东商城	89.00	257.99
2012/08/16	09:40:00	510001708往来款	-	346.99
2012/08/17	12:51:55	105430148140026中移电子商务有限	30.00	316.99
2012/08/17	13:36:03	105430148140026中移电子商务有限	10.00	306.99
2012/08/17	19:35:28	104510154113007银行卡总中心	27.21	279.78

图11-4 查看结果

晋级秘诀——查看账户余额

登录到网上银行，在“个人网上银行”页面的账户前面单击按钮，在展开的列表中也可查看用户账户的余额。

11.1.2 代缴家庭费用

在网上银行不仅可以查询余额，还可以代缴家庭费用，如电话费，水、电、气费以及其他一些费用。网上缴费不仅方便，而且可以节约很多时间。下面以使用中国建设银行在网上代缴手机话费为例讲解在网上代缴手机费用的方法，其具体操作如下：

步骤 01 登录到中国建设银行“个人网上银行”页面并运行U盾后，选择“缴费支付”选项卡，单击“全国手机充值”超链接，如图11-5所示。

步骤 02 在打开页面的“手机号”和“确认手机号”文本框中输入需要缴费的手机号码，在“面值”栏中选中 ◉ 50 单选按钮，单击 下一步 按钮，如图11-6所示。

图11-5　选择缴费项目

图11-6　填写充值信息

步骤 03 在打开的页面中确认充值信息，然后单击 确认 按钮。在打开对话框的“请输入网银盾密码”文本框中输入设置的网银盾密码，单击 确定 按钮，如图11-7所示。

步骤 04 根据打开对话框的提示查看网银盾屏幕上显示的信息是否正确，确认无误后单击所持网银盾上的“确认”按钮，如图11-8所示。

图11-7　输入网银盾密码

图11-8　确认交易信息

步骤05 在打开的页面中提示手机充值成功，并显示了您的交易信息，如图11-9所示。

图11-9　充值成功

魔法档案——不同银行的网上缴费

对于不同的网上银行，在缴费过程中会有所不同，但是基本方法都是类似的，您只需按照相应的步骤进行操作即可。

11.1.3 网上转账

网上转账不仅方便，而且还可以省去排队的麻烦。在网上银行进行转账主要分为本行内转账和跨行转账两种，但其转账方法基本相同。下面以使用中国建设银行在网上进行本行转账为例讲解在网上银行进行转账的方法，其具体操作如下：

步骤01 成功登录到中国建设银行“个人网上银行”页面后，选择“转账汇款”选项卡，单击“活期转账汇款”超链接。

步骤02 在打开页面的“请选择付款账户”栏中选择付款账户，这里保持默认不变，如图11-10所示。

步骤03 在该页面的“请填写收款账户信息”和“请填写转账金额及相关信息”栏中根据提示填写相关的信息，填写完成后单击 下一步 按钮，如图11-11所示。

魔法档案——超时登录

在使用网上银行的过程中，如果长时间不进行操作，再次操作时，将提示重新登录，即重新输入证件号、密码以及验证码。

图11-10　选择付款账户

图11-11　填写收款账户和转账金额

步骤 04 在打开的页面中确认转账汇款信息，确认无误后，单击确认按钮，如图11-12所示。

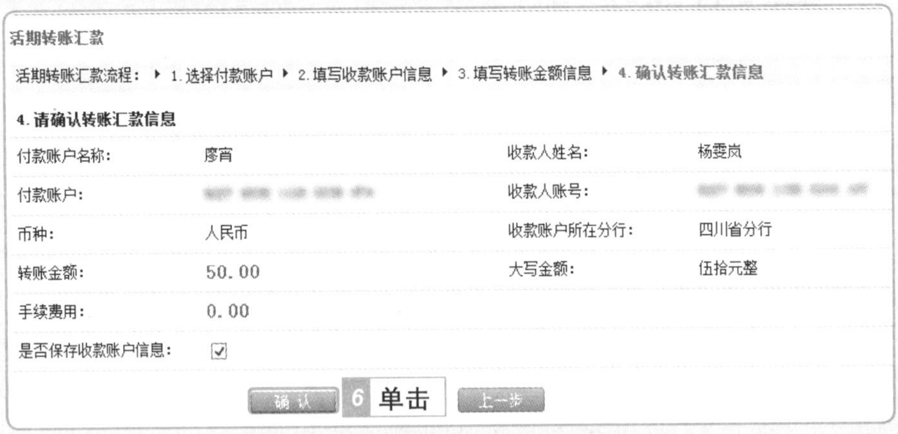

图11-12　确认转账汇款信息

步骤 05 在打开对话框中的"请输入网银盾密码"文本框中输入设置的网银盾密码，单击确定按钮，如图11-13所示。

魔法档案——修改转账汇款信息

在确认转账汇款页面中如果发现填写的信息有误，单击上一步按钮，返回到填写信息页面中对有误的信息进行修改即可。

步骤 06 根据打开对话框的提示查看网银盾屏幕上显示的信息是否正确，确认无误后单击所持网银盾上的“确认”按钮。

步骤 07 在打开的页面中提示转账交易成功，并在页面下方显示了交易信息，如图11-14所示。

图11-13　输入网银盾密码

图11-14　转账成功

11.2　网上炒股

小魔女：爷爷，您在网上银行管理资金，感觉怎么样？

爷　爷：呵呵，在网上银行可以时刻掌握银行卡中资金的流向以及余额，非常方便。

小魔女：爷爷，在网上不仅可以管理银行卡上的资金，还能炒股呢！

爷　爷：你怎么不早说呀！害得我经常往证券交易所跑。

小魔女：爷爷，在网上不仅能查询股票信息，还能进行股票交易，但是在网上进行股票交易之前，最好先使用一些模拟软件练习炒股，等熟悉后再进行实战炒股。下面我就详细给您讲讲网上查询股票信息和使用模拟软件练习炒股的方法。

11.2.1　查询股票信息

您可以在网上随时关注买进的股票信息、查询股票走势和大盘走势，这是网上炒股的重要功能之一。下面以在东方财富网中查询代码为6000599的个股信息为例，介绍查询股票的方法，其具体操作如下：

步骤 01 在IE地址栏中输入网址“http://www.eastmoney.com”，按【Enter】键打开东方财富网首页，单击“股票”超链接，如图11-15所示。

步骤 02 在打开的股票首页页面中单击“个股”超链接，如图11-16所示。

图11-15 单击“股票”超链接

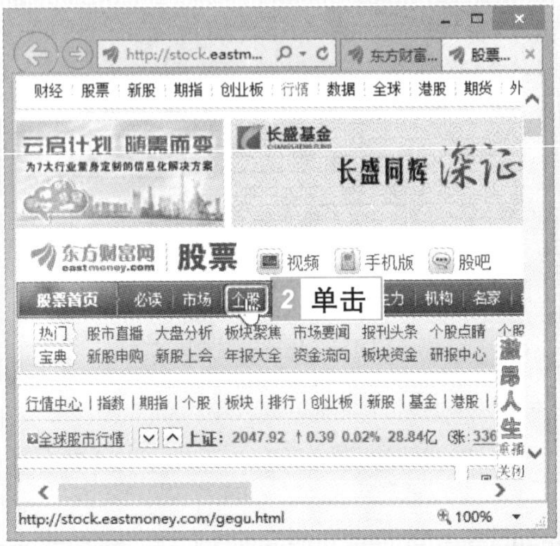

图11-16 单击“个股”超链接

步骤 03 打开个股页面，在按钮“查看行情”前的文本框中输入要查询的股票代码，这里输入“6000599”，单击 查行情 按钮，如图11-17所示。

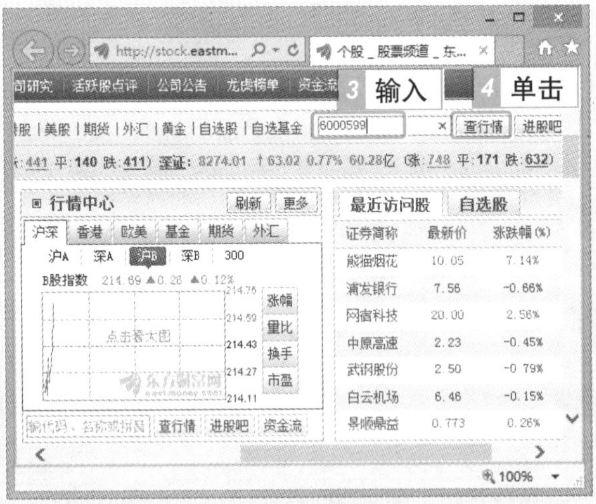

图11-17 输入股票代码

在该页面中单击“股票”代码的超链接，在打开的页面中也可查看股票行情。

步骤 04 在打开的页面中可查看今日股票折线图和K线图信息，如图11-18所示。

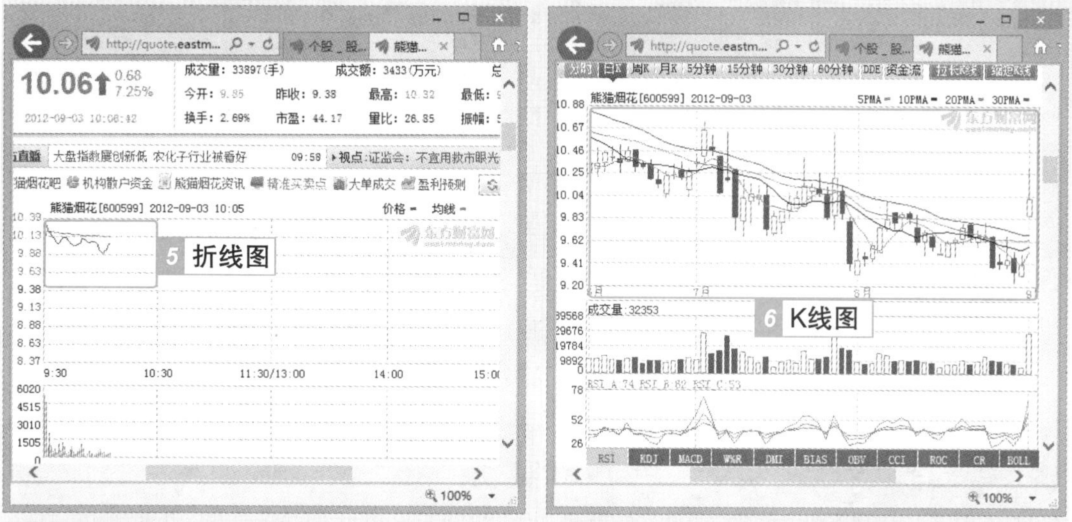

图11-18　查看股票行情

11.2.2　使用模拟软件练习炒股

为了快速掌握网上炒股的方法，可以使用专业的模拟炒股软件进行炒股模拟练习，这样可以避免在学习炒股时造成不必要的损失。使用模拟软件进行炒股需要先下载炒股模拟软件并安装在电脑中，并且还要像网上购物一样注册成为该模拟平台的用户，然后就可以进行炒股练习了。下面以在股城模拟炒股软件中买卖股票为例，讲解使用模拟软件练习炒股的方法，其具体操作如下：

步骤 01 双击桌面上股城模拟炒股软件的快捷图标，在打开的登录界面的“股城账户”和“账户密码”文本框中分别输入账户名和密码，然后单击“登录”按钮，如图11-19所示。

步骤 02 在打开的窗口左侧窗格中单击“实时买入”超链接，在“股票代码”文本框中输入股票代码”000007”，按【Enter】键系统自动显示股票名称、现价和可购买数量。

步骤 03 接着在“买入数量”文本框中输入买入股数，这里输入“100”，单击“确定买入”按钮，如图11-20所示。

步骤 04 在打开的对话框中提示交易成功，单击“OK”按钮，如图11-21所示。

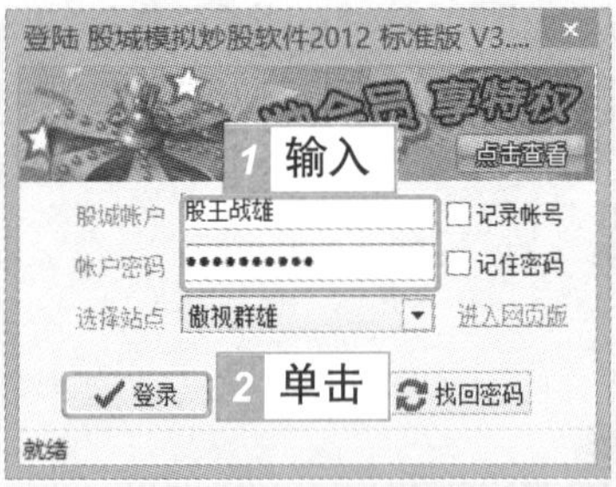

图11-19　登录软件

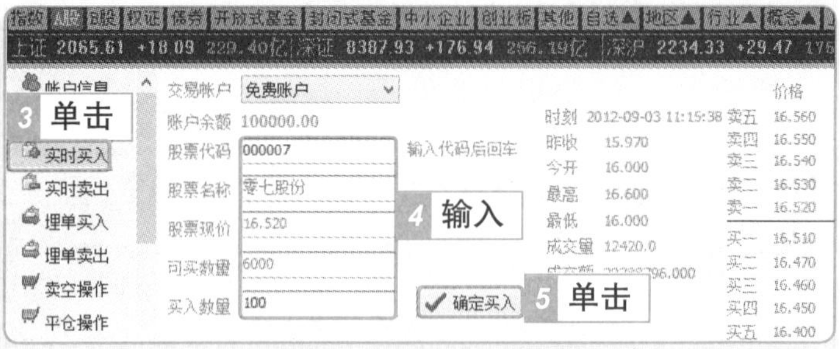

图11-20　购买股票

步骤 05 使用相同的方法模拟练习购买其他股票，然后在页面左侧单击“持股信息”超链接，在右侧显示的记录中查看购买的股票信息，如图11-22所示。

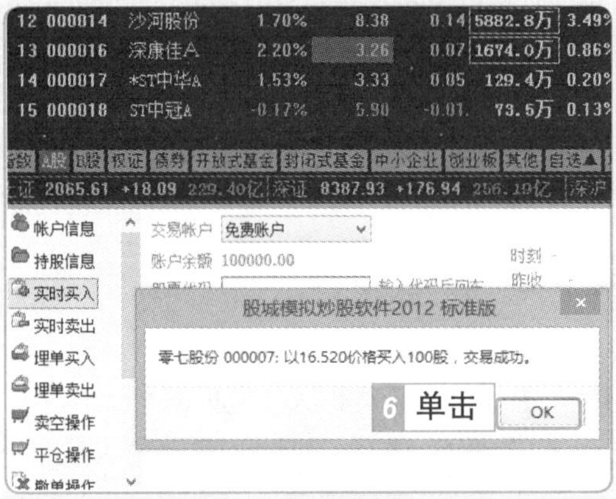

图11-21　交易成功提示

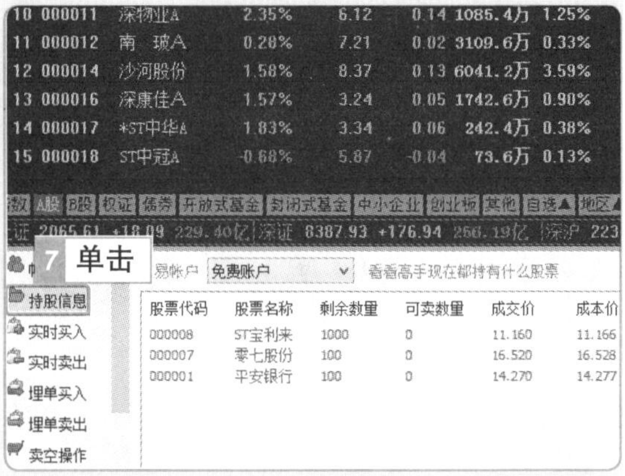

图11-22　查看成功购买的股票

步骤 06 单击页面左侧窗格中的“账户信息”超链接，在右侧显示的记录中查看账户情况，如图11-23所示。

图11-23　查看账户情况

步骤 07 单击左侧窗格中的“实时卖出”超链接，在买入的股票列表框中选择需要卖出的股票，这里选择“000001”，

步骤 08 在其右侧“卖出数量”文本框中输入“50”，单击 确定卖出 按钮，如图11-24所示。

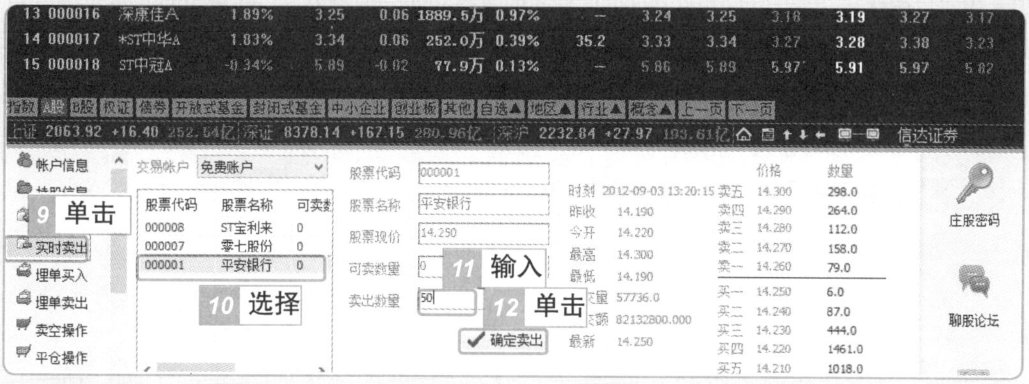

图11-24 卖出股票

步骤 09 在打开的股票卖出提示对话框中单击 OK 按钮，完成股票卖出操作。

魔法档案——买卖股票的时间

股票买卖交易的时间是固定的，只有在规定的时间内才能进行股票交易。股票交易的时间是上午9:00—11:30，下午13:00—15:00。

11.3 网上买卖基金

爷 爷：小魔女，我使用模拟炒股软件练习炒股熟练后，我就实战买了一股，卖出去股票后还赚了一百多元呢！

小魔女：真的呀，那真是太好了，现在您坐在家里也能赚钱了。

爷 爷：是呀！小魔女，在网上还有其他赚钱的方式吗？

小魔女：有呀！还可通过网上买卖基金赚钱呢！不管是通过在线炒股还是买卖基金赚钱，一次不要买卖太多，就可降低风险。

爷 爷：小魔女，放心吧！你爷爷我心里有数的。

小魔女：好吧！那我现在就给您讲讲网上获得基金信息的方法。

11.3.1 网上获取基金信息

基金市场上的基金品种很多，要想减少基金投资的风险，一定要先详细地了解基金产品的情况，然后再对信息进行分析，以便购买。下面以在金融界网中查看基金信息为例讲解在网上查看基金信息的方法，其具体操作如下：

步骤 01 在IE地址栏中输入网址“http://www.jrj.com.cn”，按【Enter】键打开金融界网站首页，单击“基金”超链接，如图11-25所示。

步骤 02 打开“基金频道”页面，单击“全部基金一览”超链接，如图11-26所示。

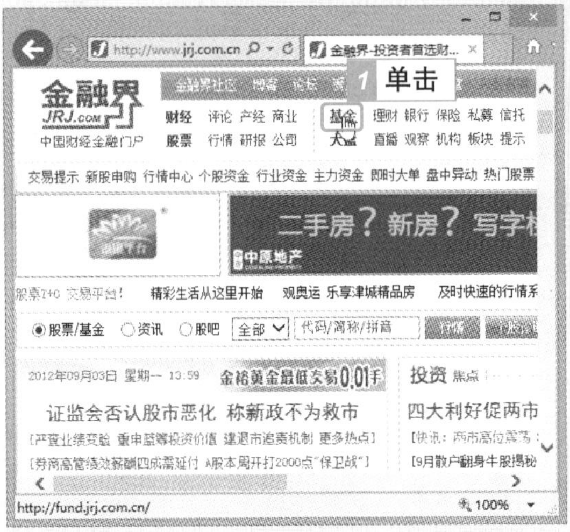

图11-25 单击“基金”超链接

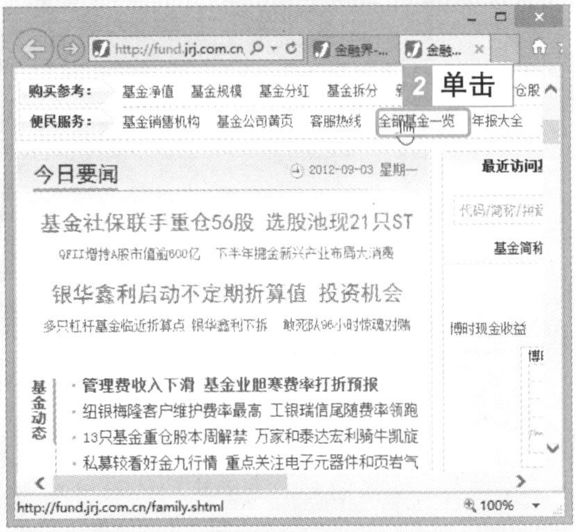

图11-26 浏览全部基金

步骤 03 在打开的“基金全部一览表”页面中，默认将所有的基金排序时按拼音进行了排列，选择需要查看的基金，这里单击“宝盈货币A”超链接，如图11-27所示。

步骤 04 在打开的“基金档案”页面中即可查看该基金的一些相关信息，如图11-28所示。

晋级秘诀——更改基金排列顺序

在“全部基金一览”页面中默认排序是根据拼音顺序进行排序，您可以选择按代码、基本公司或基金类型进行排序，只需选择相应的选项卡即可。

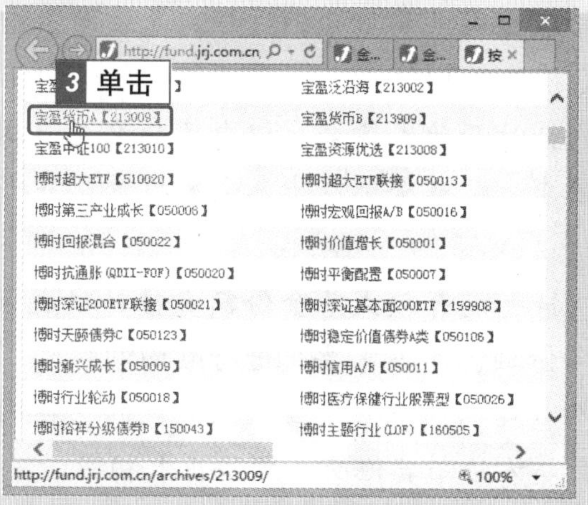

图11-27　选择基金类型

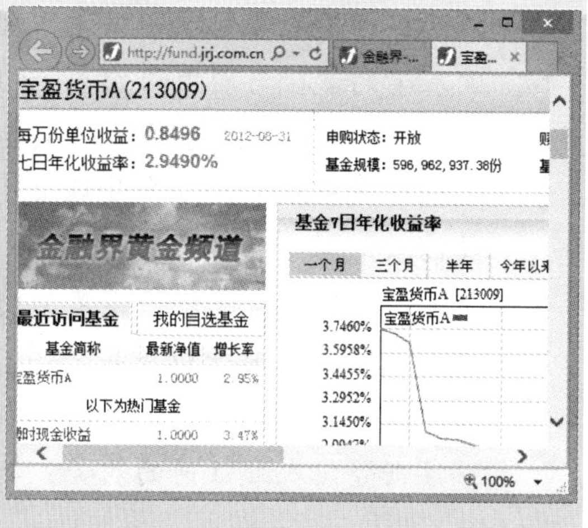

图11-28　查看基金信息

爷爷，在“基金档案”页面单击相应的超链接，在打开的页面中即可查看相应的基金信息。

小魔女，我单击了该页面左侧的“基金概括”超链接，在打开的页面可看到对该基金的详细介绍。

11.3.2　买卖基金

除了可以在网上查询基金的信息外，还可以在网上买卖基金。买卖基金的方法和炒股方法类似，在银行或公司开户后，会附带买卖基金软件，然后将该软件安装在电脑中后登录到该软件中，就可像买卖股票一样进行基金的买卖。基金的买卖包括基金的认购、申购、赎回和转换等操作，下面分别对买卖基金的操作进行介绍。

- **基金的认购：**基金的认购是指您在开放式基金募集期间，基金尚未成立时购买基金份额的过程，通常认购价为基金份额面值加上一定的销售费用。网上认购基金的途径有3种，即通过代销基金业务银行的网上银行、一些基金公司网站和网上交易软件来认购。
- **基金的申购：**基金的申购是指您在开放式基金宣布成立，过了封闭期以后，通过销售机构申请向基金管理公司购买基金的过程。通过网上申购基金的途径与网上认购基金的途径基本相同。

- **基金的赎回：**基金的赎回主要是针对开放式基金，以自己的名义直接或通过代理机构向基金管理公司要求部分或全部退出基金的投资，并将赎回款汇至您的账户内。
- **基金的转换：**基金转换是指您将持有的开放式基金份额直接转换成该公司管理的其他开放式基金的基金份额，而不需要先进行赎回的操作。转换的两只基金必须都是该销售人代理的同一基金管理人管理的，在同一注册登记人处注册的基金，其交易方法与其他交易方法基本相同。

魔法档案——基金交易

基金的交易分为网上交易和网下交易两种，您可以携带相关证件到基金代销银行办理手续，也可以通过网上各种渠道进行交易，其操作方法与股票的交易类似。

11.4 典型实例——认购并转换基金

小魔女：爷爷，网上赚钱是不是很轻松呀！

爷　爷：在网上炒股和买卖基金是比较轻松的，不过其中风险相对于银行或相关的公司炒股和买卖基金要大一些。

小魔女：爷爷，在进行实战炒股和买卖基金之前，一定要先熟悉炒股和购买基金的各种操作。

爷　爷：在网上炒股和购买基金的操作我都掌握了，没有问题。

小魔女：既然您这么肯定，那您就从网上（http://www.hx168.com.cn）下载并安装华彩人生软件并进行基金认购和转换的操作，我看看您对知识的掌握程度。

爷　爷：好呀！没问题。

其具体操作如下：

步骤 01 下载并安装好软件后，在桌面上双击华彩人生软件快捷方式图标，打开登录界面，在“资金账号”、“交易密码”和“验证码”文本框中分别输入相应的信息。

步骤 02 然后以“交易+行情”模式登录华彩人生软件，选择交易区中的“开放式基金”选项卡，如图11-29所示。

步骤 03 选择“基金认购”选项，在其右侧的“基金代码”文本框中输入认购基金代码，如图11-30所示。

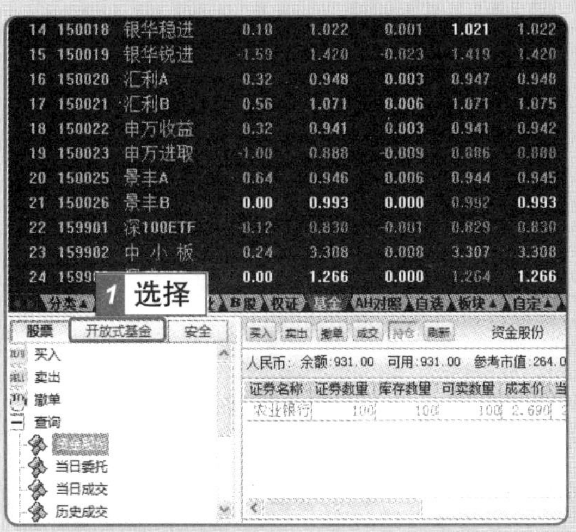

图11-29　选择选项卡

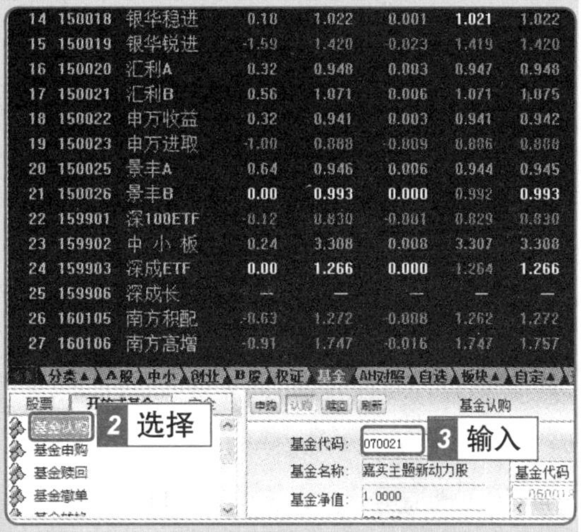

图11-30　输入认购的基金代码

步骤 04 在“认购金额”文本框中输入基金认购金额，单击 下单 按钮，如图11-31所示。

步骤 05 在打开的“基金交易确认”提示框中确认无误后，单击 确认 按钮，如图11-32所示。

图11-31　输入认购金额并下单

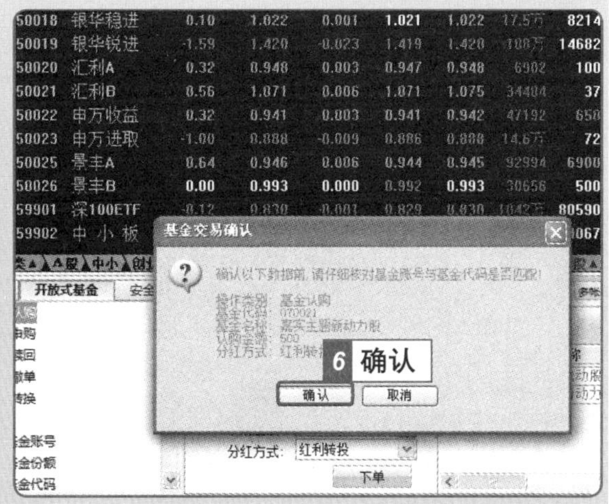

图11-32　确认下单

步骤 06 完成认购委托后，在“开放式基金”选项卡中选择“基金转换”选项，如图11-33所示。

步骤 07 逐一输入基金的转出代码、转入代码和转换份额，再单击 确定 按钮即可，如图11-34所示。

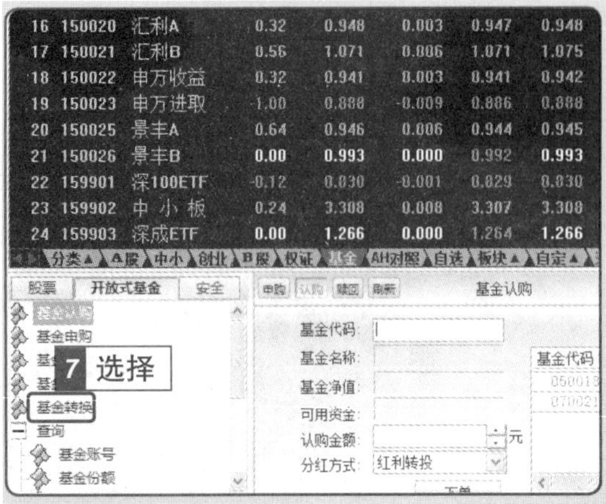

图11-33　转换基金

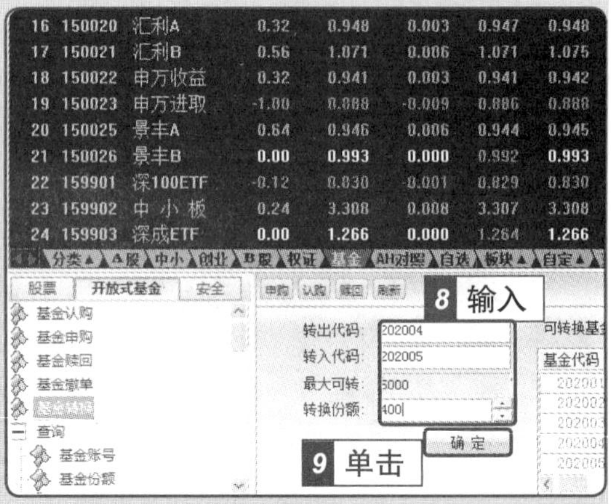

图11-34　确认转换

11.5　本章小结——网上银行理财技巧

爷　爷：小魔女，没想到，我这把年纪还能坐在家里理财哟！

小魔女：呵呵，爷爷，这有什么呀！现在很多中老年人退休后都是这样理财的哟！

爷　爷：小魔女，你还有其他理财的方法吗？再教我几个吧！

小魔女：呵呵，看您这么积极，我就再教您几招通过网上银行理财的技巧吧！

爷　爷：好呀！那现在就开始吧！

第1招：网上定期存储

网上银行提供了定期存储的服务，如果您每个月都有稳定的收入，而且所有开销除外都还有余额，即可每月定期存一笔钱，这样比较稳妥、安全。定期存储的方法是：先登录到自己的网上银行，选择“转账汇款”选项卡，将鼠标光标移动到“定活转账”选项上，在弹出的下拉列表中选择“定活转账”选项，再在打开的页面中填写收款账户和金额等信息，单击 下一步 按钮，在打开的页面中确认填写的信息，单击 确认 按钮即可完成定期存储操作，如图11-35所示。

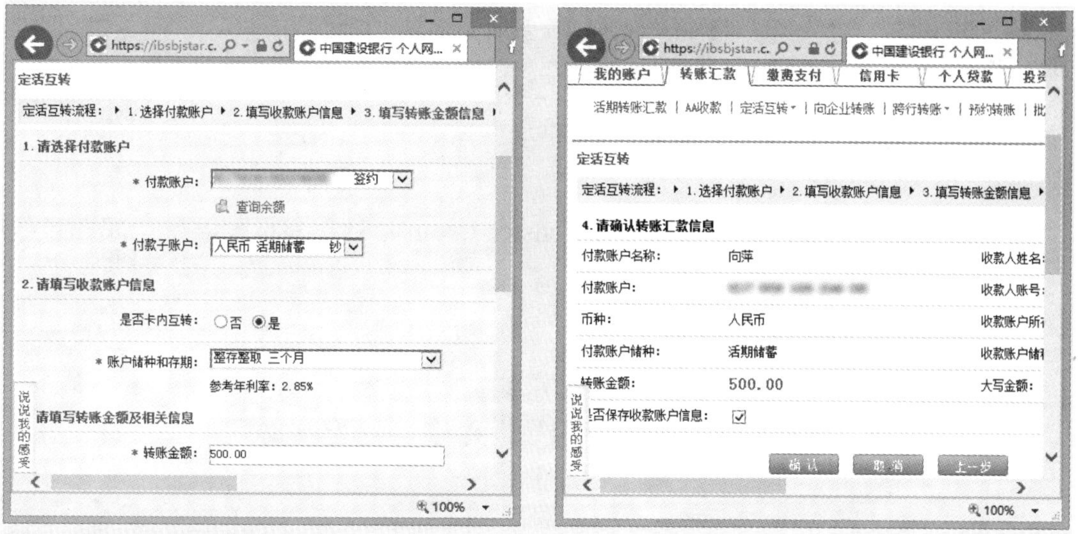

图11-35　网上定期存储

第2招：通过购买理财产品理财

您可通过网上银行购买一些银行发售的个人理财产品，然后进行交易，从中赚取差价。通过这种方法理财也有赔钱的时候，不过网上银行中提供了该产品的调查问卷，使您可以更好地了解自己的风险承受能力，理性地参与银行理财产品的投资。如图11-36所示页面中显示了正在出售的理财产品。

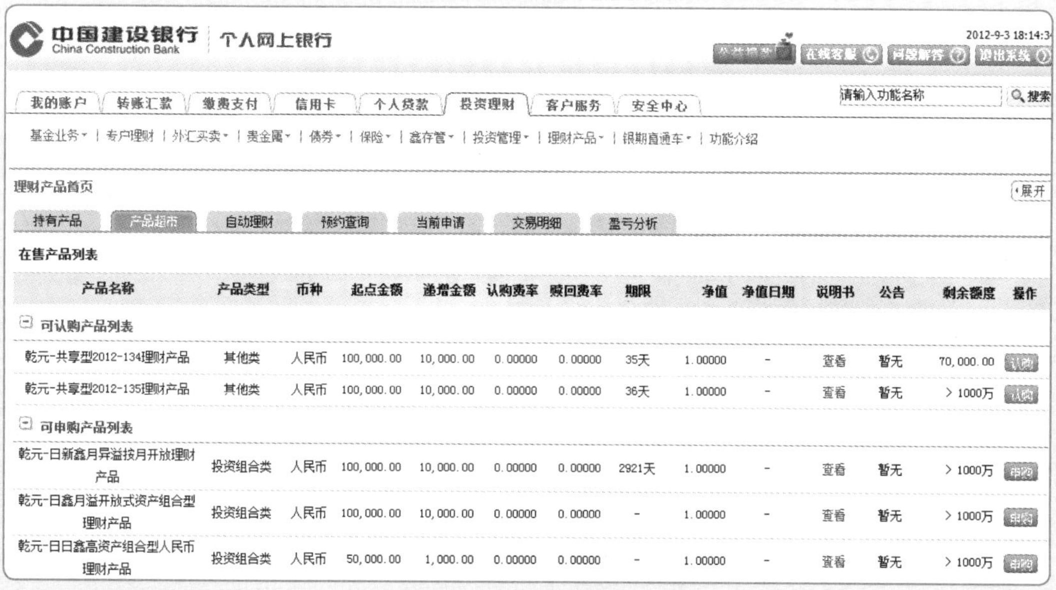

图11-36　理财产品

11.6 过关练习

（1）通过网上银行缴纳上个月的水、电、气费，缴纳完成后对银行卡中的账目明细进行查询。

（2）在中国证券网（http://www.cnstock.com）中查询新股信息，如图11-37所示。

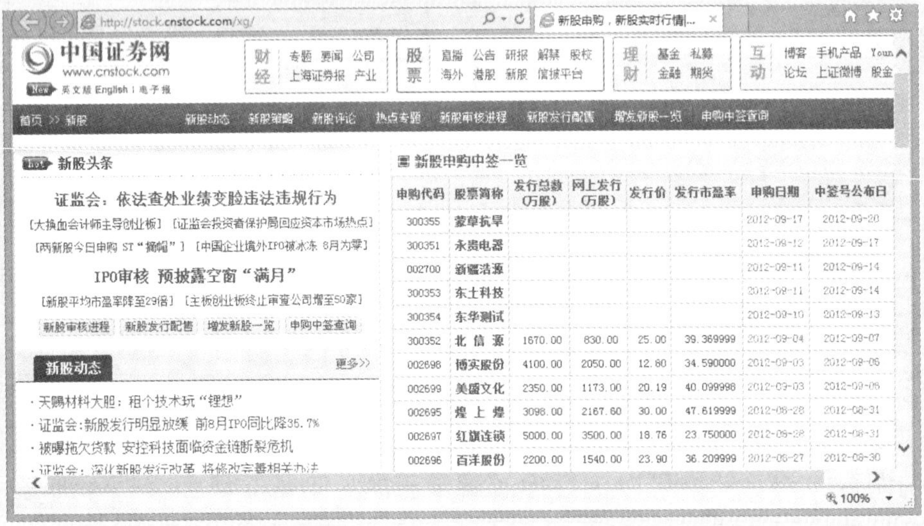

图11-37 查询股票信息

（3）在天天基金网（http://fund.eastmoney.com）中查询基金品种信息，如图11-38所示。

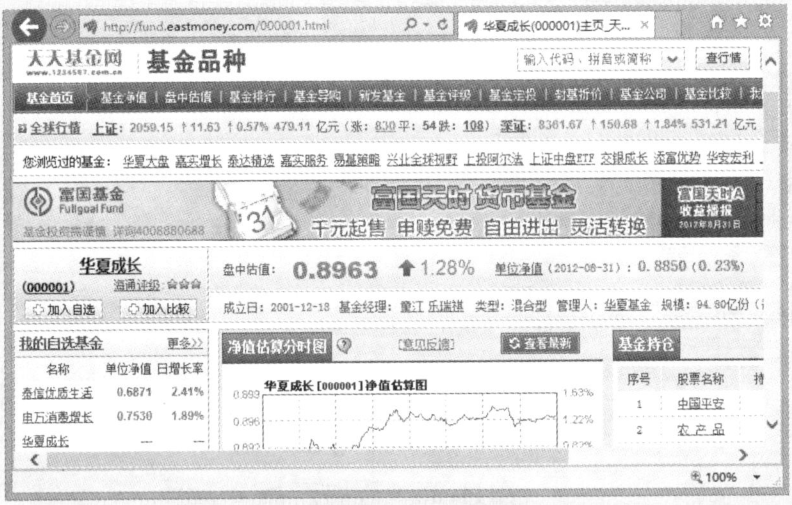

图11-38 查询基金品种信息

Chapter 12

第12章

铜墙铁壁——打造安全的上网环境

爷　爷：小魔女，我的电脑常常在使用时突然自动重启，运行速度也变得很慢，是不是电脑坏了呀？

小魔女：爷爷，不要担心，那是因为电脑使用不当或长时间没对电脑进行维护造成的。

爷　爷：那该怎么办呀？

小魔女：使用360安全卫士对电脑进行一次全面的维护就好了。还有在平时使用电脑时，应对电脑进行保养和病毒的防范。

学习要点：

- 电脑的日常维护
- 防范病毒
- 使用360安全卫士保护电脑

12.1 电脑的日常维护

小魔女：爷爷，要想电脑的使用寿命增长且正常稳定地运行，平时就必须要定期地进行维护。

爷 爷：我又不知道电脑会出现什么情况，怎么对它进行维护嘛！

小魔女：平时对电脑的维护主要就表现在对电脑的日常清理、保持良好的使用习惯、对电脑磁盘中的碎片进行清理等。

爷 爷：小魔女，你说得太抽象了，我不是很清楚。

小魔女：没关系，爷爷，我会详细地给您讲清楚的。

12.1.1 电脑内部的清理

灰尘是电脑的头号敌人，灰尘积累多了会影响电脑各部分部件运行的稳定性，还容易造成电脑发生各种故障，所以要定期清洁电脑。下面分别介绍灰尘对电脑部件的影响以及清洁方法。

- 显示器：显示器上灰尘太多，会影响电子元器件的热量散发，使得电路板等元件的温度上升，从而引发漏电甚至烧毁元件的故障。在清洁显示器上的灰尘时，应关闭显示器电源、拔掉连接显示器的连接线插头，使用专门的清洁工具对屏幕轻轻进行擦拭，并让其自然风干即可。
- 主机：主机的维护非常重要，但要清理主机内部的灰尘，必须要先将主机拆开。首先使用螺丝刀将主机箱后面的固定螺丝拧开，打开机箱两侧的挡板，不要动机箱内的零件，然后用吹风机吹去其中的灰尘，等冷却后再装好机箱即可。
- 键盘：键盘是使用频率较高的输入设备之一，键盘中各按键之间缝隙较大，积累的灰尘较多，容易造成按键不灵等现象，因此需定期清理键盘中的灰尘，在清理时需切断电源，用柔软干净的湿布擦拭键盘。
- 鼠标：鼠标的底部长期与桌面接触，容易将灰尘、毛发和细纤维等带入鼠标中，造成鼠标不灵，因此鼠标下面要垫一张鼠标垫。

12.1.2 正确操作电脑

要想延长电脑的使用寿命，在平时对电脑进行操作时，要使用正确的操作方法，不能随意操作，若操作不当可能会损害操作系统、电脑软件，更有可能损坏电脑硬件，因此必须正确操作电脑。下面介绍电脑的一些正确操作

方法。

- **正常开关机**：正确地开启电脑的操作应该是先接通电源，再打开显示器电源，最后打开主机电源；关机时，应先在操作系统中进行关机操作，再关闭显示器电源，最后关闭电源。最好不要强行关机，也不要频繁开关机，每次开关机之间的时间间隔应不少于10秒钟。
- **不随意删改系统文件**：对于电脑系统文件和系统设置，如果不清楚其具体作用就不要随意删除和修改，否则会因删除了某个系统文件或修改了某项设置而导致系统不能正常运行。
- **电脑运行时不搬动电脑**：因为高速旋转中的硬盘和工作中的磁头不能承受较大的震动和碰撞，因此在电脑运行时搬动电脑，会损坏电脑的硬盘，丢失电脑中的数据。
- **不要用力敲击键盘和鼠标**：键盘和鼠标均属于机械和电子结合型的设备，若过分用力敲击键盘，则容易使键盘按键的弹性降低；使用鼠标时过分用力，容易对鼠标的滚动球造成磨损，从而使鼠标的灵敏度下降。

12.1.3 磁盘的维护

如果电脑磁盘中的数据读不出来或运行速度缓慢，可使用Windows自带的磁盘清理、碎片整理等功能定期对磁盘进行清理和维护，提高电脑磁盘数据读写的安全性和电脑的运行速度。下面对电脑中的C盘进行清理和碎片整理，其具体操作如下：

步骤 01 双击桌面上的“控制面板”图标，打开“所有控制面板项”窗口，单击“管理工具”超链接，如图12-1所示。

步骤 02 打开“管理工具”窗口，在中间的列表框中双击“磁盘清理”选项。

步骤 03 打开“磁盘清理:驱动器选择”对话框，单击按钮，在弹出的下拉列表框中选择需要清理的磁盘，这里选择C盘，如图12-2所示。

步骤 04 单击确定按钮，打开“(C:)的磁盘清理”对话框，在“要删除的文件”列表框中选中需要删除文件的复选框，单击确定按钮。

步骤 05 打开提示对话框，询问是否要永久删除选择的文件，这里单击删除文件按钮确认操作，如图12-3所示。

图12-1 单击“管理工具”超链接

图12-2 选择清理的磁盘

步骤 06 系统开始对选择的文件进行清理，并显示进度，清理完成后将自动关闭“磁盘清理”对话框。

步骤 07 在“管理工具”窗口中双击“碎片整理和优化驱动器”选项，打开“优化驱动器”对话框，选择需要进行碎片整理的C盘，单击 优化(O) 按钮。

步骤 08 系统将先对磁盘进行分析，然后开始对电脑磁盘进行碎片整理，并显示优化整理的进度，如图12-4所示。

图12-3 进行磁盘清理

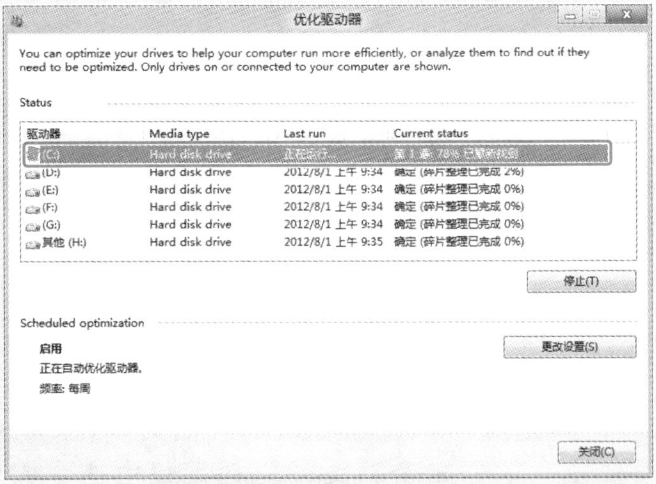

图12-4 优化并整理碎片

步骤 09 完成优化整理后，单击 关闭(C) 按钮即可关闭“优化驱动器”对话框。

12.2 防范病毒

小魔女：爷爷，您也掌握了很多网络知识了，现在觉得怎么样呀？

爷　爷：网络世界精彩无限，给我带来了很多乐趣和便利。

小魔女：在上网时，要随时做好安全保护措施，有时打开的一些网页可能会带有病毒，破坏电脑的操作系统等，使电脑不能操作甚至损坏。

爷　爷：你不说我还不知道呢！那你快给我讲讲如何在上网时防范电脑中毒。

12.2.1 电脑病毒的症状

电脑病毒是一种专门进行破坏活动的、人为编制并在电脑软件中恶意添加的一种程序，它损害电脑中的文件，迫使电脑不能正常工作。它可以寄生和隐藏在电脑系统中的任何地方，并能进行自我繁殖和传播。

电脑病毒最为常见的传播途径包括网页、电子邮件和QQ等，当电脑病毒运行时，通常会以不同的形式在电脑中存在，常见的显示形式有如下几种。

- 电脑莫名其妙地死机，而且不能正常启动。
- 屏幕上出现花屏、蓝屏或奇怪的文字等。
- 系统运行速度大幅度降低，可用磁盘空间迅速变小。
- 在正常网络速度下，浏览网页很慢，或者网页显示异常、登录QQ时被提示密码错误（确认自己的输入是正确时）等。
- 桌面图标发生变化或鼠标自己随意乱动。
- 数据或程序丢失，原来正常的文件内容发生变化或变成乱码。
- 出现怪异的文件名称，并且文件的内容和大小发生变化。

12.2.2 使用防病毒软件杀毒

若发现电脑感染病毒时，不要担心，只要您在自己的电脑中安装一款功能强大的防病毒软件，就可以防御常见病毒的入侵了。防病毒软件是专门为保护电脑安全、预防和查杀电脑病毒而开发的软件。目前，常用的防病毒软件有瑞星杀毒软件、360杀毒软件等，您可以自行进行选择，但是要使用这些软件杀毒，必须要先将该软件下载和安装在电脑中，其下载和安装方法与其他软件类似。下面将使用360（下载地址：http://sd.360.cn）查杀电脑中的病毒，其具体操作如下：

步骤 01 安装360杀毒软件后，在桌面上双击快捷图标，启动360杀毒软件并打开其工作界面，选择“病毒查杀”选项卡，选择“指定位置扫描”选项。

步骤 02 打开“选择扫描目录”对话框，在其中选中需要扫描磁盘对应的复选框，这里选中本地磁盘 (C:)复选框，单击扫描按钮，如图12-5所示。

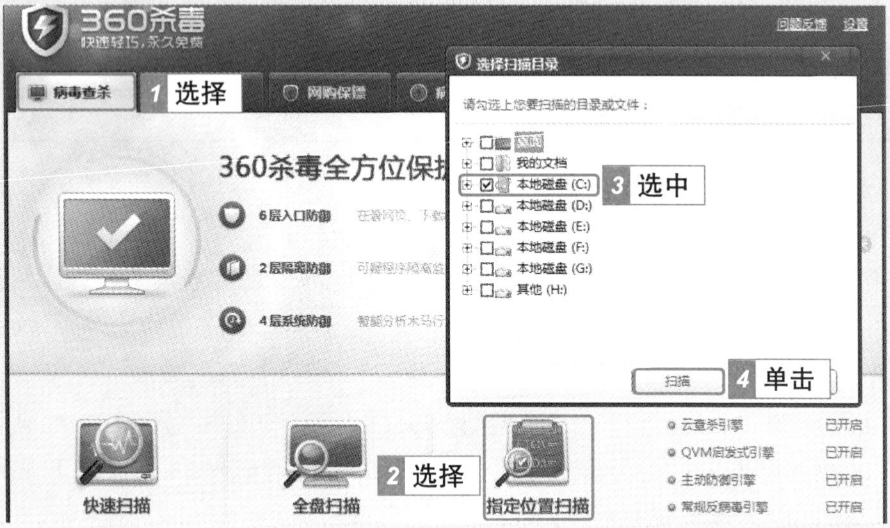

图12-5　选择扫描选项

步骤 03 程序开始对指定的位置进行病毒查杀，并显示查杀进度，查找的病毒将显示在窗口中。

步骤 04 选中相应病毒文件对应的复选框，在打开的界面中单击开始处理按钮，如图12-6所示。

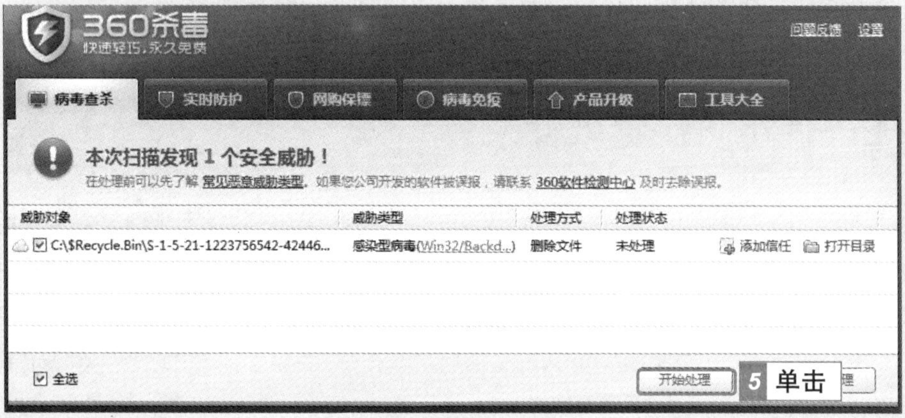

图12-6　处理病毒

步骤 05 开始对病毒进行处理，完成后单击 确认 按钮即可。

12.2.3 开启360木马防火墙

360木马防火墙不仅可以提高系统的安全性能，还可以将一些木马病毒程序拒之门外。开启360木马防火墙的方法很简单，即在360安全卫士的主界面中单击“木马防火墙”超链接，打开“360木马防火墙”窗口，在其中单击各选项后面的 已关闭 按钮，当其变为 已开启 按钮后，则表示开启了对应的防火墙程序，再单击 已开启 按钮，就可关闭相应的防火墙程序，如图12-7所示。

图12-7 开启木马防火墙

12.3 使用360安全卫士保护电脑

爷　爷：小魔女，电脑最近运行非常慢，我已经使用360杀毒软件对电脑进行全盘扫描了，没发现病毒，到底是怎么回事呀？

小魔女：爷爷，电脑的运行速度过慢，也有可能是电脑系统垃圾或系统漏洞太多造成的。

爷　爷：会不会给我的电脑造成严重的破坏呀，该怎么处理呢？

小魔女：可以使用360安全卫士，它拥有清理系统垃圾、修复系统漏洞等功能。360安全卫士也需要下载和安装，下载地址和360杀毒软件一样。

12.3.1 使用360安全卫士体检电脑

电脑就和人的身体一样，都需要定期进行体检，这样可以通过体检的分数来确定您的电脑是否安全，使您在使用电脑时更加放心。下面使用360安全卫士对电脑进行安全体检，其具体操作如下：

步骤 01 安装360安全卫士后，双击桌面上的快捷图标，启动360安全卫士，在其主界面中默认选择“电脑体检”选项卡，单击立即体检按钮，如图12-8所示。

步骤 02 程序自动开始体检电脑，体检完成后，体检的结果将显示在界面中，如图12-9所示。

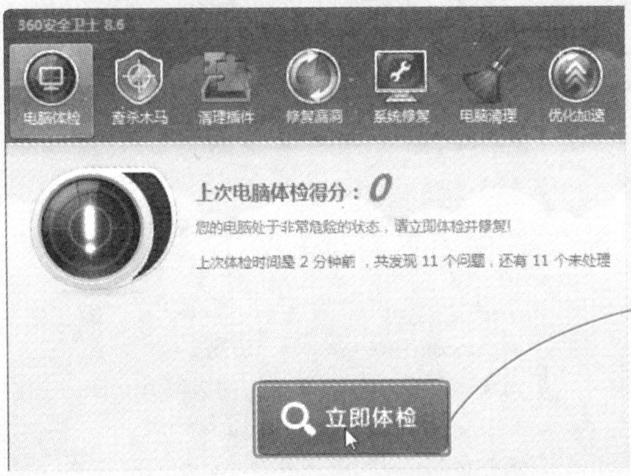

图12-8 单击“立即体检”按钮

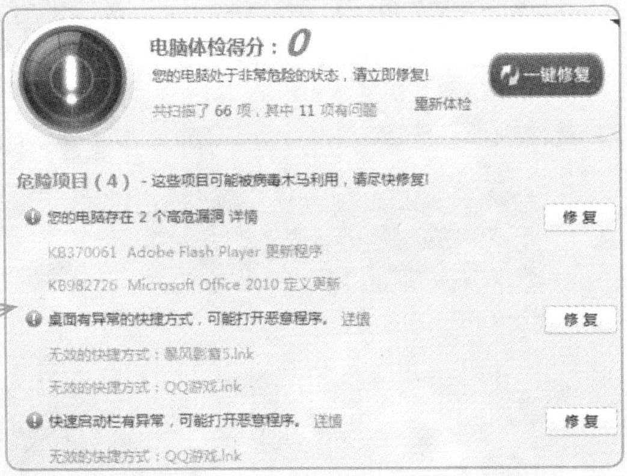

图12-9 体检的结果

晋级秘诀——快速修复电脑

体检完电脑后将显示体检的结果，如果想对电脑进行修复，可在体检的分数后面单击一键修复按钮，针对体检的结果快速修复电脑中的问题。

12.3.2 查杀木马

木马和电脑病毒一样，都是一种人为的程序，但木马的作用是赤裸裸地监视和盗窃别人的密码、数据等，如果您的电脑有木马，您的上网密码、股票账号，甚至网上银行账户等都会被木马程序传送给木马操纵者，从而达到偷窥别人隐私或其他不可告人的目的，其危害性比电脑病毒更大，所以，要定期对电脑中的木马进行查杀。下面使用360安全卫士查杀电脑中的木马，其具体操作如下：

步骤 01 在360安全卫士主界面中选择“查杀木马”选项卡，在其界面中选择扫描选项，这里选择“全盘扫描”选项，程序将自动查杀电脑中的木马，并显示进度，如图12-10所示。

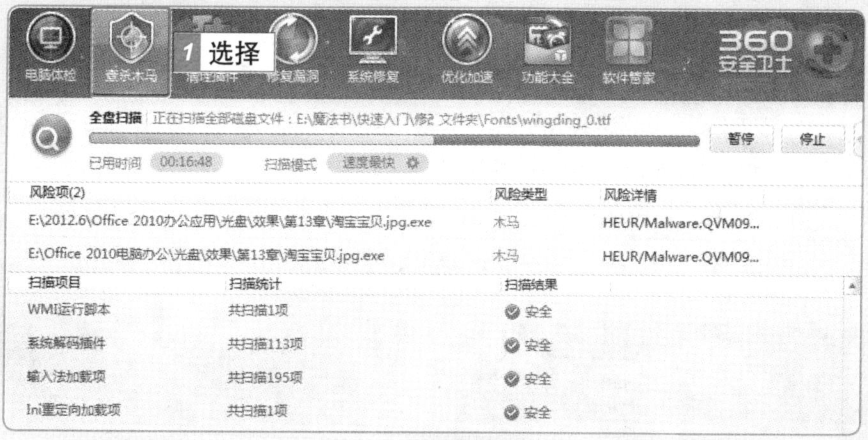

图12-10 扫描电脑木马

步骤 02 扫描完成后，在打开的页面中显示了扫描的结果，单击 立即处理 按钮，如图12-11所示。

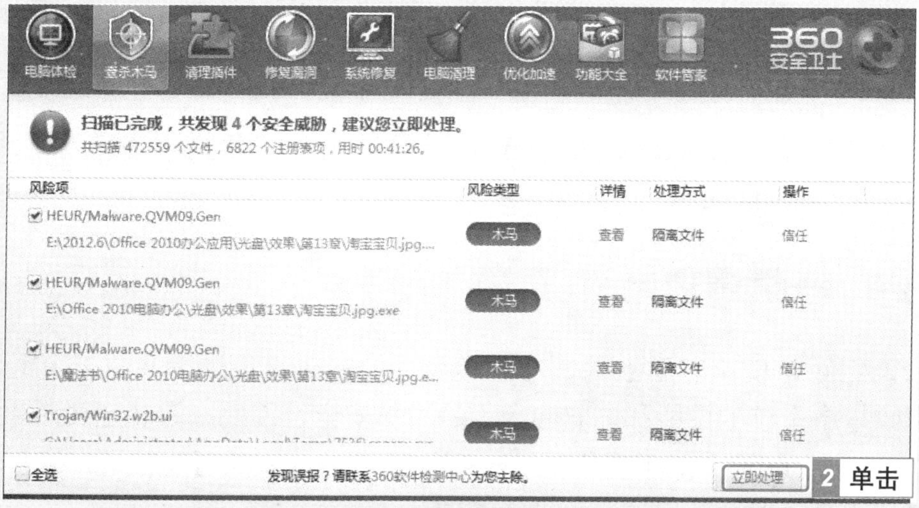

图12-11 立即处理查杀的木马

步骤 03 程序自动处理查杀木马，处理完成并重启电脑后，才算完成对电脑中木马的处理。

12.3.3 修复系统漏洞

系统漏洞是指操作系统中出现的缺陷或错误，这个缺陷或错误将可能导致电脑被攻击或控制，从而丢失其中的重要资料和信息，甚至系统会遭到破坏。使用360安全卫士，可随时监测系统的漏洞情况，当发现漏洞时，可及时进行修复，这样可避免电脑黑客对电脑进行破坏。下面对电脑中的漏洞进行修复，其具体操作如下：

步骤 01 在360安全卫士主界面中选择“修复漏洞”选项卡，将立即扫描电脑中存在的漏洞，扫描完成后将显示扫描的结果，如图12-12所示。

步骤 02 单击立即修复按钮，程序将开始自动下载补丁，下载完成后系统将自动安装已下载的补丁，如图12-13所示。

图12-12 检测系统漏洞

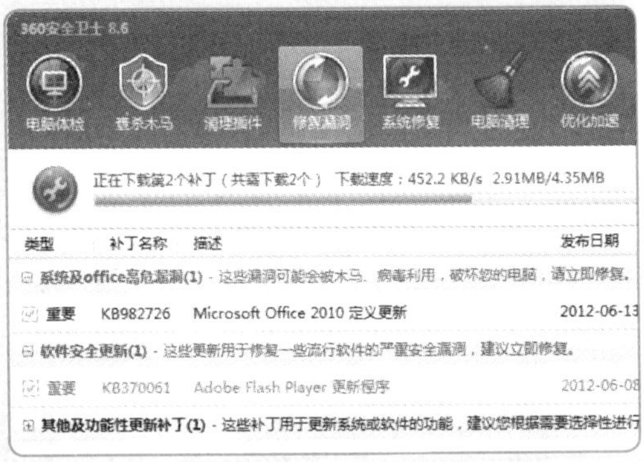

图12-13 下载和安装补丁

步骤 03 补丁安装完成后表示漏洞修复完成，但需要重新启动电脑才能生效。

12.3.4 一键清理电脑

如果您经常使用电脑上网，您的电脑中会产生大量的使用痕迹和垃圾，这会影响电脑系统的性能和电脑中个人的隐私安全，因此，需要定期对电脑进行清理。使用360安全卫士提供的“一键清理电脑”功能可以快速对电脑中的垃圾、使用痕迹以及无用注册表进行清理。

一键清理电脑的方法是：启动360安全卫士，在其主界面中选择“电脑清理”选项卡，在打开的页面中默认选择“一键清理”选项卡，选择需要清理的选项，单击一键清理按钮，程序自动对电脑进行扫描，扫描完成后将自动进行清理，如图12-14所示。

图12-14　一键清理电脑

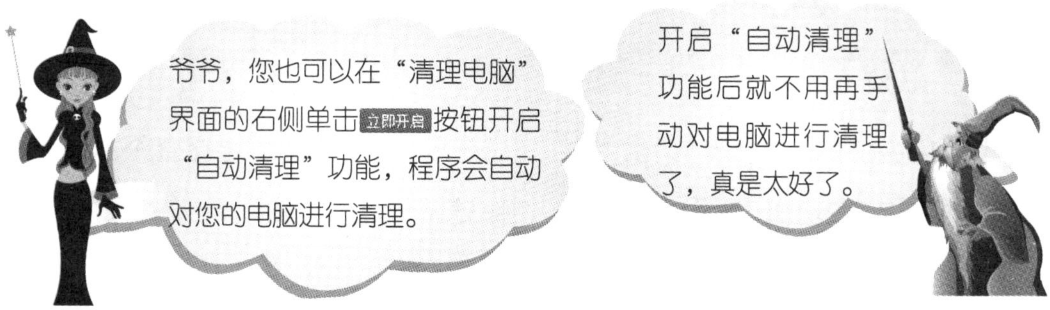

爷爷，您也可以在“清理电脑”界面的右侧单击立即开启按钮开启“自动清理”功能，程序会自动对您的电脑进行清理。
开启“自动清理”功能后就不用再手动对电脑进行清理了，真是太好了。

12.4　典型实例——使用360安全卫士维护电脑

小魔女：爷爷，您的电脑怎么反应速度这么慢呀！是不是很久都没对电脑进行维护了。

爷　爷：怎么可能呢？我可是按照你说的，定期都会使用360安全卫士对电脑进行维护的。

小魔女：说不定是您最近上网时感染了木马，或是电脑中存在了太多的垃圾和上网使用痕迹。

爷　爷：不会吧！那我得马上使用360安全卫士对电脑进行维护。

其具体操作如下：

步骤01　启动360安全卫士，在打开的工作界面中默认选择“电脑体检”选项卡，单击立即体检按钮，开始对电脑进行扫描。

步骤 02 扫描结束后，在界面中显示体检的分数和结果，单击一键修复按钮，如图12-15所示。

步骤 03 开始对电脑进行修复，修复完成后，在打开的界面中将显示修复后电脑的分数，然后选择“查杀木马”选项卡，如图12-16所示。

图12-15 单击“一键修复”按钮

图12-16 选择查杀木马

步骤 04 在打开的界面中选择“快速查杀”选项，开始查杀电脑中的木马，查杀完成后，若发现木马，单击立即处理按钮，如图12-17所示。

图12-17 对木马进行处理

步骤 05 程序开始自动对查杀到的木马进行处理，处理完成后重启电脑就能完成电脑中木马的查杀。

魔法档案——使用一键修复

电脑体检结束后，单击“一键修复”按钮只能对程序的自动修复选项进行修复，有些选项并不能自动进行修复，需要手动进行，如软件的更新等。

12.5 本章小结——360安全卫士其他功能使用

爷　爷：小魔女，我觉得360安全卫士提供的功能很实用，而且对于维护电脑来说很全面。

小魔女：是呀！爷爷，您觉得在网络上查找和下载软件怎么样呀？

爷　爷：网络上提供的软件虽然多，但是搜索和下载时很麻烦。

小魔女：爷爷，使用360安全卫士也能快速搜索到常用的软件并进行下载，非常方便。

爷　爷：小魔女，你是不是藏着360安全卫士的其他功能没给我讲呀！

小魔女：我只给您讲了使用360安全卫士维护电脑的功能，但其实它还有两个比较常用的功能，下面我就给您介绍。

第1招：优化电脑开机速度

如果您设置的开机启动的程序较多，会影响您电脑开机的速度。使用360安全卫士提供的“优化加速”功能，可对电脑的开机速度进行优化，减少开机时间。

优化电脑开机速度的方法是：启动360安全卫士，在其工作界面中选择“优化加速”选项卡，在打开的界面中扫描可优化的开机项目，扫描结束后，在扫描的结果界面中显示了可优化的项目，单击“立即优化”按钮即可。

第2招：使用360软件管家搜索与下载软件

很多中老年朋友会觉得在网络上可搜索和下载的软件很多，如果对软件不熟悉，或对软件的作用不了解，就会导致不知道应该下载什么软件对自己才有用。如果通过360软件管家搜索软件，就能快速找到适合自己的软件。360软件管家中提供了多种类型的软件，并根据软件的用途等进行了归纳和整理，如

图12-18所示，所以您可以从不同的分类快速找到自己需要的软件。

图12-18　360软件管家界面

12.6　过关练习

（1）对电脑各部分进行清理，然后通过磁盘清理和碎片整理来维护电脑中的磁盘。

（2）在电脑中安装360杀毒软件，并对电脑中的所有磁盘进行杀毒，确认电脑是否已中病毒。

（3）使用360安全卫士对系统垃圾、使用痕迹以及系统漏洞等进行清理，使电脑体检分数达到100分的安全状态。